Basic

PACK

Pages

Entertainment

008 - 031

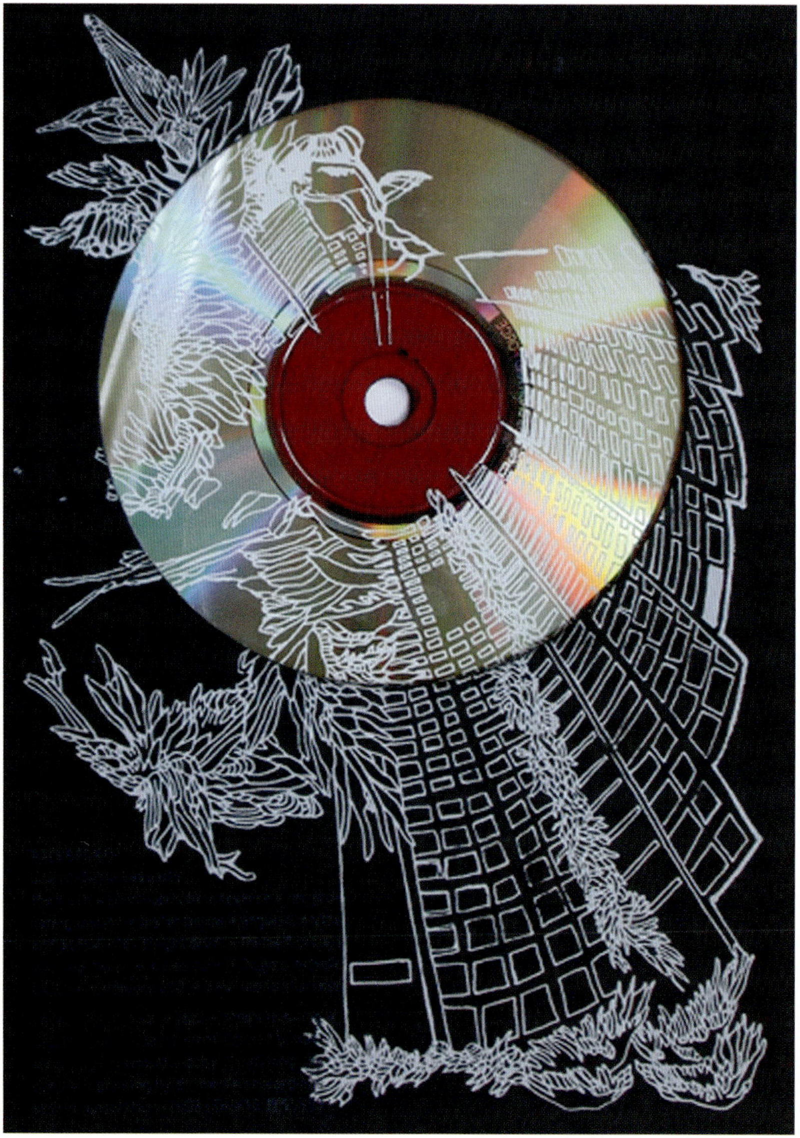

001/
UNREzT.

002/

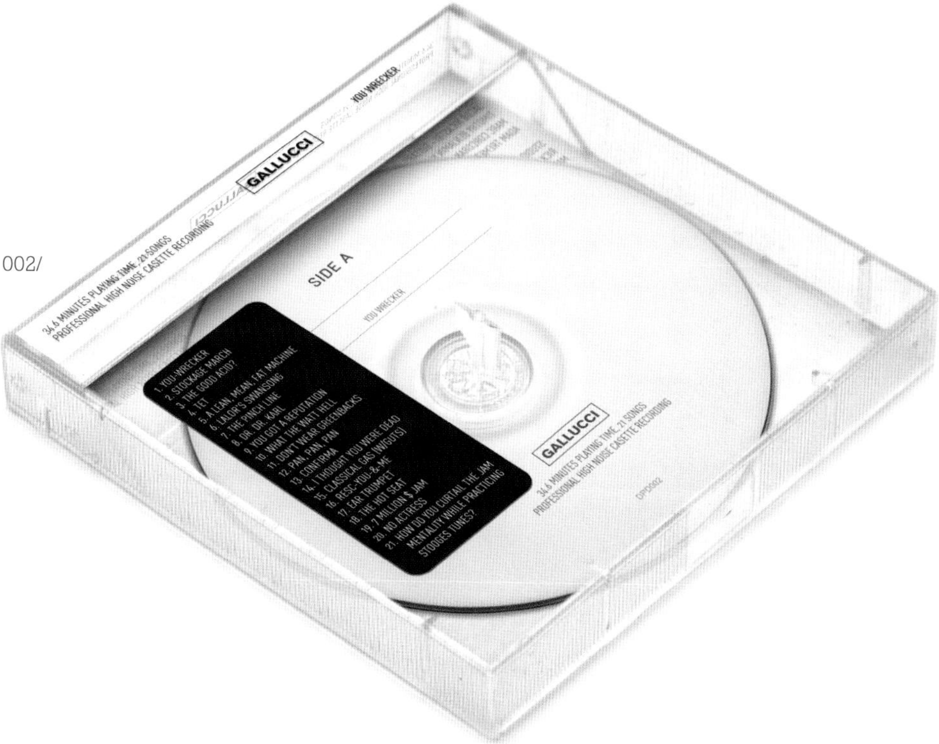

002/
Hampus Jageland

003/

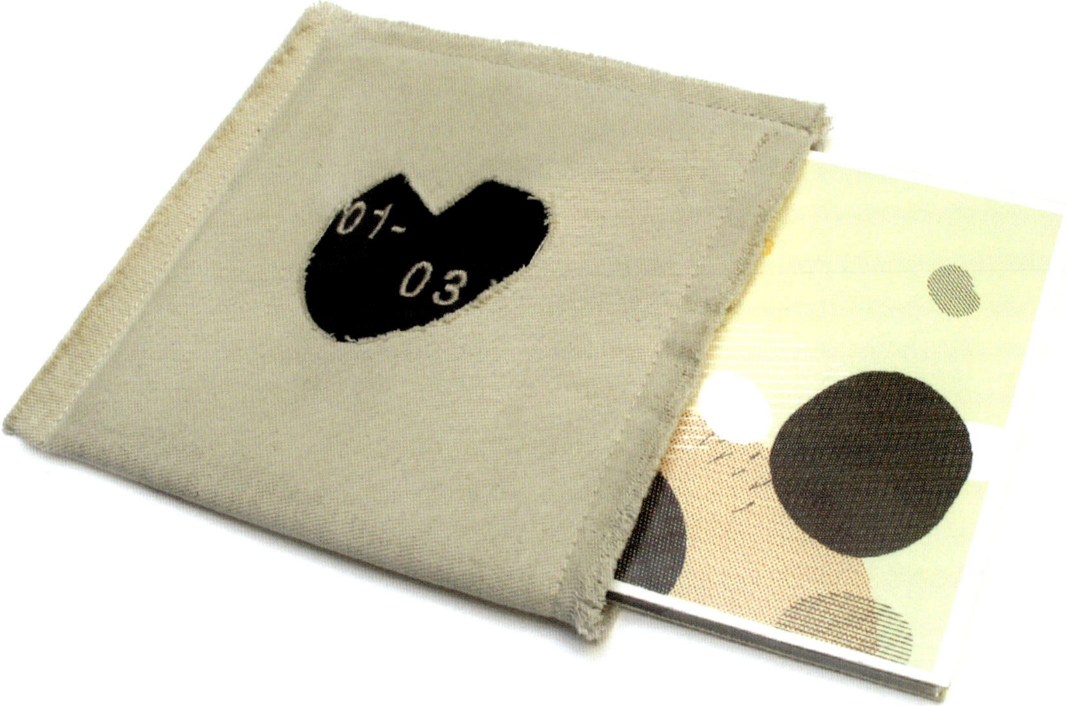

003/
Alexander Egger/
Satellites Mistaken
for Stars

004/

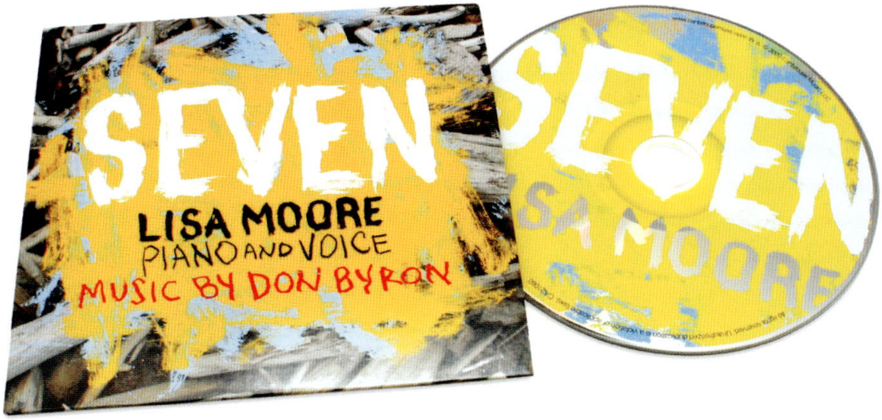

005/

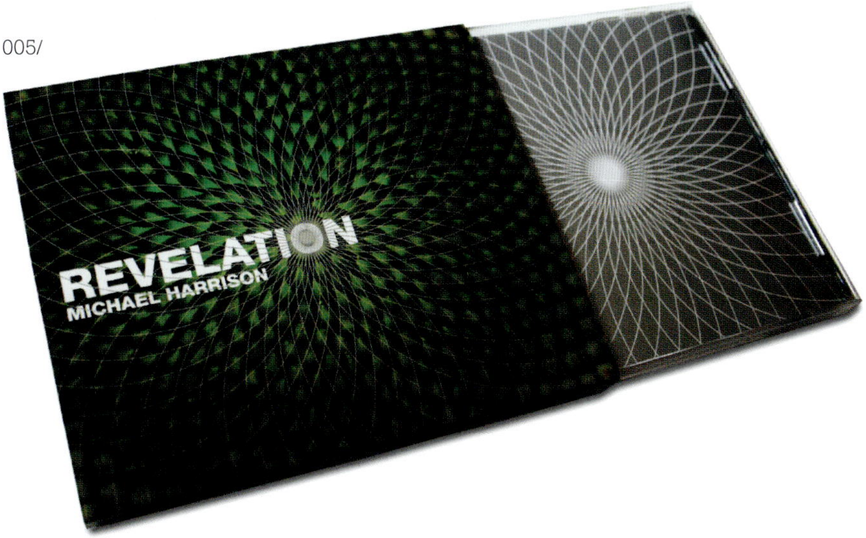

004/
Another Limited Rebellion

005/
Another Limited Rebellion

006/

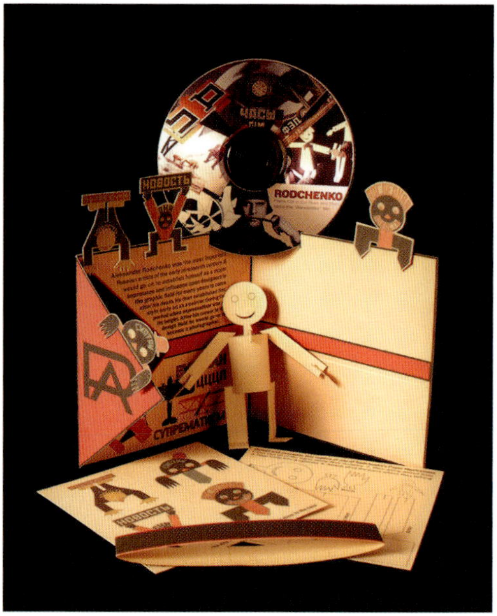

007/

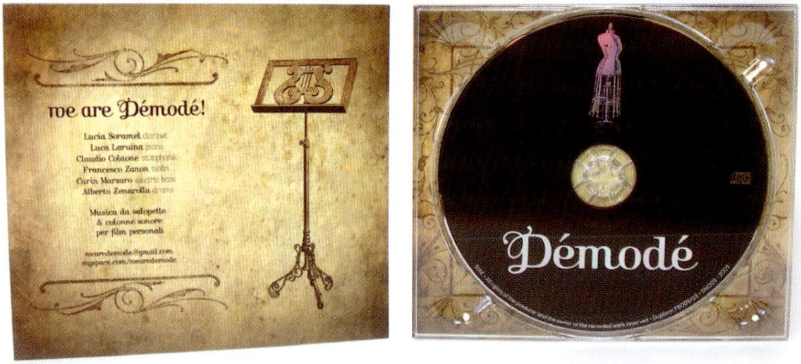

006/
Dangerdom
Studios

007/
kerin (Carin
Marzaro)

008/

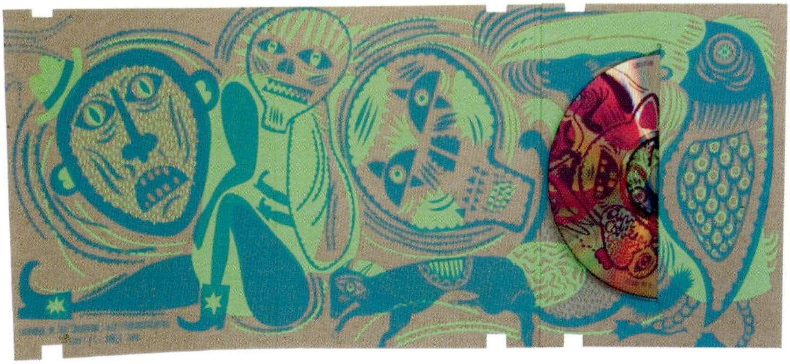

009/

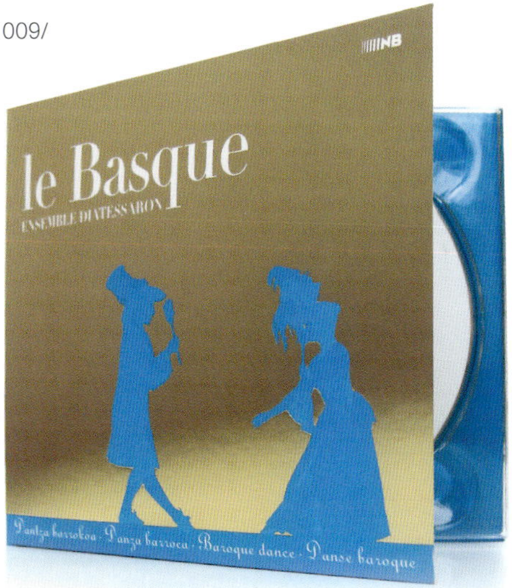

008/
UNREzT.

009/
Alambre Estudio

010/

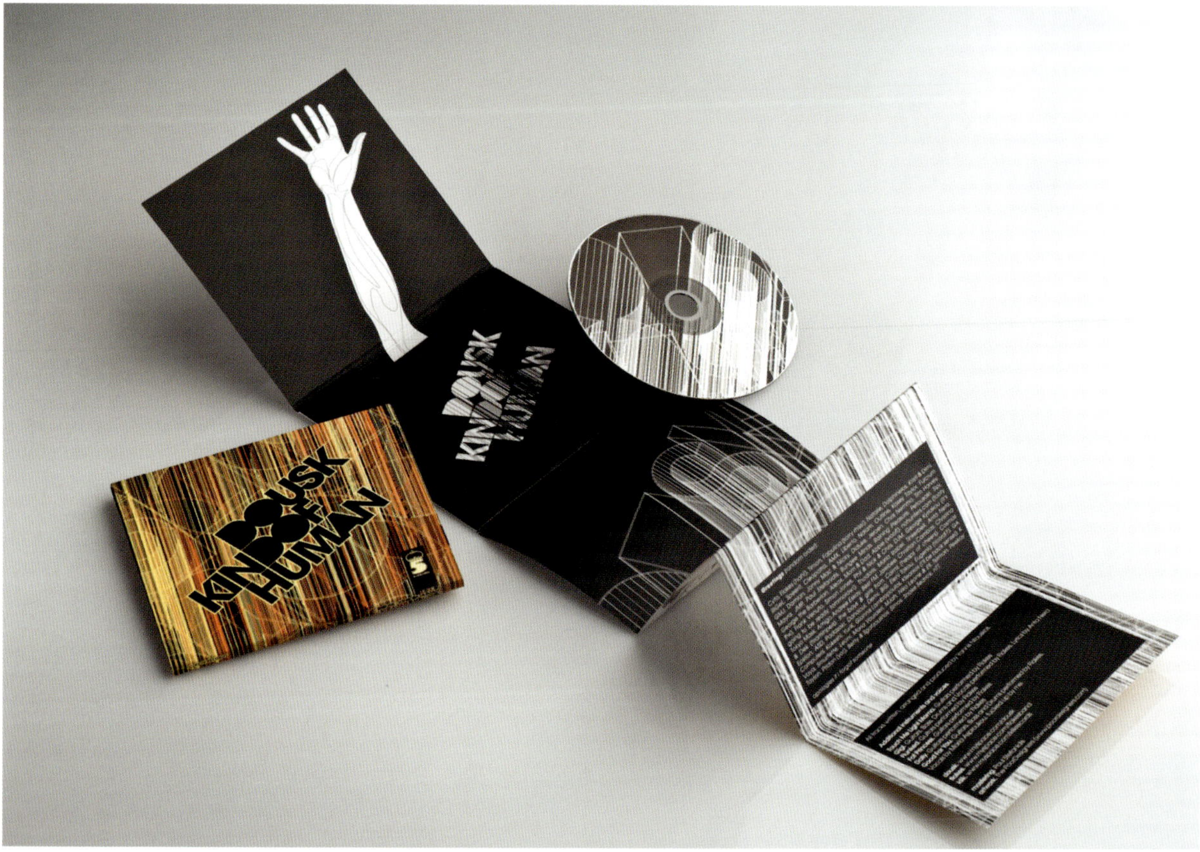

010/
TwelveTimesTwo

011/

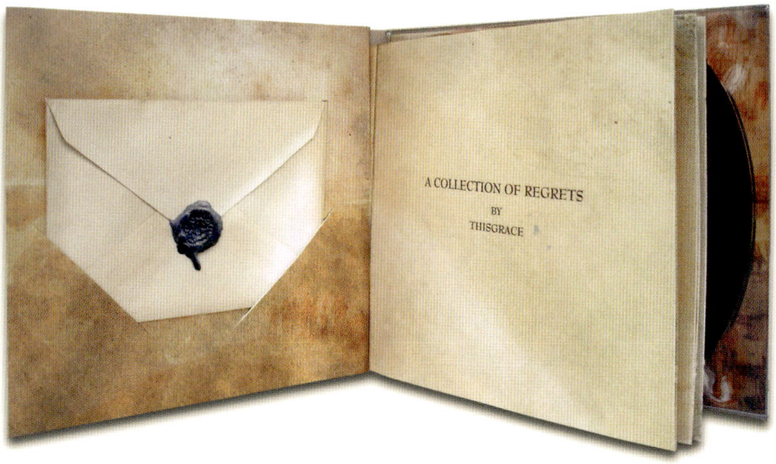

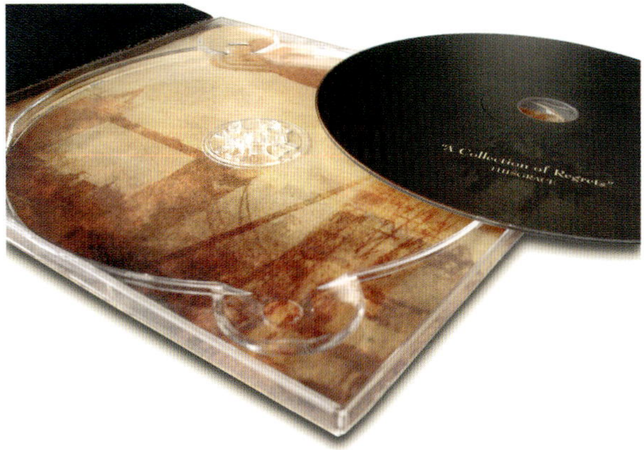

011/
Bárbara Ana Gómez
& Sergio Fernández
Gallardo

012/

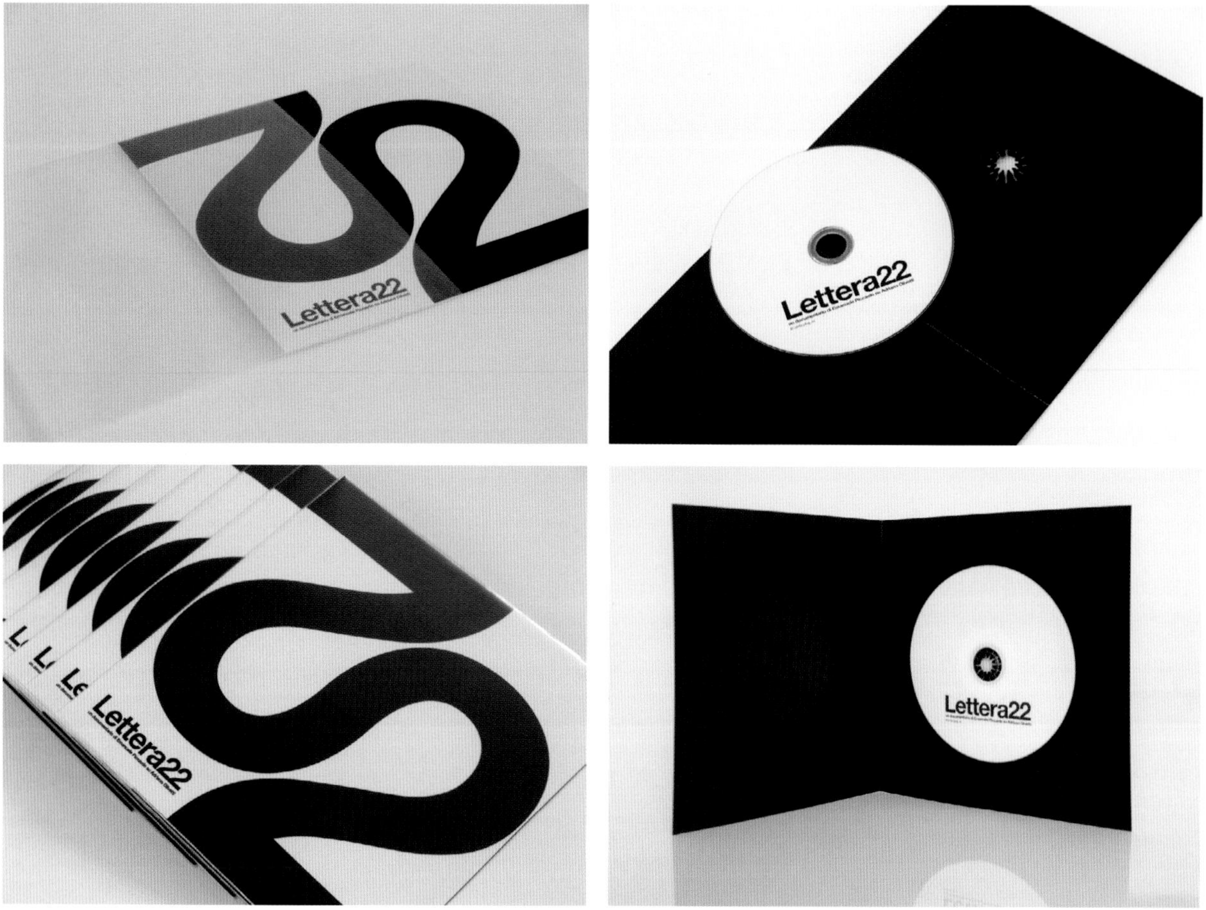

012/
Artiva Design
(Daniele De Batté /
Davide Sossi)

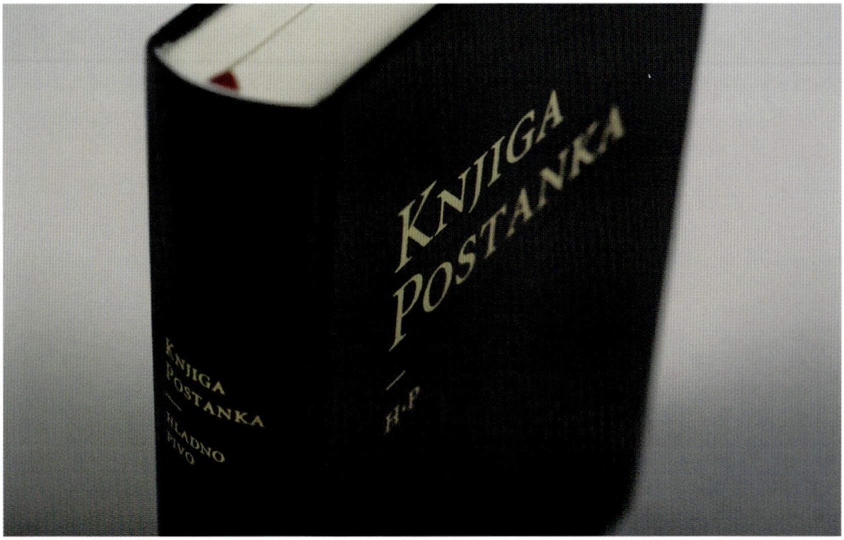

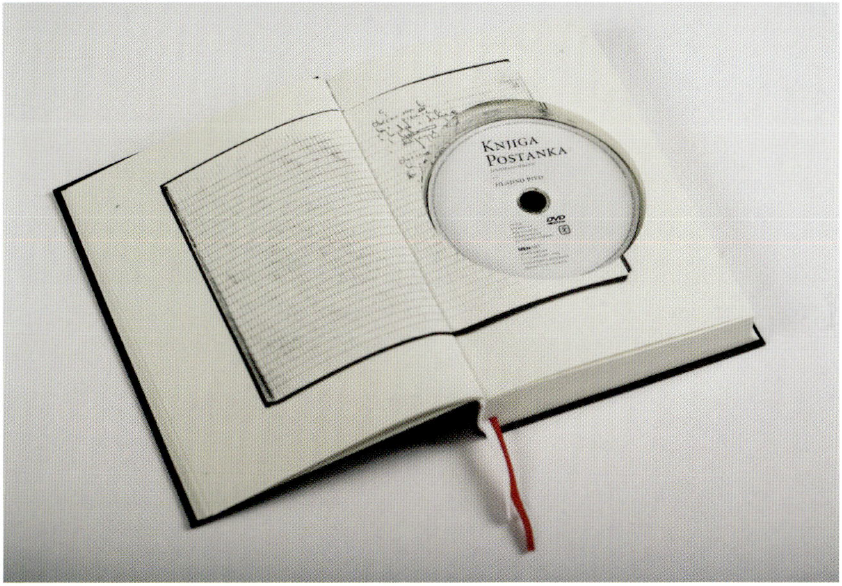

013/
Bruketa & Zinic OM

014/

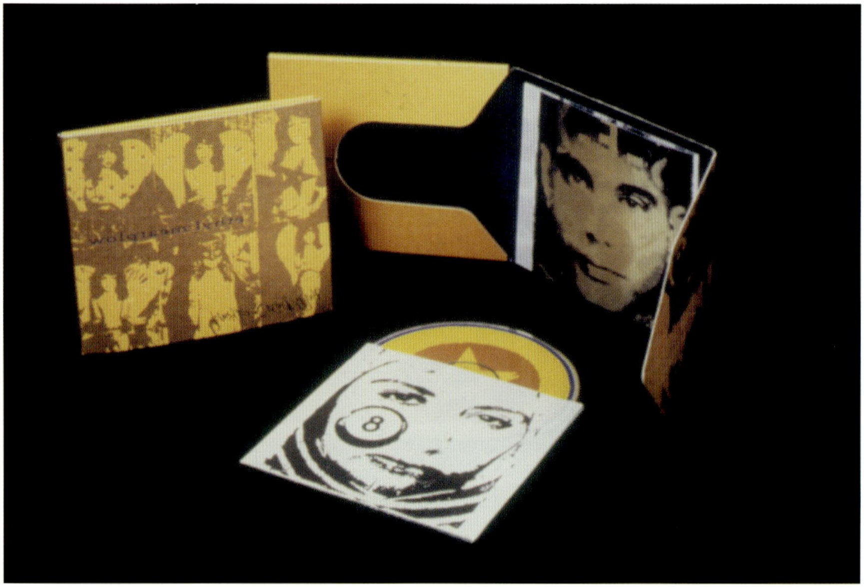

014/
Fullblast Creative.
com

015/

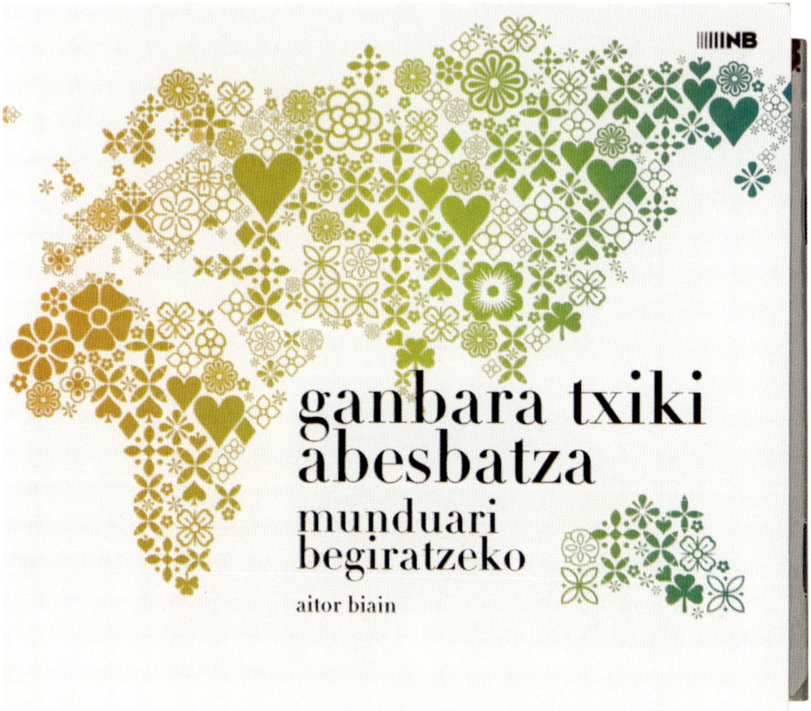

015/
Alambre Estudio

016/

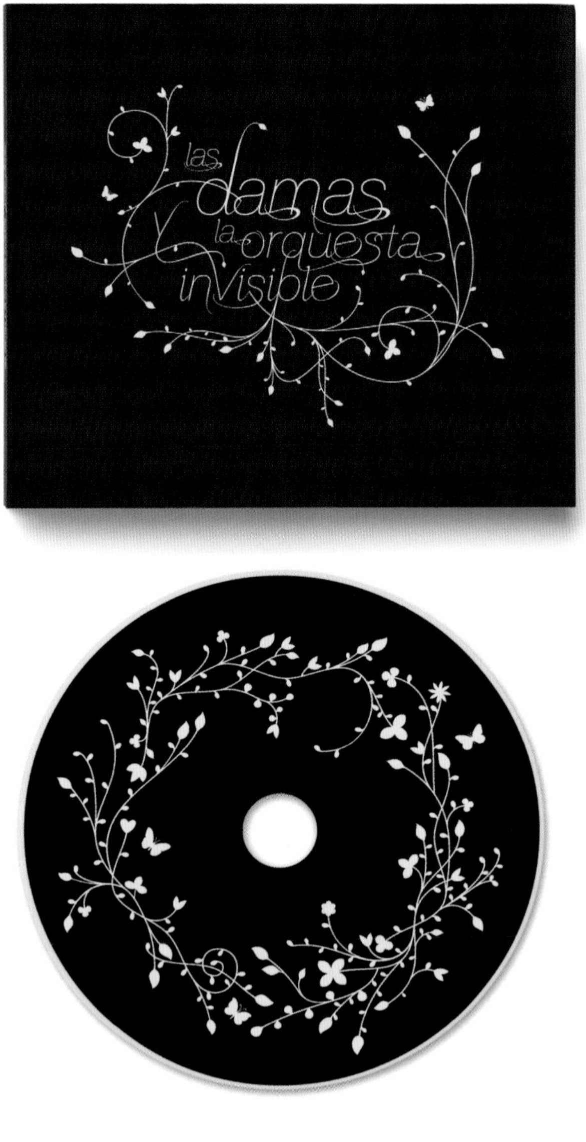

016/
Estudio David
Cercós

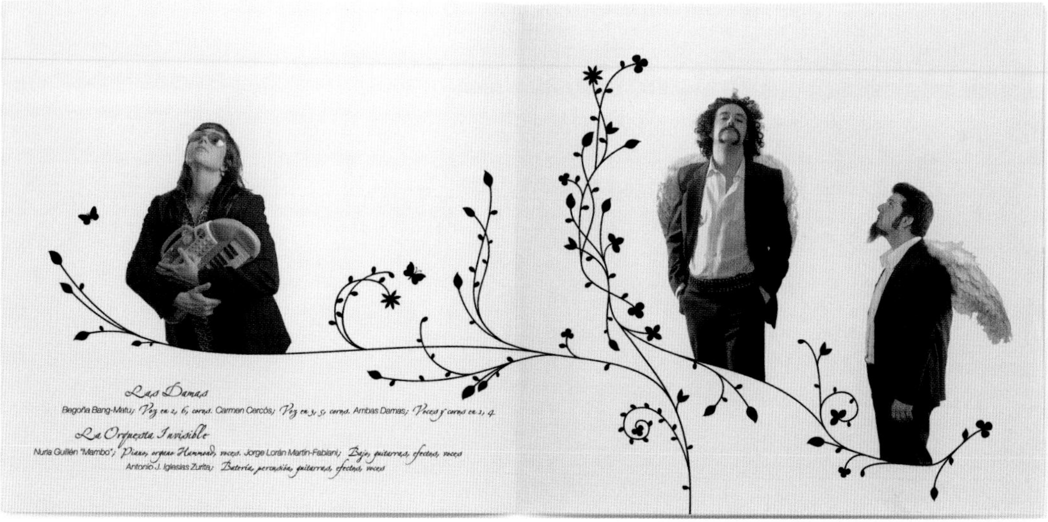

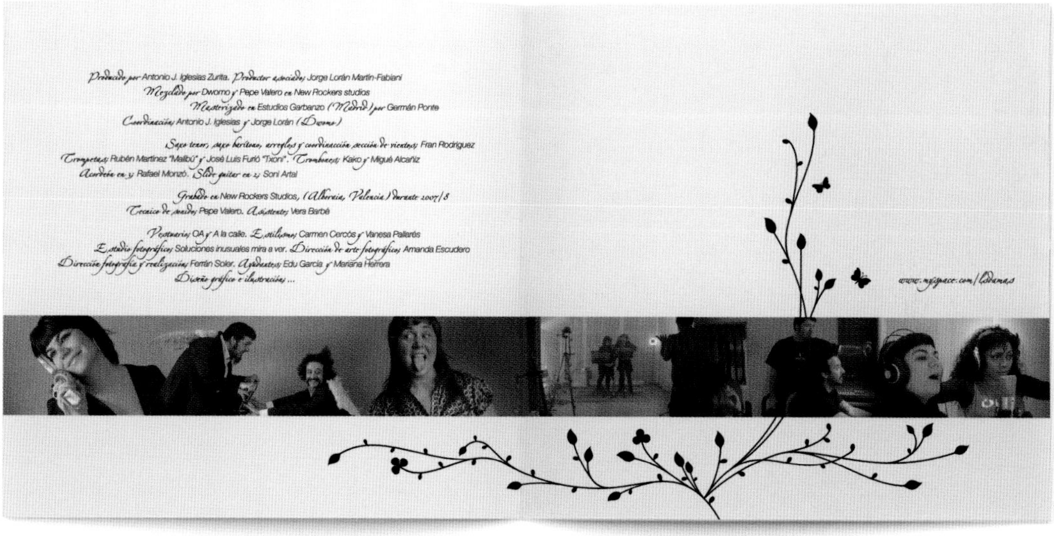

Entertainment

017/
Estudio David
Cercós

018/

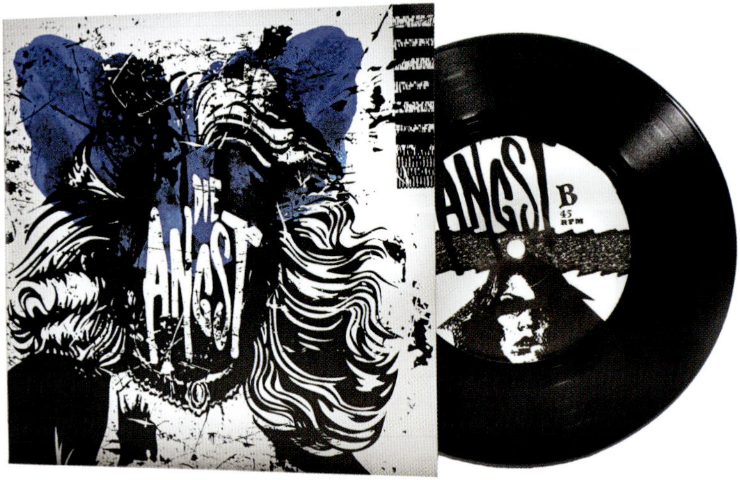

019/

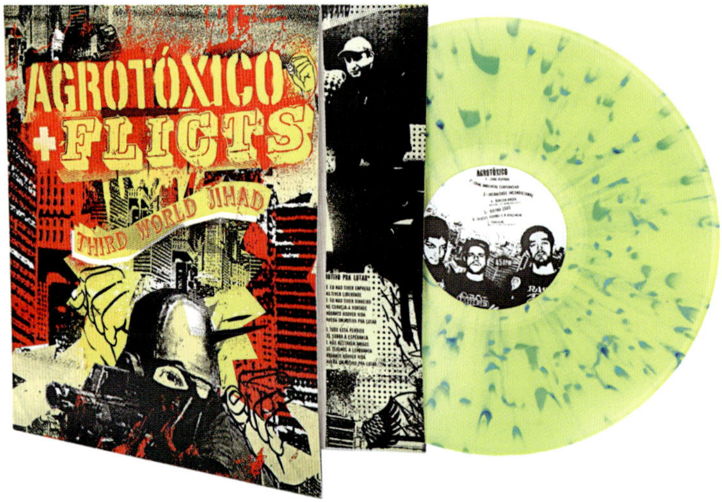

018/
Disturbanity
Graphics

019/
Disturbanity
Graphics

020/

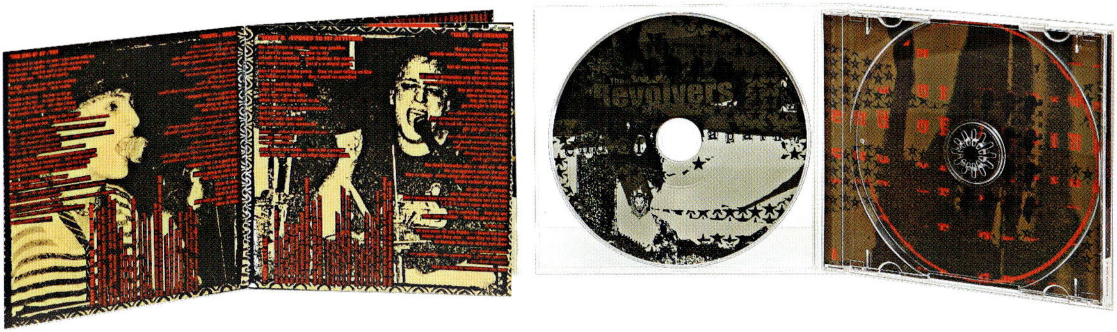

021/

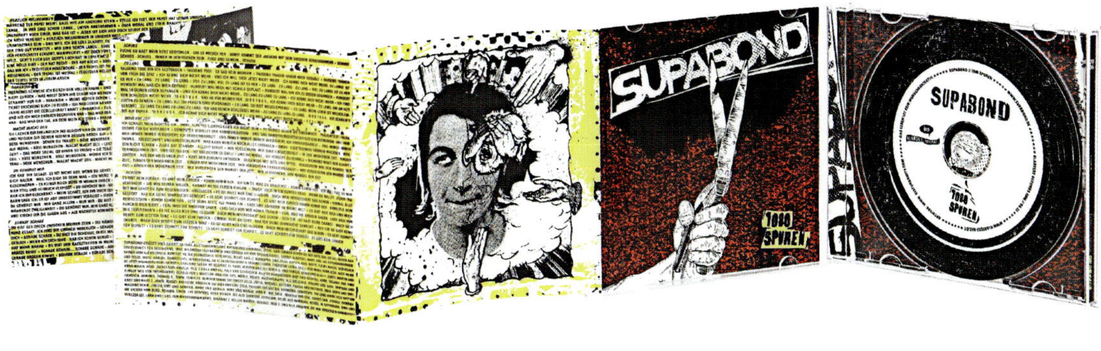

020/
Disturbanity Graphics

021/
Disturbanity Graphics

022/

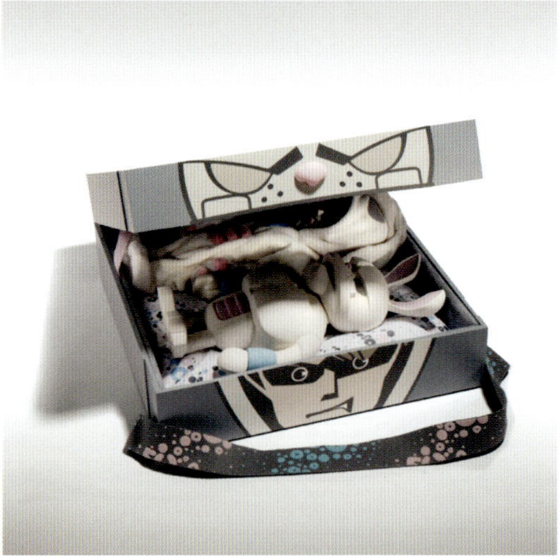

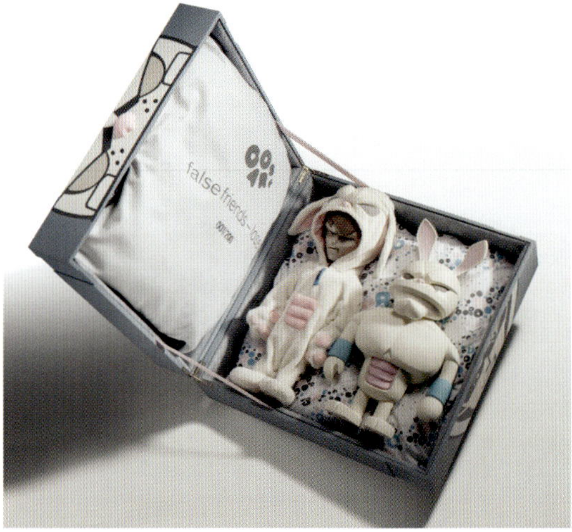

022/
coarse

023/

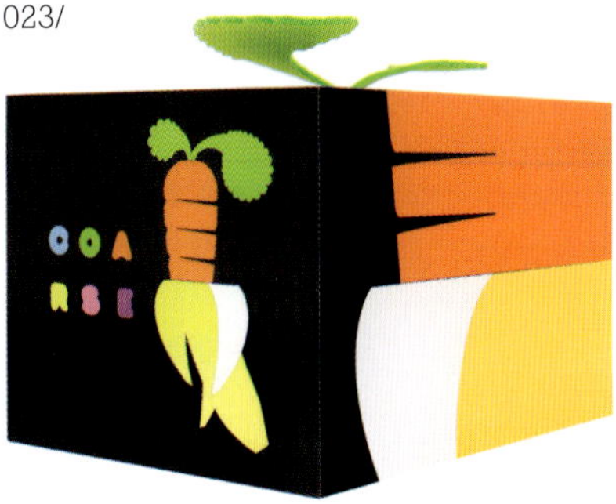

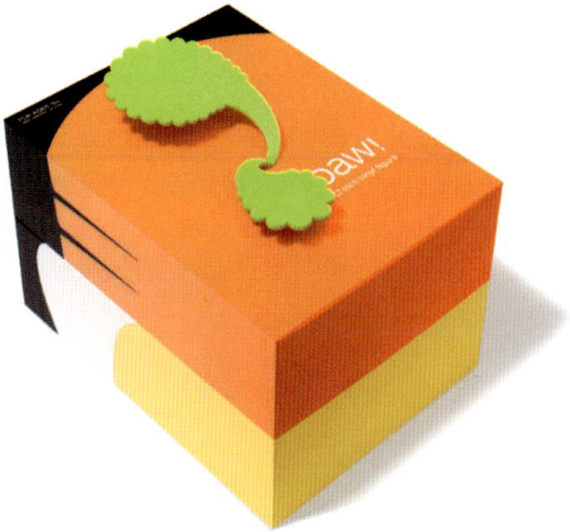

024/

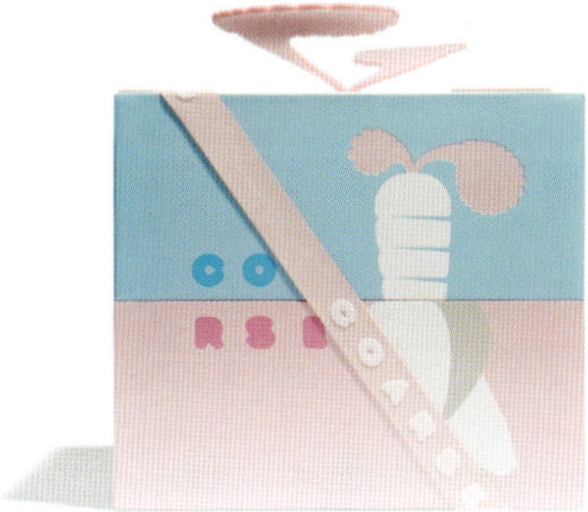

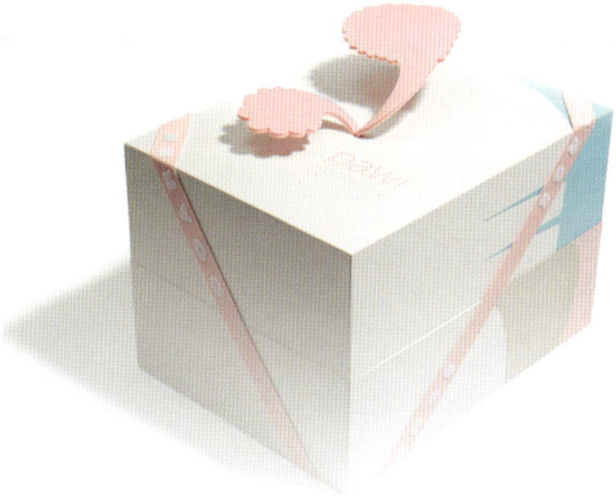

023/
coarse

024/
coarse

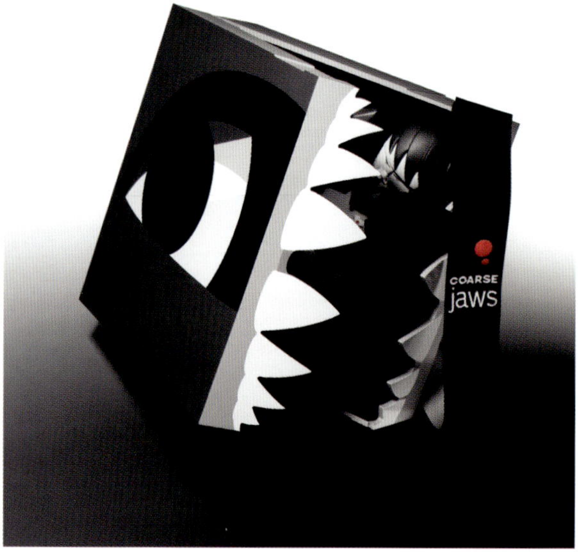

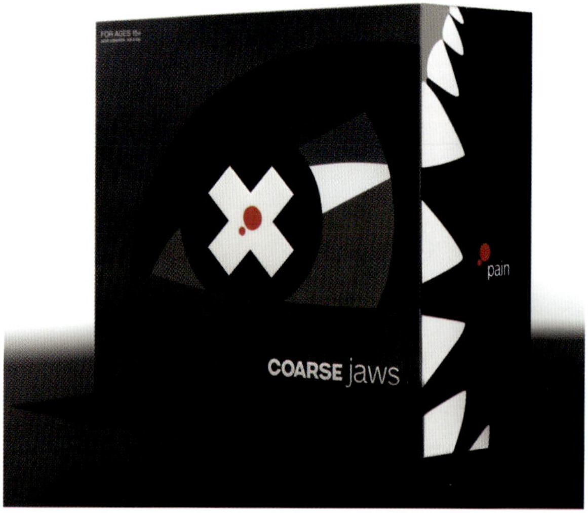

025/
coarse

026/

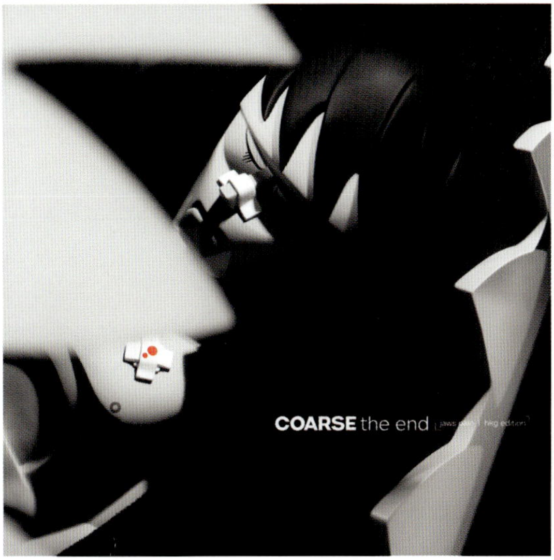

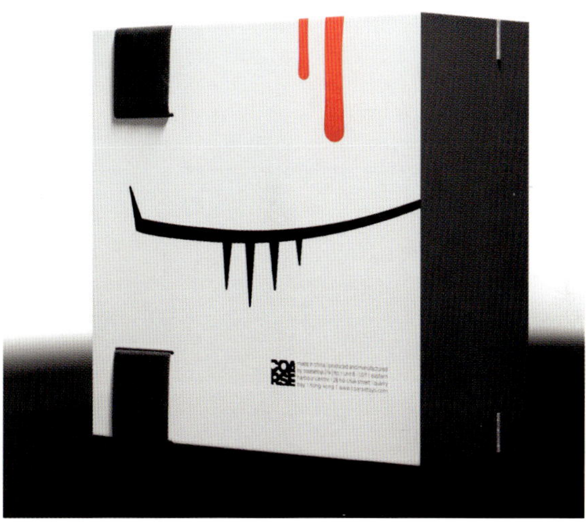

026/
coarse

027/

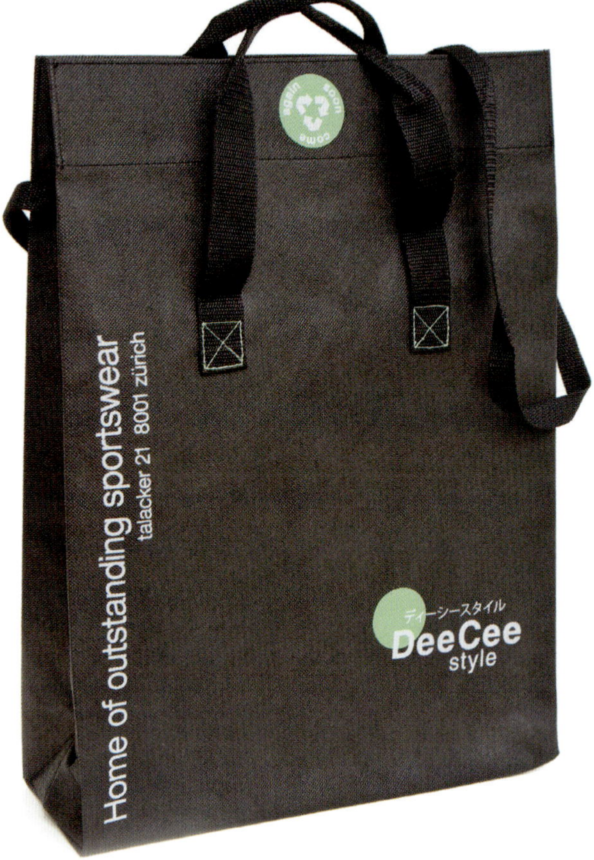

027/
C-bag-trade AG
Switzerland

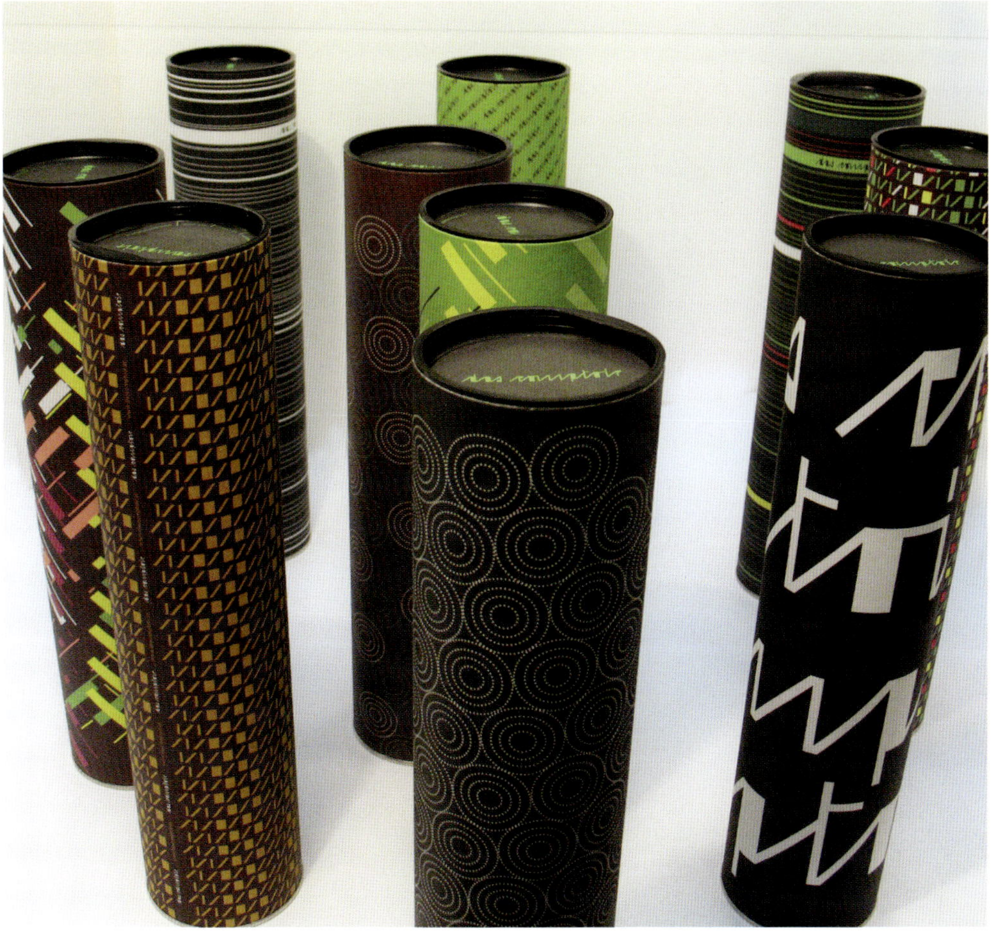

028/
Alexander Egger,
Julia Juriga-Lamut,
Birgit Mayer

002/ - Packaging number
Hampus Jageland - Studio name
Gallucci - Client name
Australia - Country

001/
UNREzT.
Recordings of Thin Consolation
Belgium

002/
Hampus Jageland
Gallucci
Australia

003/
Alexander Egger / Satellites Mistaken for Stars
Alexander Egger
Italy

004/
Another Limited Rebellion
Cantaloupe Music
United States

005/
Another Limited Rebellion
Cantaloupe Music
United States

006/
Dangerdom Studios
Personal
United States

007/
kerin (Carin Marzaro)
Démodé
Italy

008/
UNREzT.
Recordings of Thin Consolation
Belgium

009/
Alambre Estudio
NB musika
Spain

010/
TwelveTimesTwo
Klik Records
Greece

011/
Bárbara Ana Gómez & Sergio Fernández Gallardo
ThisGrace
Spain

012/
Artiva Design (Daniele De Batté / Davide Sossi)
plug_in
Italy

013/
Bruketa & Zinic OM
Abus
Croatia

014/
Fullblast Creative.com
Elektra Records
United States

015/
Alambre Estudio
NB musika
Spain

016/
Estudio David Cercós
Las Damas y la Orquesta Invisible
Spain

017/
Estudio David Cercós
Las Damas y la Orquesta Invisible
Spain

018/
Disturbanity Graphics
Thought Crime Records
Germany

019/
Disturbanity Graphics
Dirty Faces Records
Germany

020/
Disturbanity Graphics
People Like You
Germany

021/
Disturbanity Graphics
Klartext records
Germany

022/
coarse
coarse
Hong Kong

023/
coarse
coarse
Hong Kong

024/
coarse
coarse
Hong Kong

025/
coarse
coarse
Hong Kong

026/
coarse
coarse
Hong Kong

027/
C-bag-trade AG Switzerland
DeeCee style Zürich
Switzerland

028/
Alexander Egger, Julia Juriga-Lamut, Birgit Mayer
Das comptoir
Austria

Fashion

032 - 049

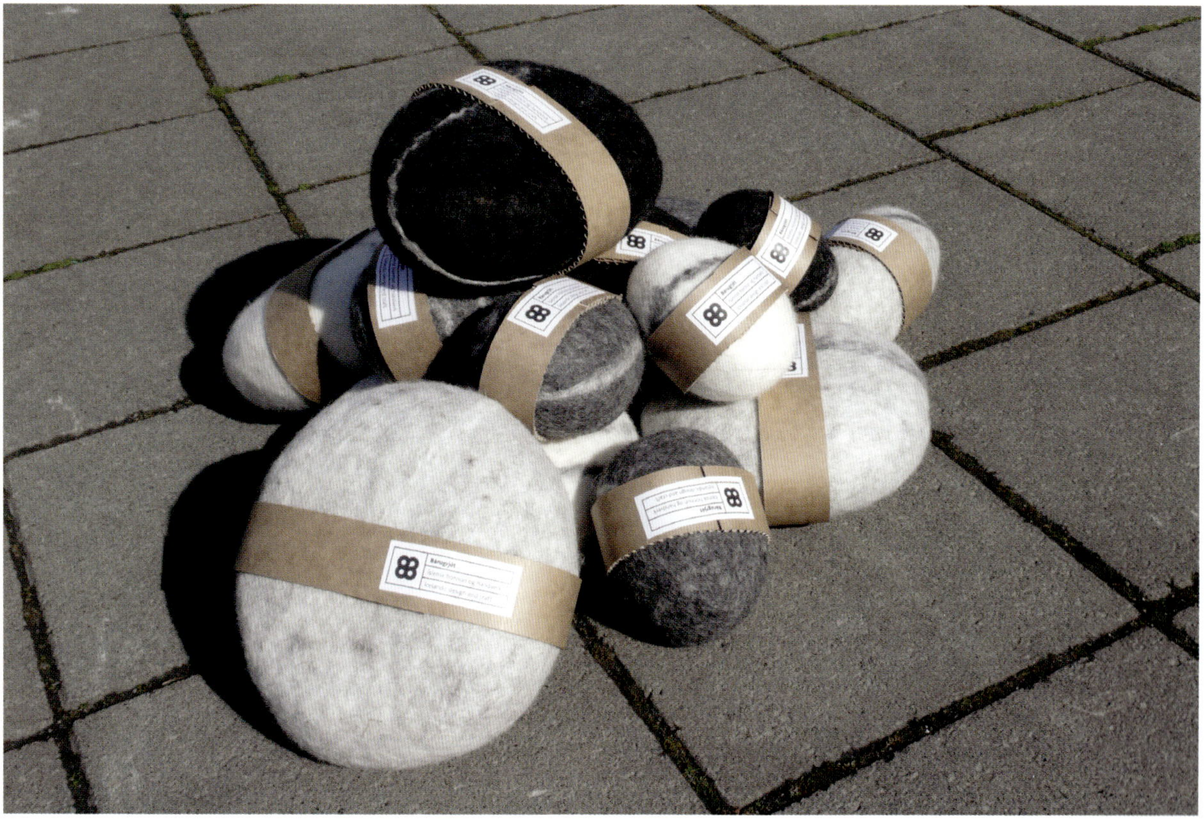

029/
Hörður Lárusson

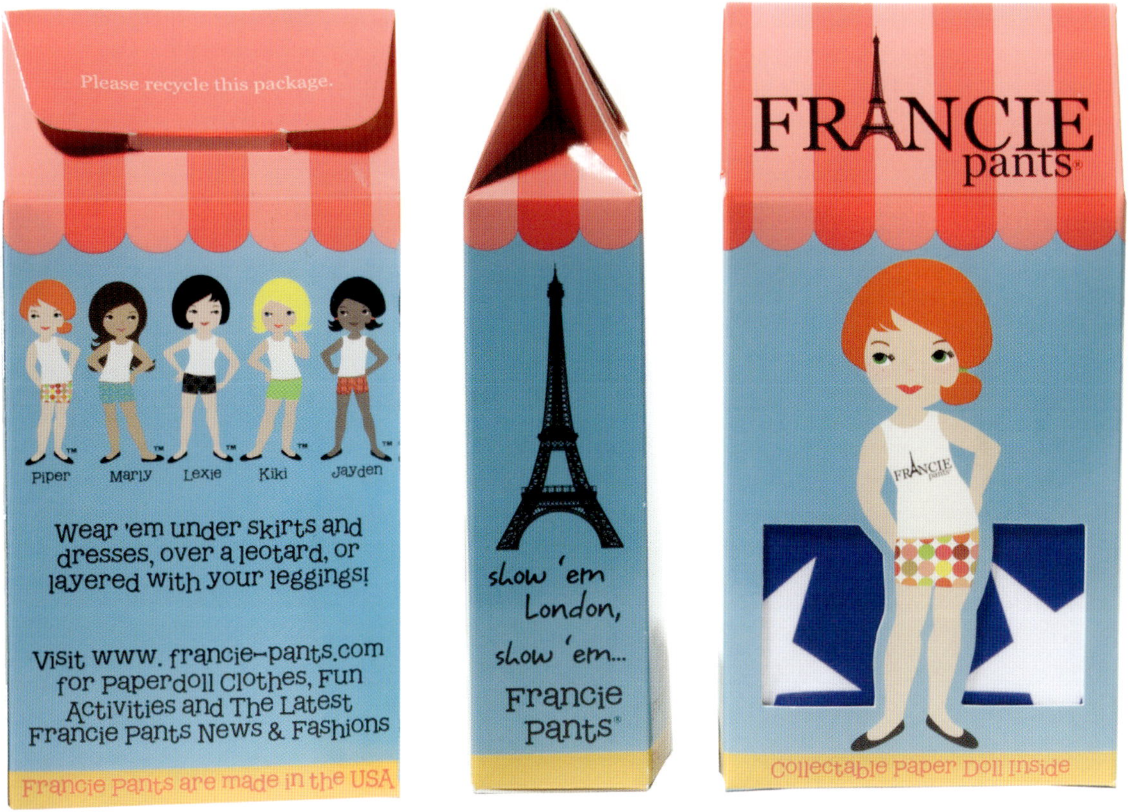

030/
Sitesquared, LLC

031/

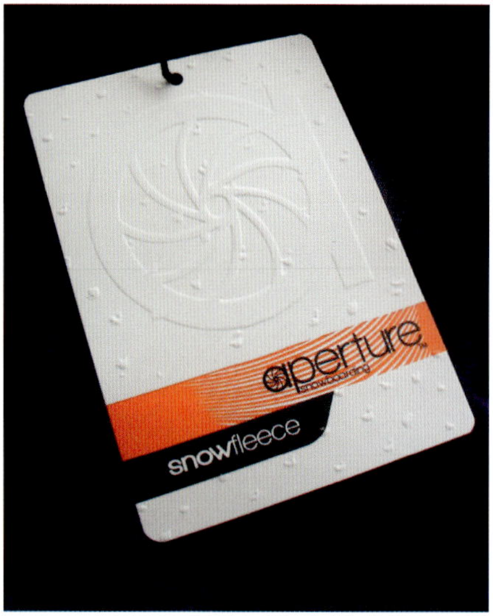

032/

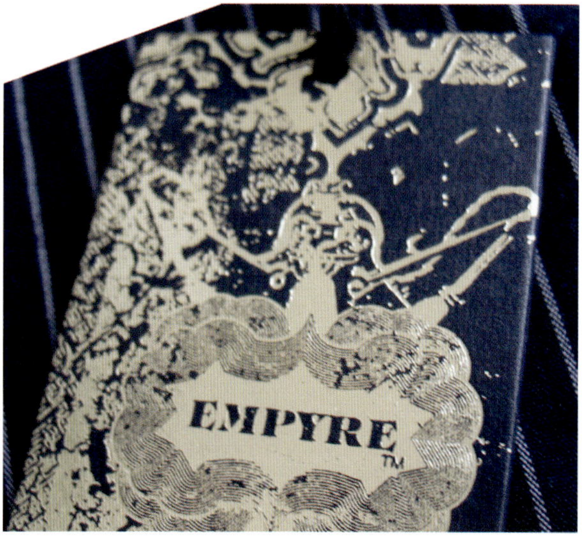

031/
Weather Control

032/
Weather Control

033/

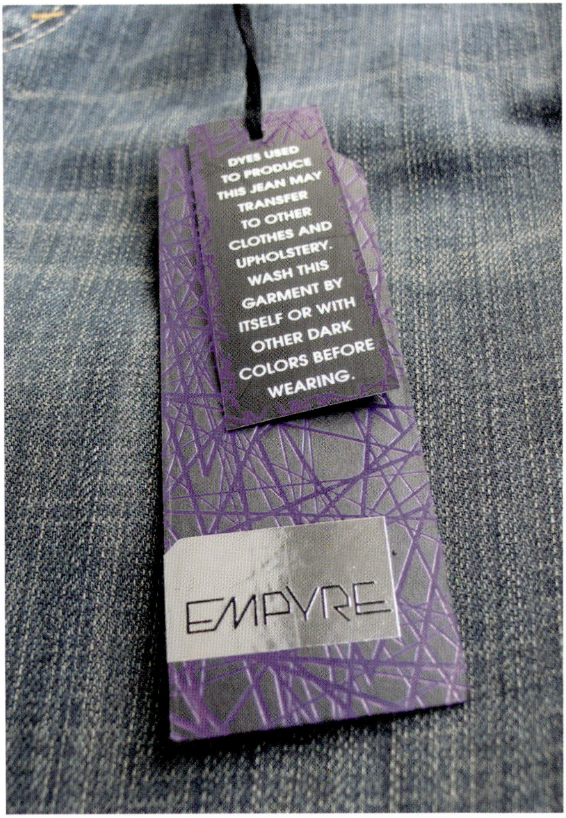

034/

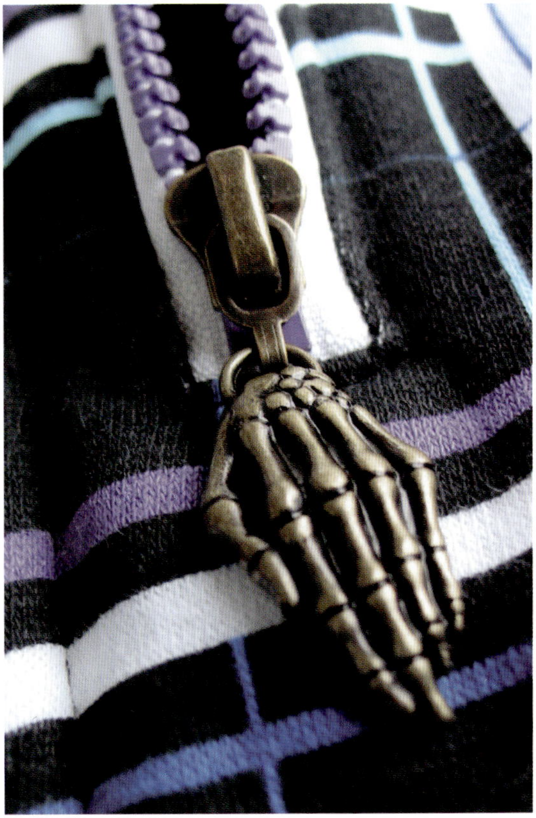

033/
Weather Control

034/
Weather Control

035/

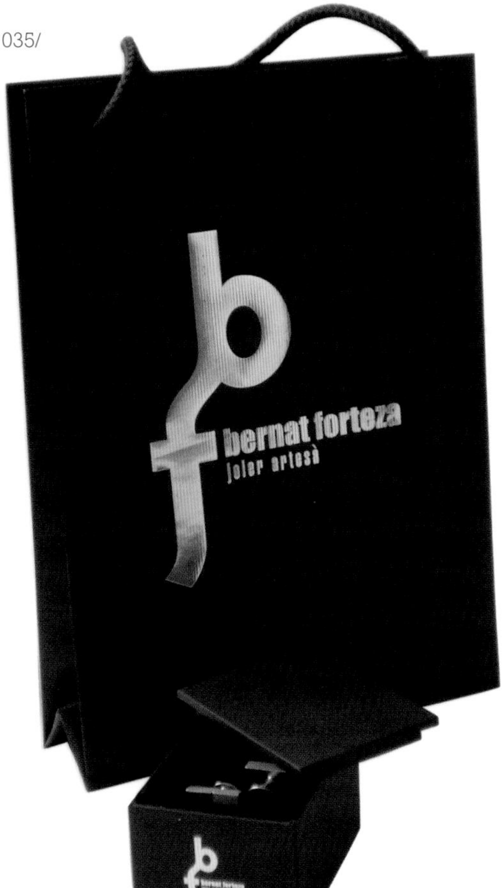

035/
Alicia Colom
Palliser

036/

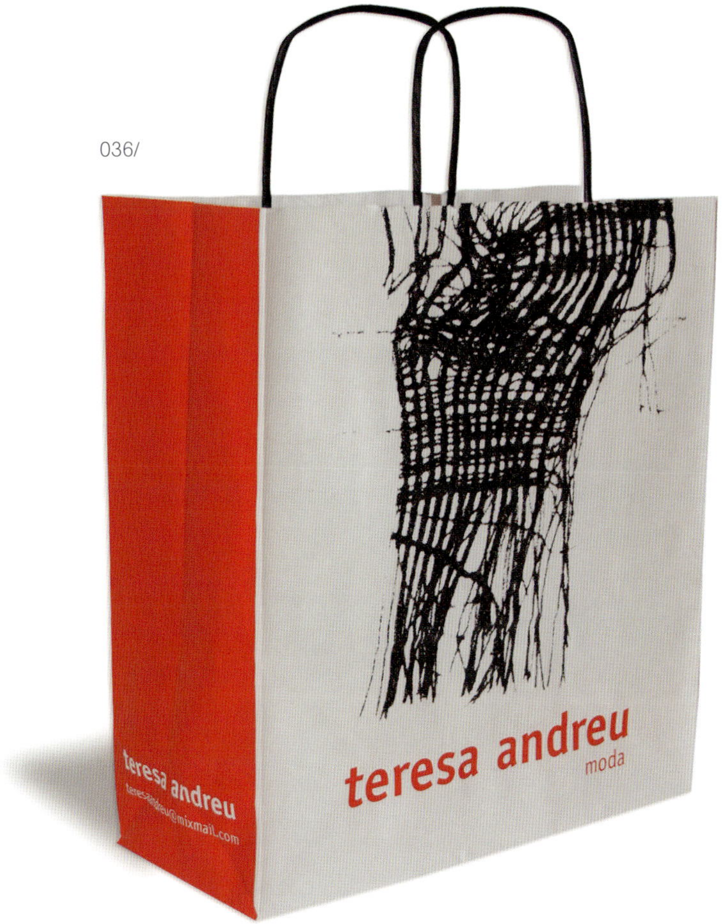

036/
Alicia Colom
Palliser

037/

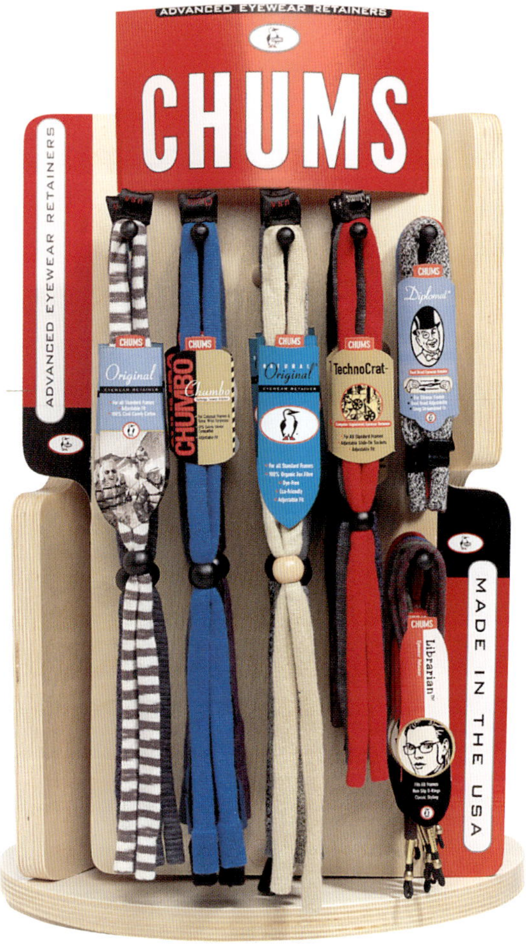

037/
Fullblast
Creative.com

038/

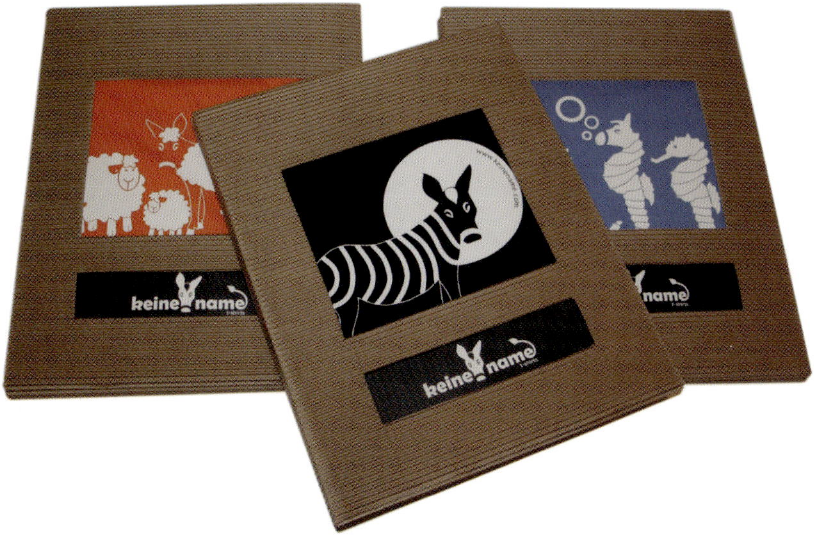

038/
Instituto de Gestión
de la Información, S.L.

039/

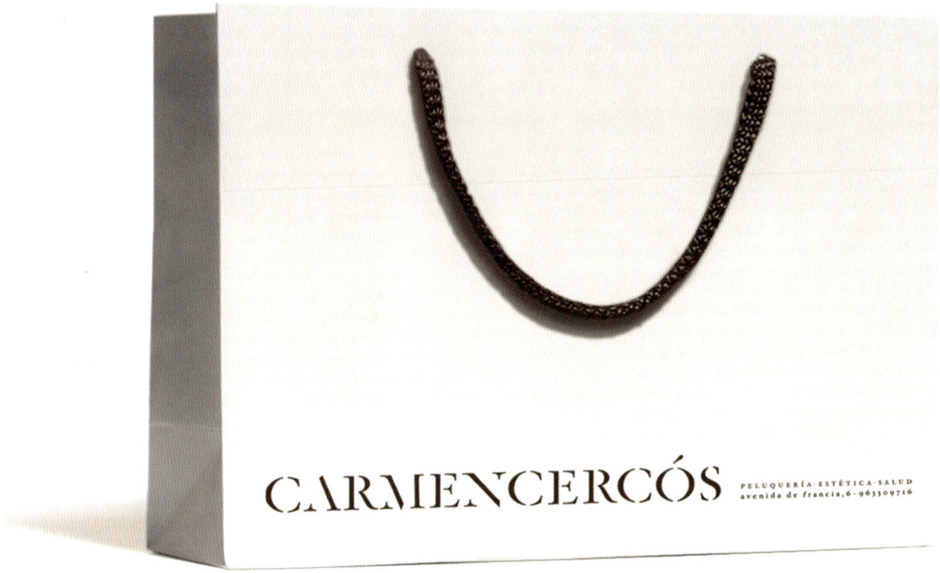

039/
Estudio David
Cercós

040/

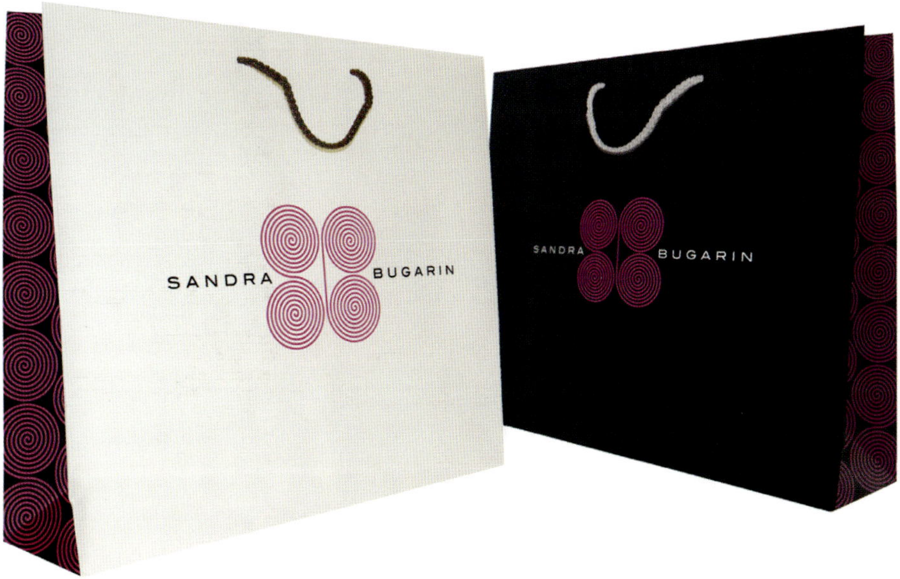

040/
SVI Design

041/

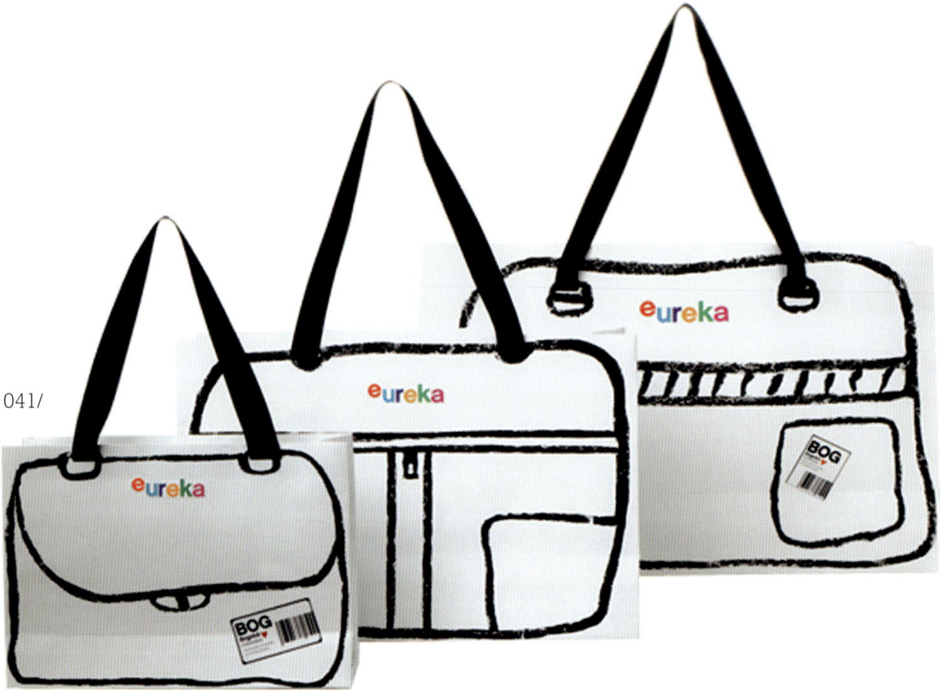

041/
p576 Studio

042/

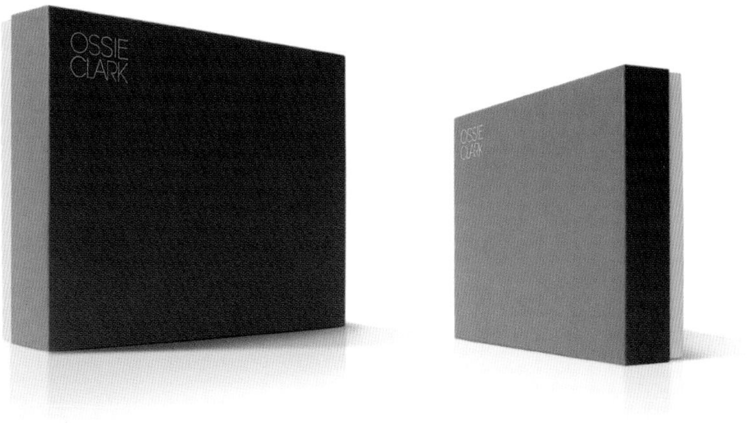

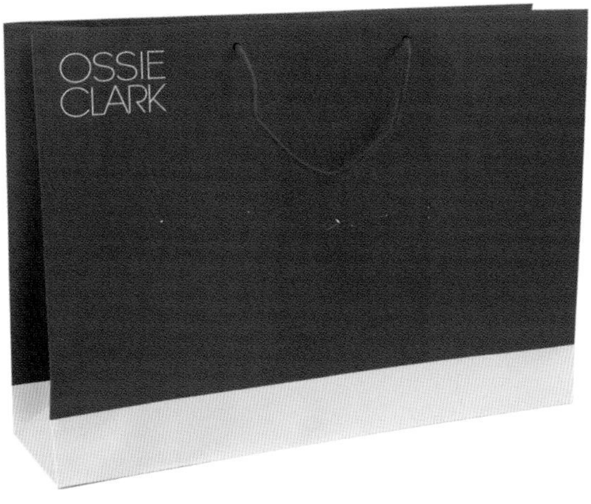

042/
SVI Design

043/

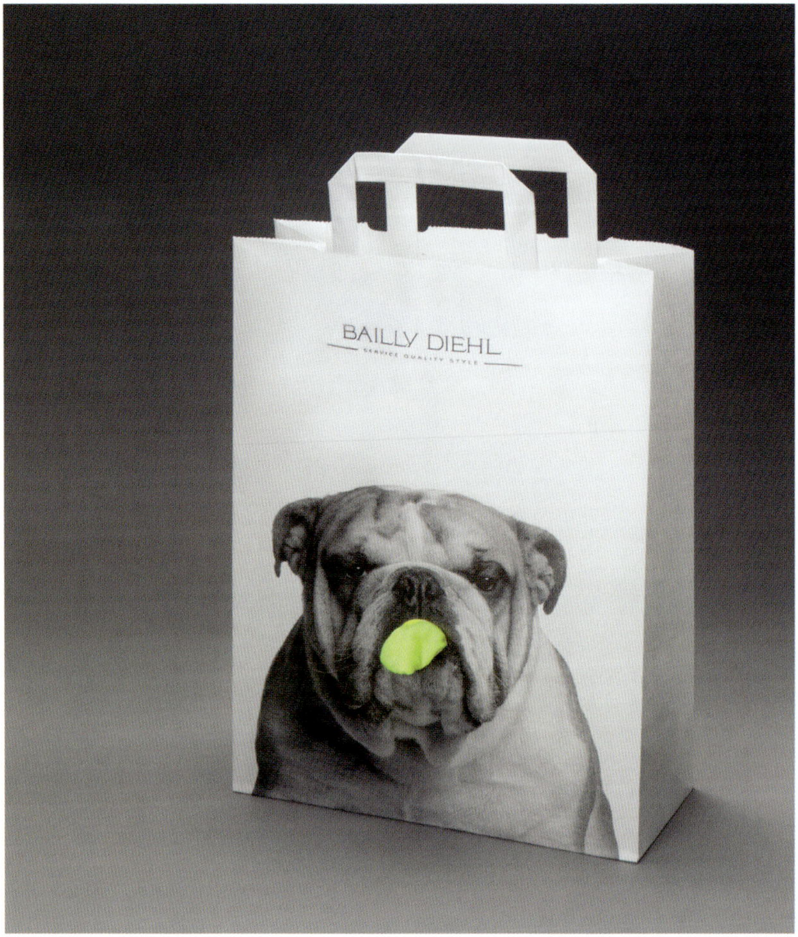

043/
merkwürdig gmbh

044/

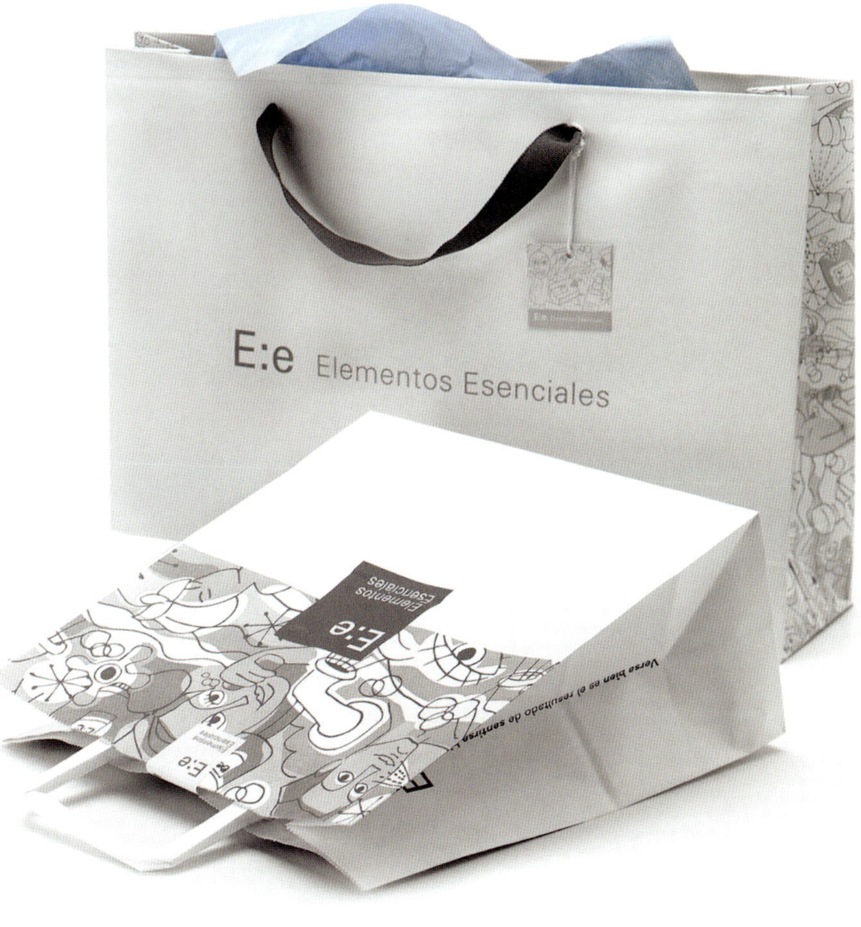

044/
VERYGUT. Diseño

002/ - Packaging number
Hampus Jageland - Studio name
Gallucci - Client name
Australia - Country

029/
Hörður Lárusson
Bára Dan
Iceland

030/
Sitesquared, LLC
Francie Pants
United States

031/
Weather Control
Zumiez
United States

032/
Weather Control
Zumiez
United States

033/
Weather Control
Zumiez
United States

034/
Weather Control
Zumiez
United States

035/
Alicia Colom Palliser
Bernat Forteza joyería
Spain

036/
Alicia Colom Palliser
Teresa Andreu moda
Spain

037/
Fullblast Creative.com
CHUMS LTD
United States

038/
Instituto de Gestión de la Información, S.L.
Keinename t-shirts
Spain

039/
Estudio David Cercós
Peluquería Carmen Cercós
Spain

040/
SVI Design
Sandra Bugarin
United Kingdom

041/
p576 Studio
eureka
Colombia

042/
SVI Design
Ossie Clark
United Kingdom

043/
merkwürdig gmbh
BAILLY DIEHL
Germany

044/
VERYGUT. Diseño
Elementos Esenciales
Argentina

Health & Beauty

050 - 081

045/

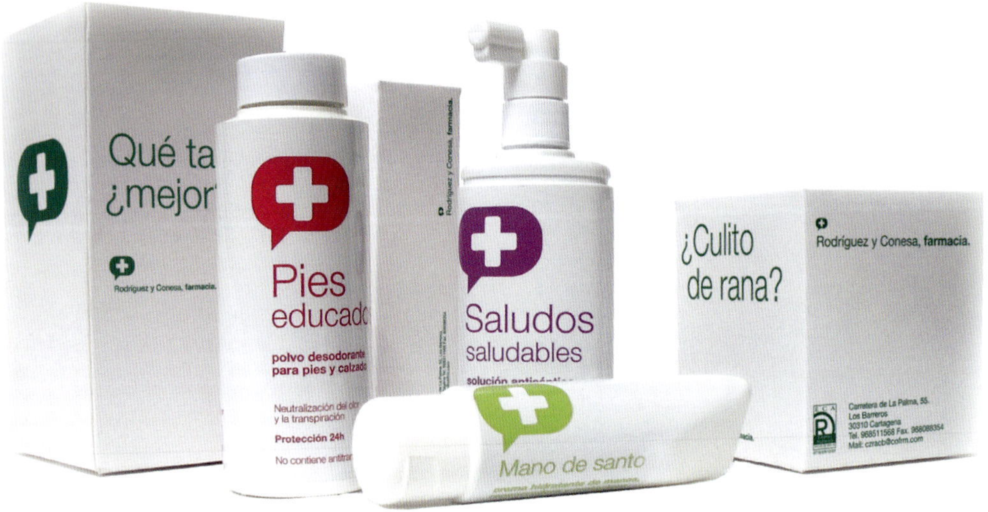

046/

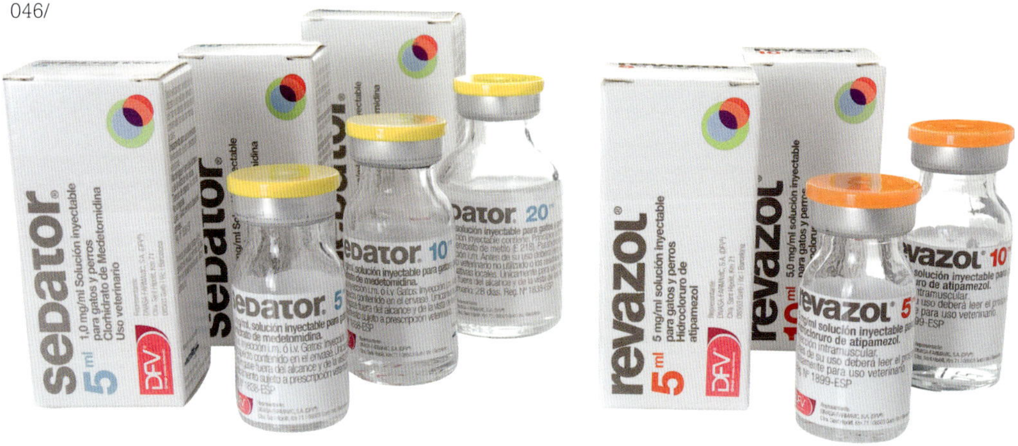

045/
La Diligencia

046/
Zoo Studio SL

047/

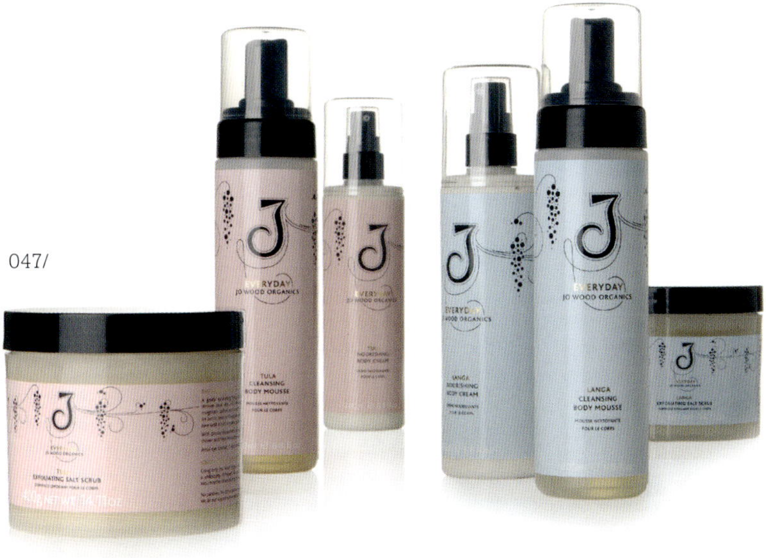

048/

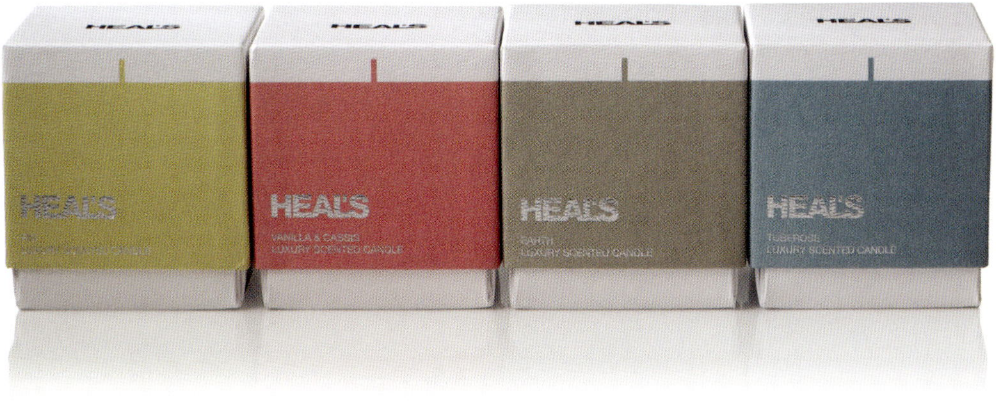

047/
Aloof design

048/
Aloof design

049/

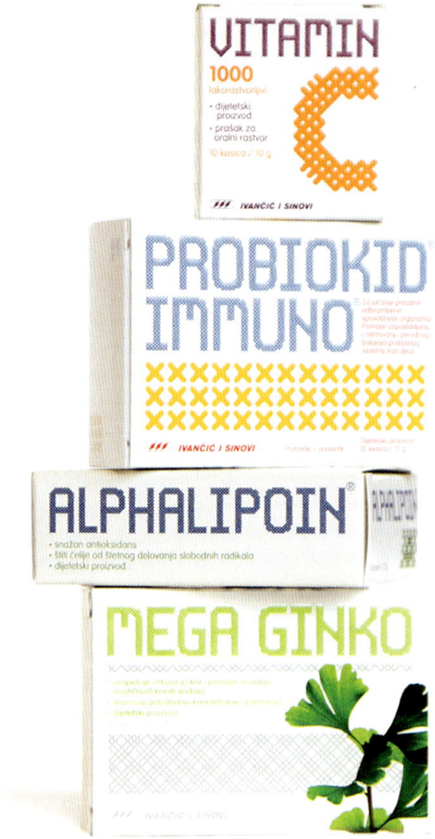

050/

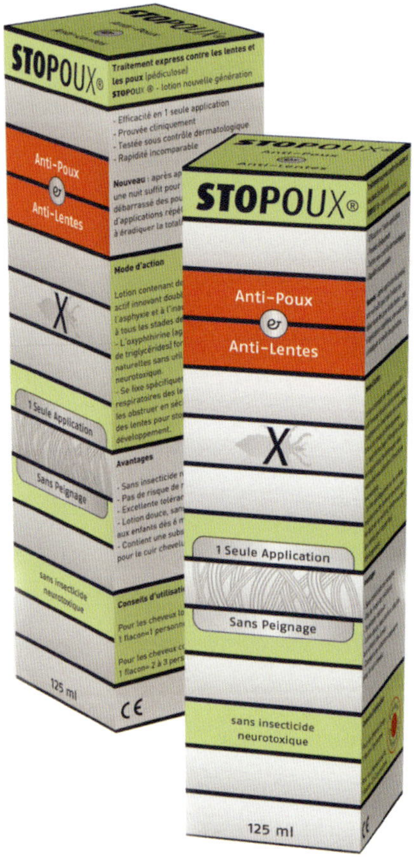

049/
SVI Design

050/
BENBENWORLD

051/

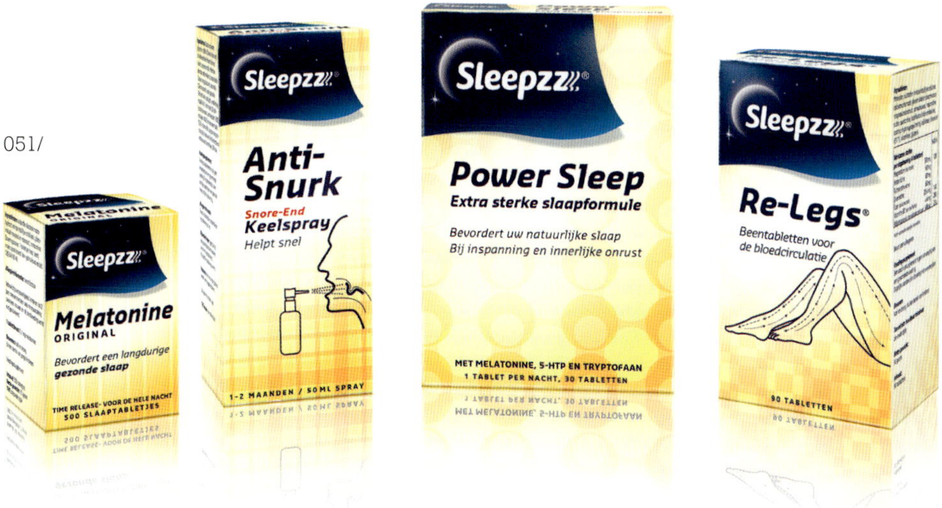

052/

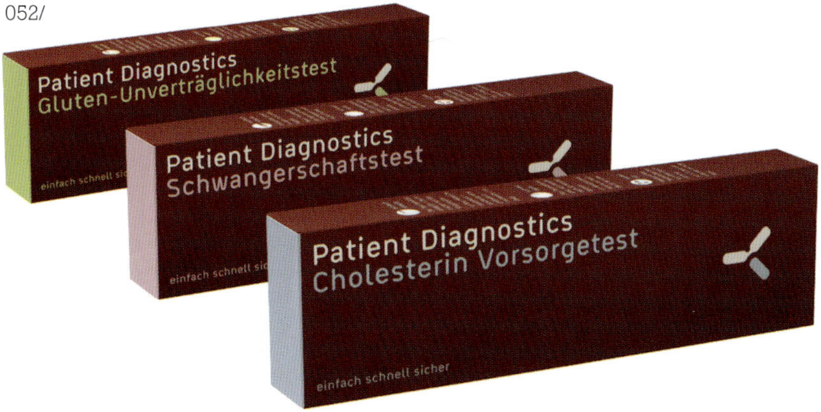

051/
SOGOOD

052/
Erich Brechbühl
[Mixer]

053/

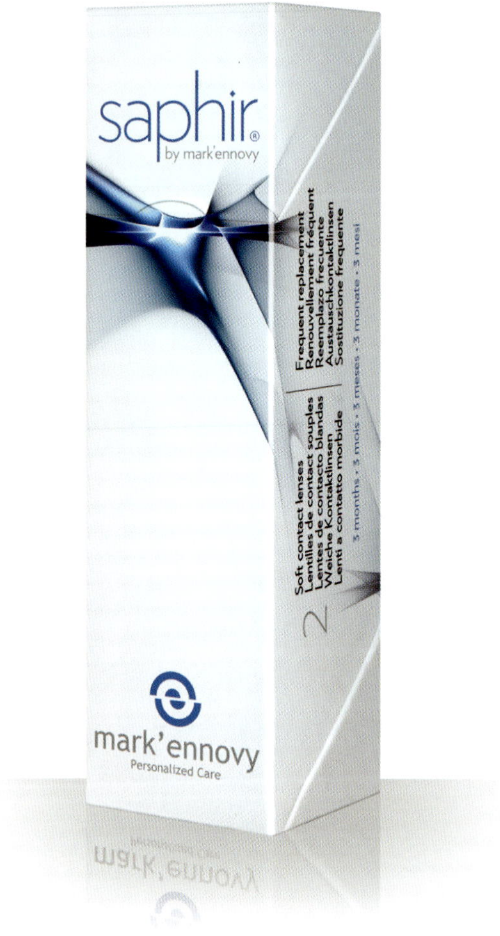

053/
AzulFaroDiez, S.L.

054/

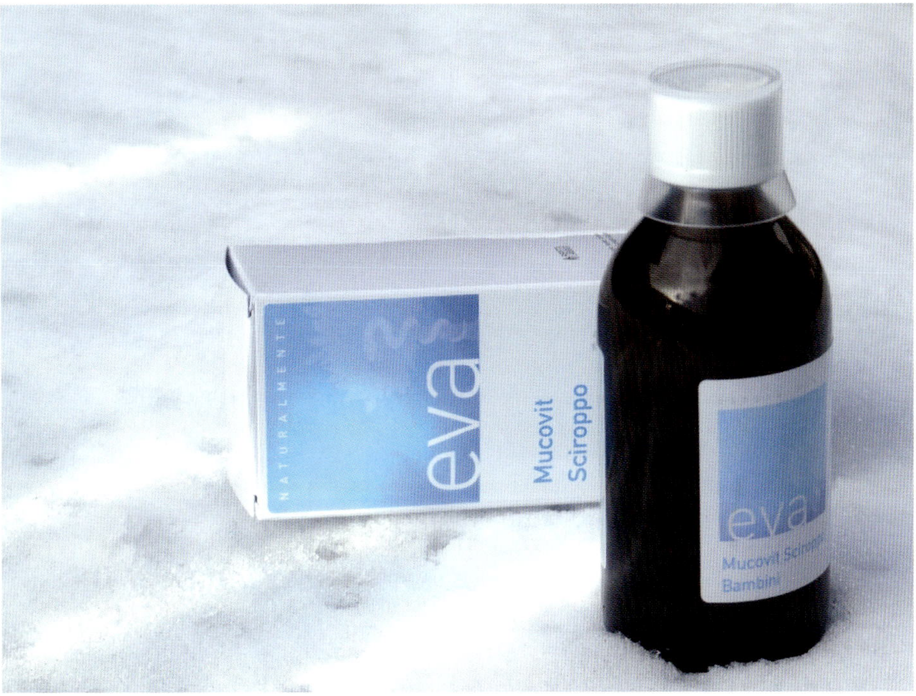
NATURALMENTE
eva
Mucovit
Sciroppo
eva
Mucovit Sciroppo
Bambini

055/

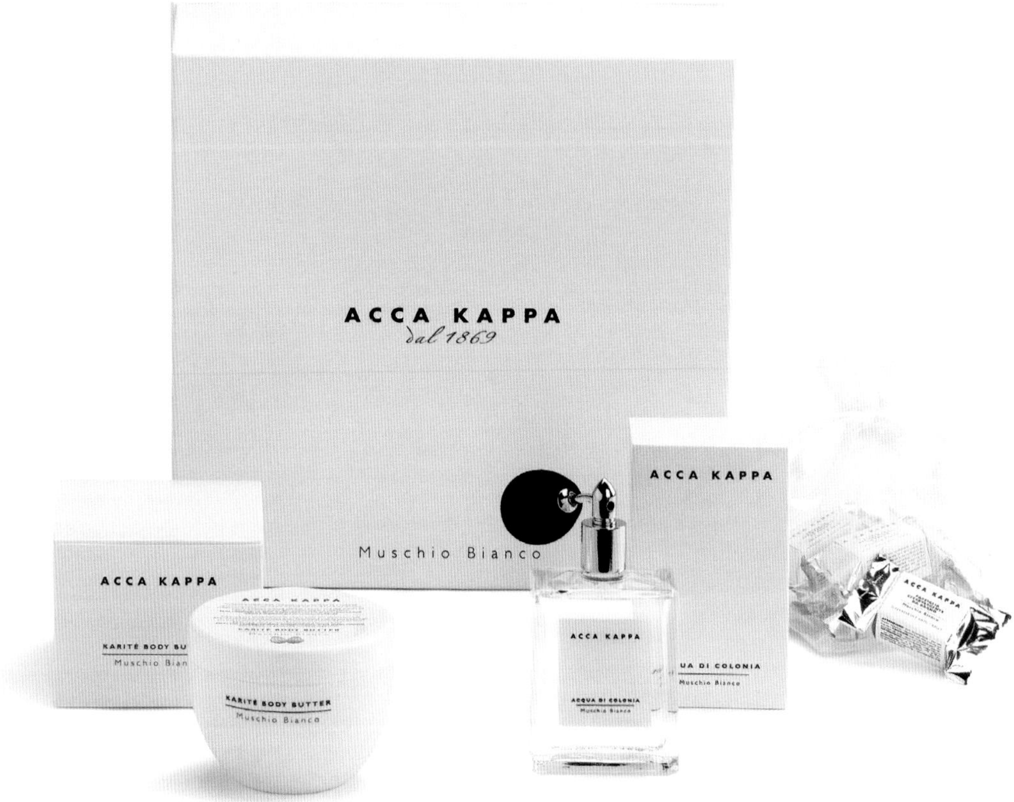

055/
FK Design srl

056/

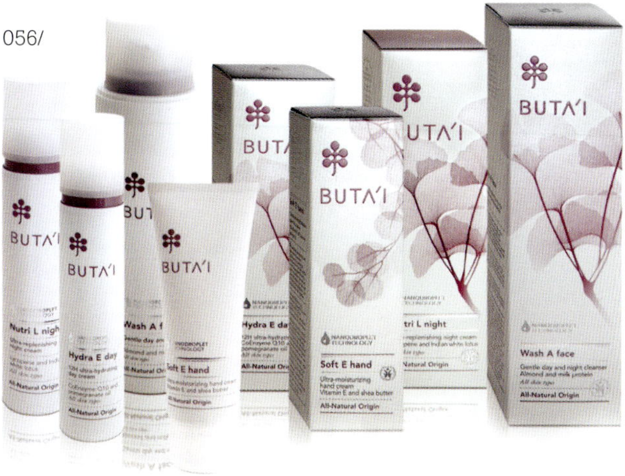

057/

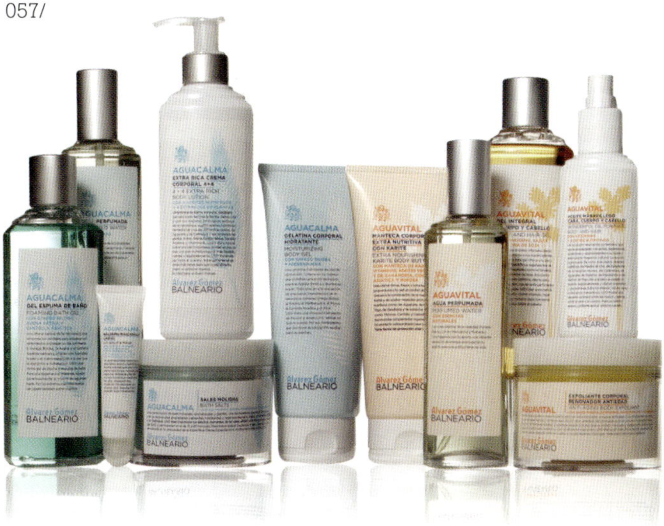

056/
Dan Alexander & CO - by Danny Goldberg

057/
ODM oficina de diseño y marketing

058/

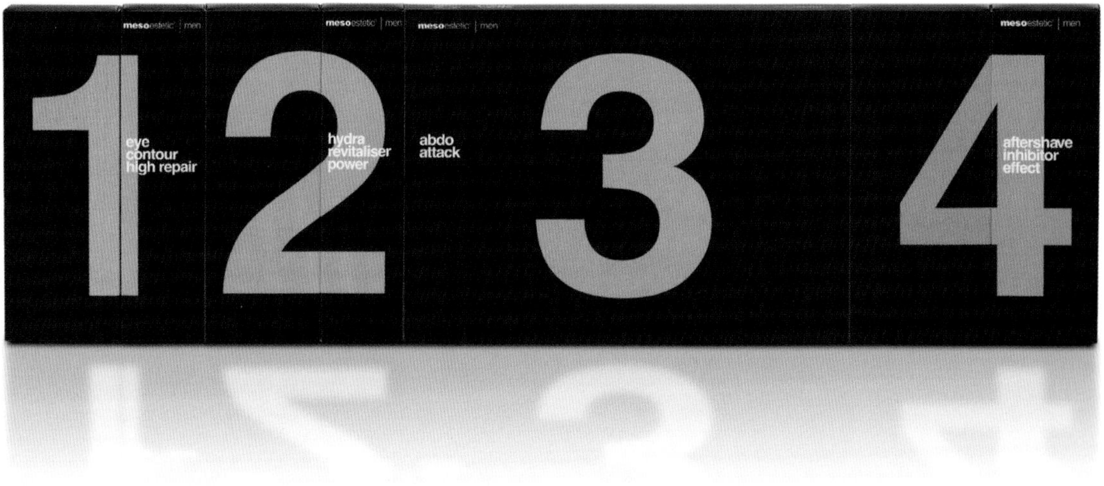

058/
espluga+
associates

059/

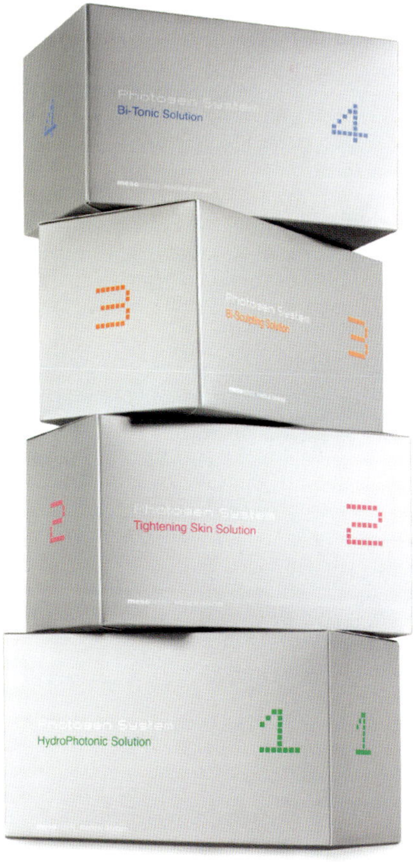

059/
espluga+
associates

060/

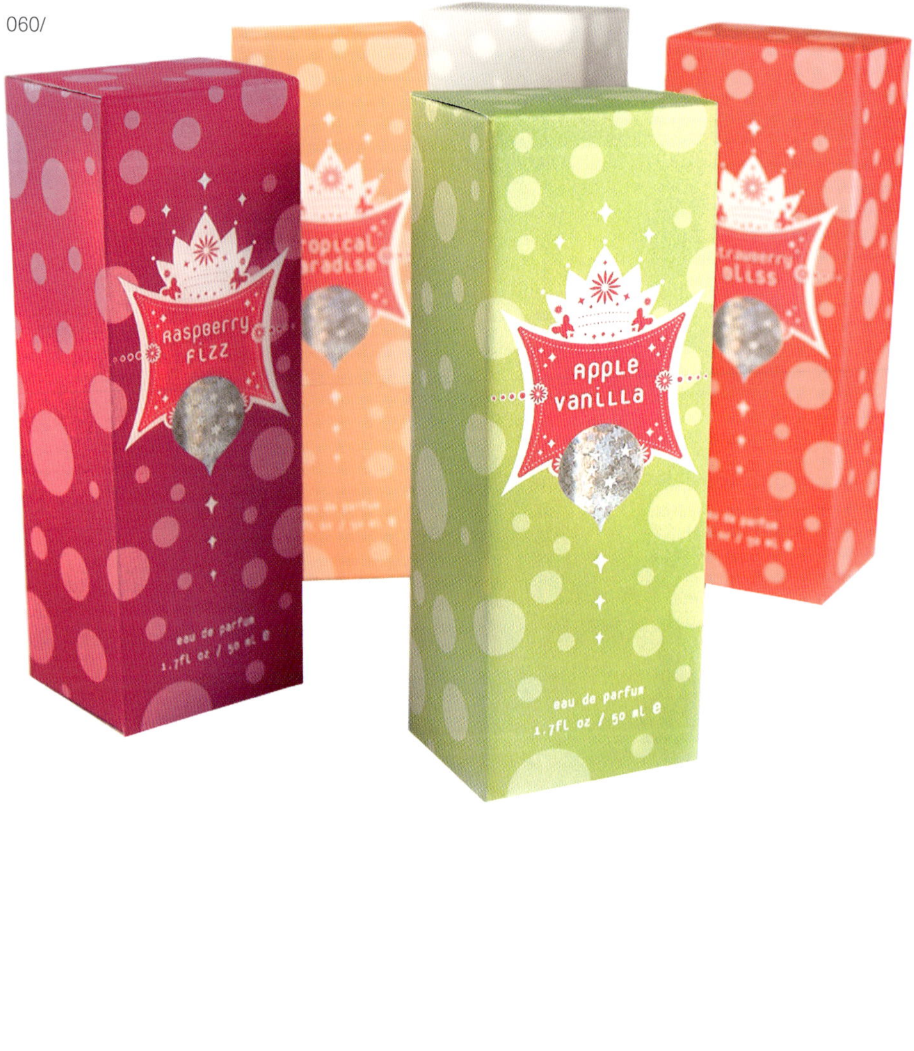

060/
Funnel : The Fine
Commercial Art
Practice of Eric Kass

061/

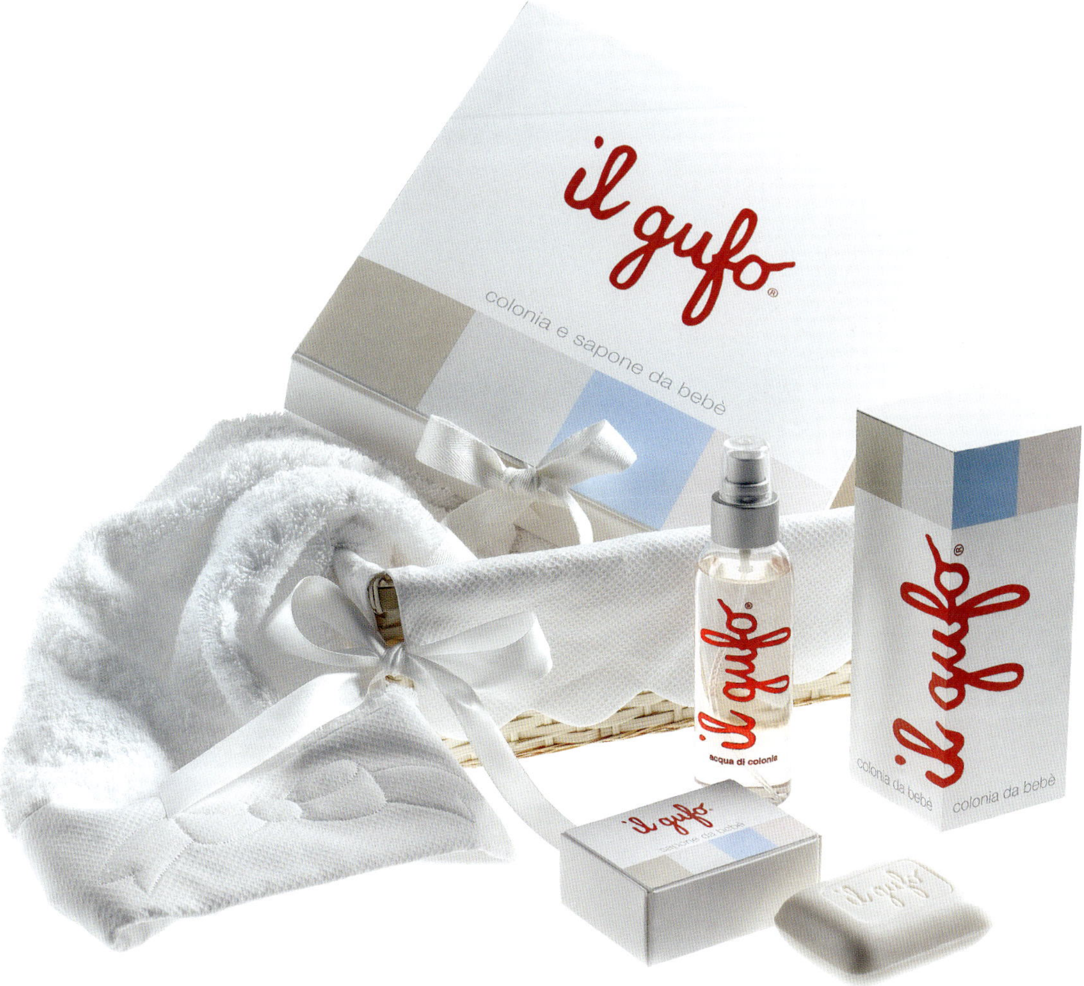

061/
FK Design srl

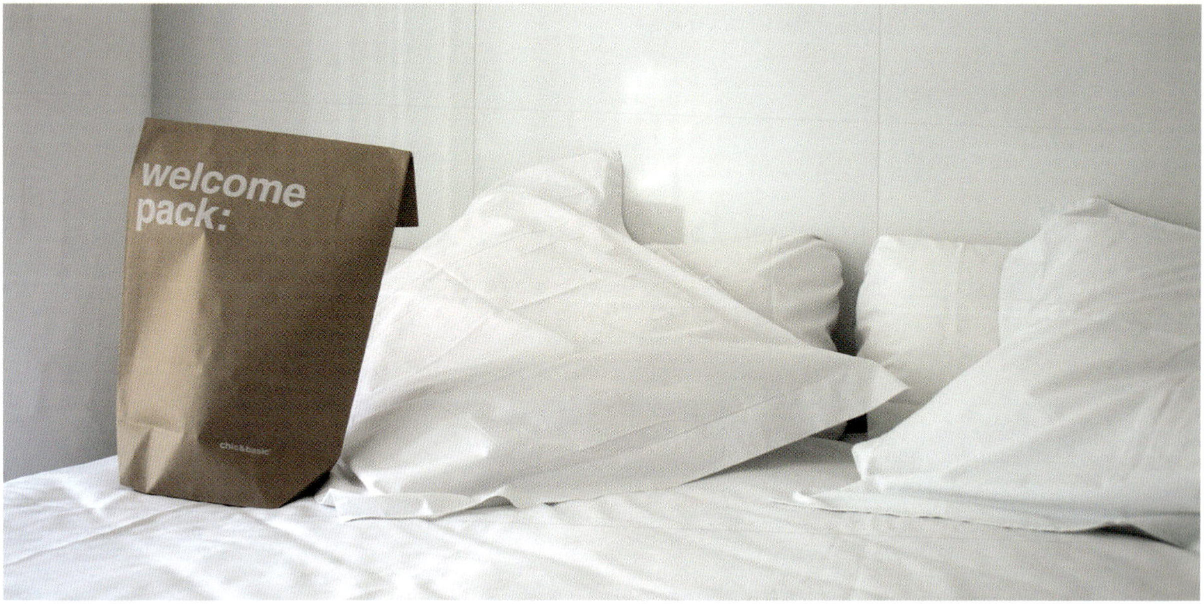

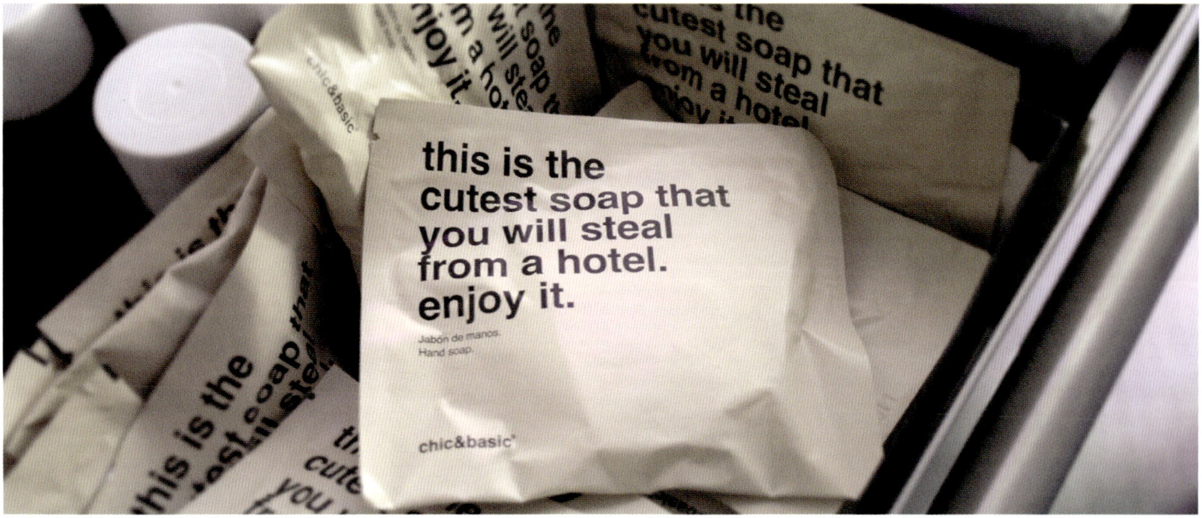

062/
espluga+
associates

063/

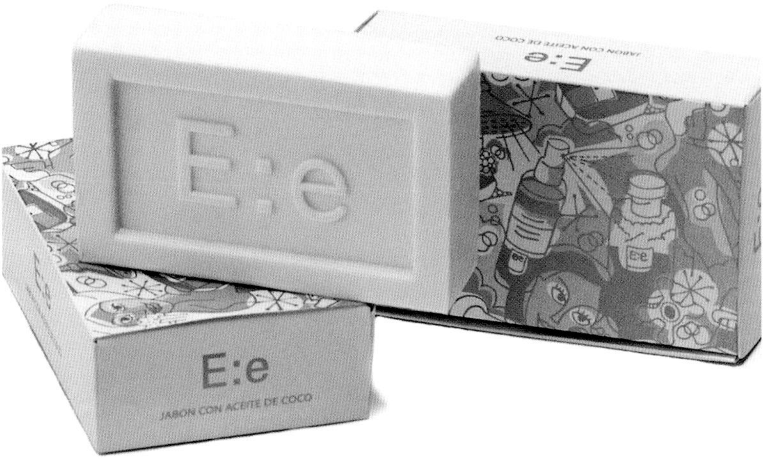

063/
VERYGUT. Diseño

064/

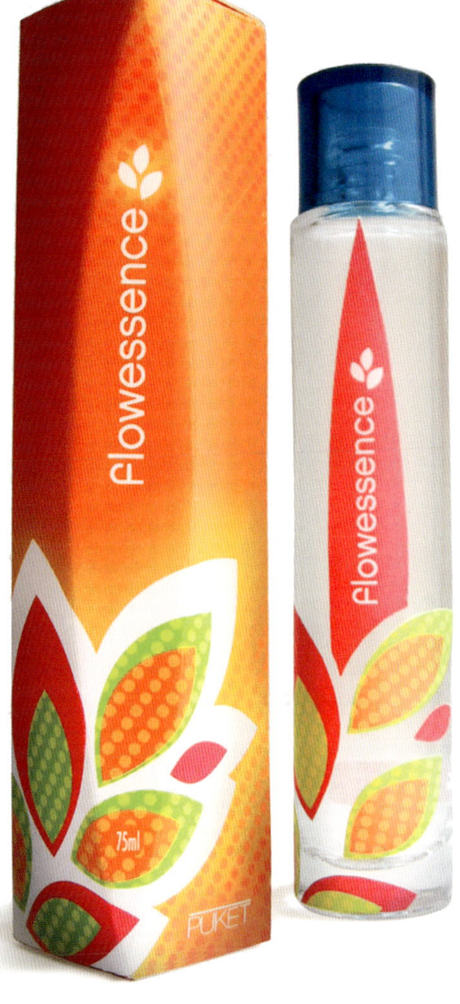

064/
Romulo Castilho

065/

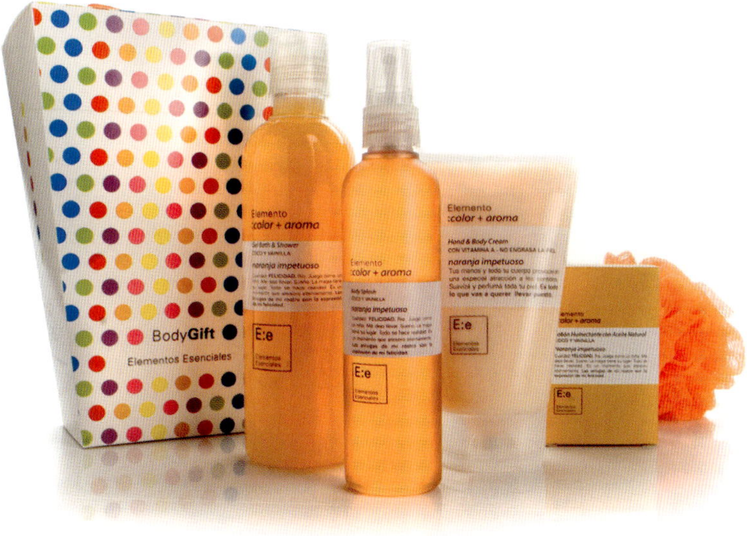

066/

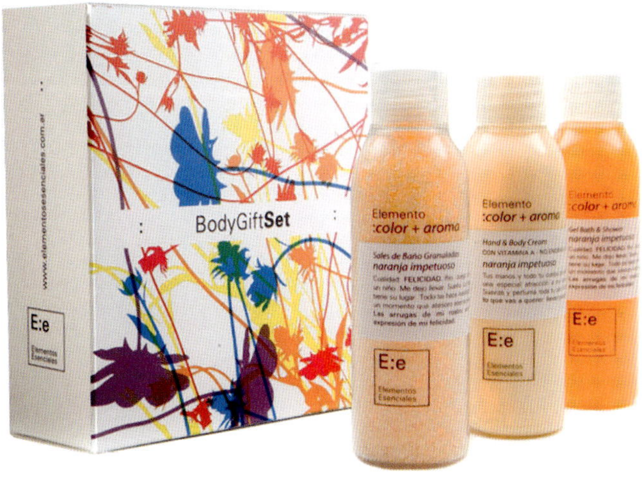

065/
VERYGUT. Diseño

066/
VERYGUT. Diseño

067/

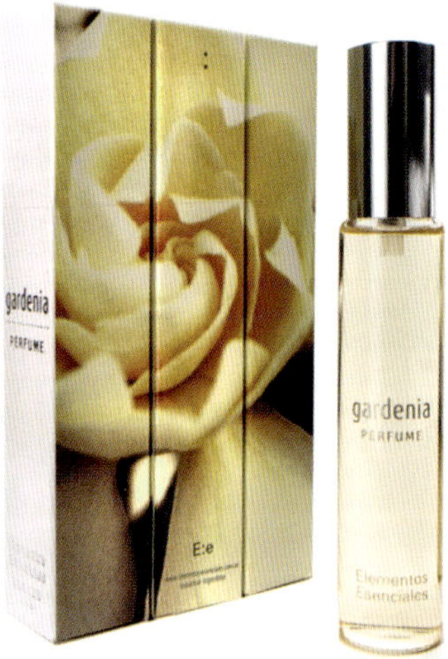

068/

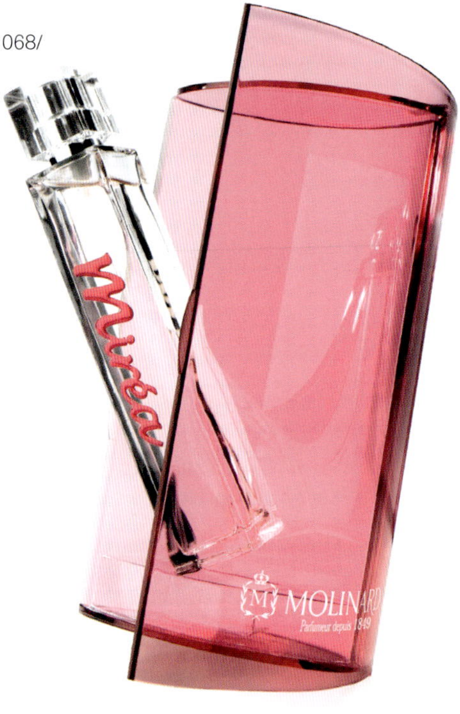

067/
VERYGUT. Diseño

068/
Gazelle
Communication

069/

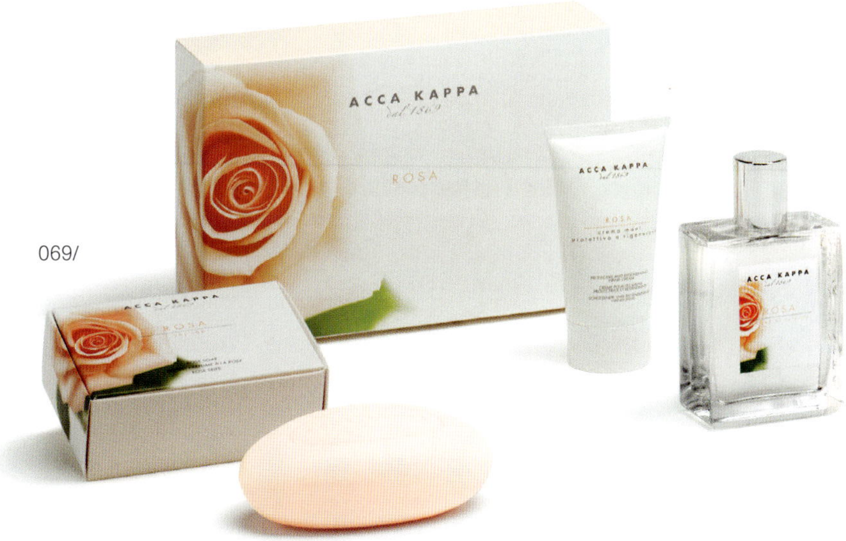

070/

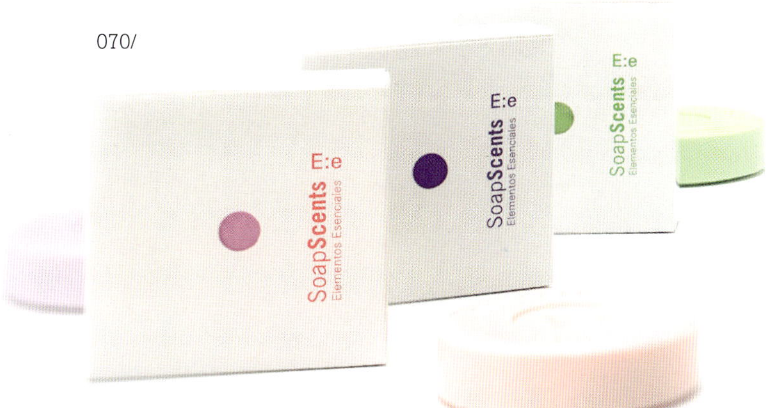

069/
FK Design srl

070/
VERYGUT. Diseño

071/

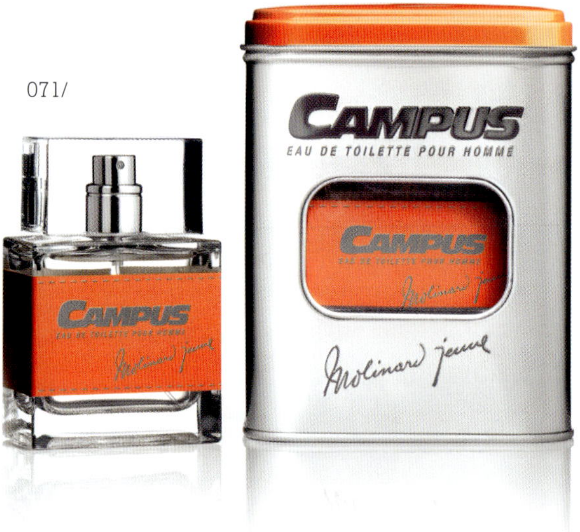

072/

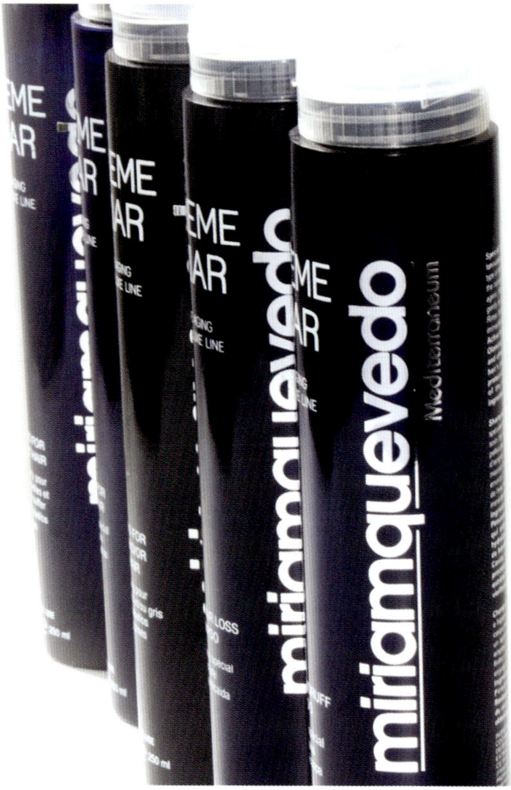

071/
Gazelle
Communication

072/
Raquel Quevedo

073/

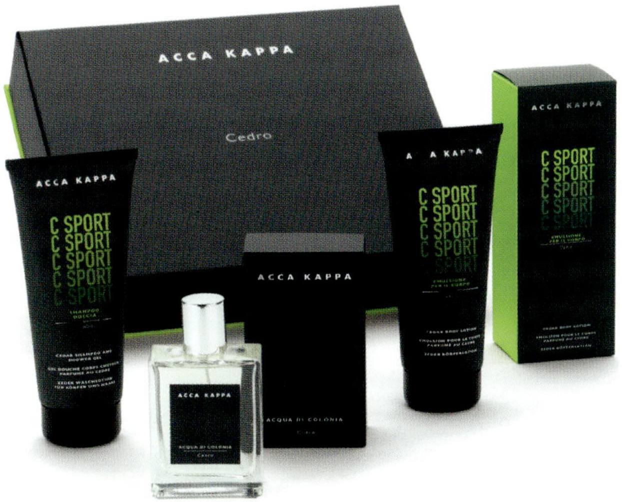

074/

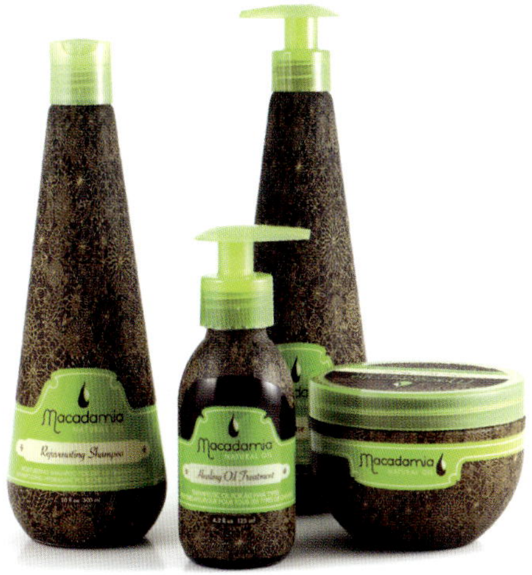

073/
FK Design srl

074/
Version-X Design

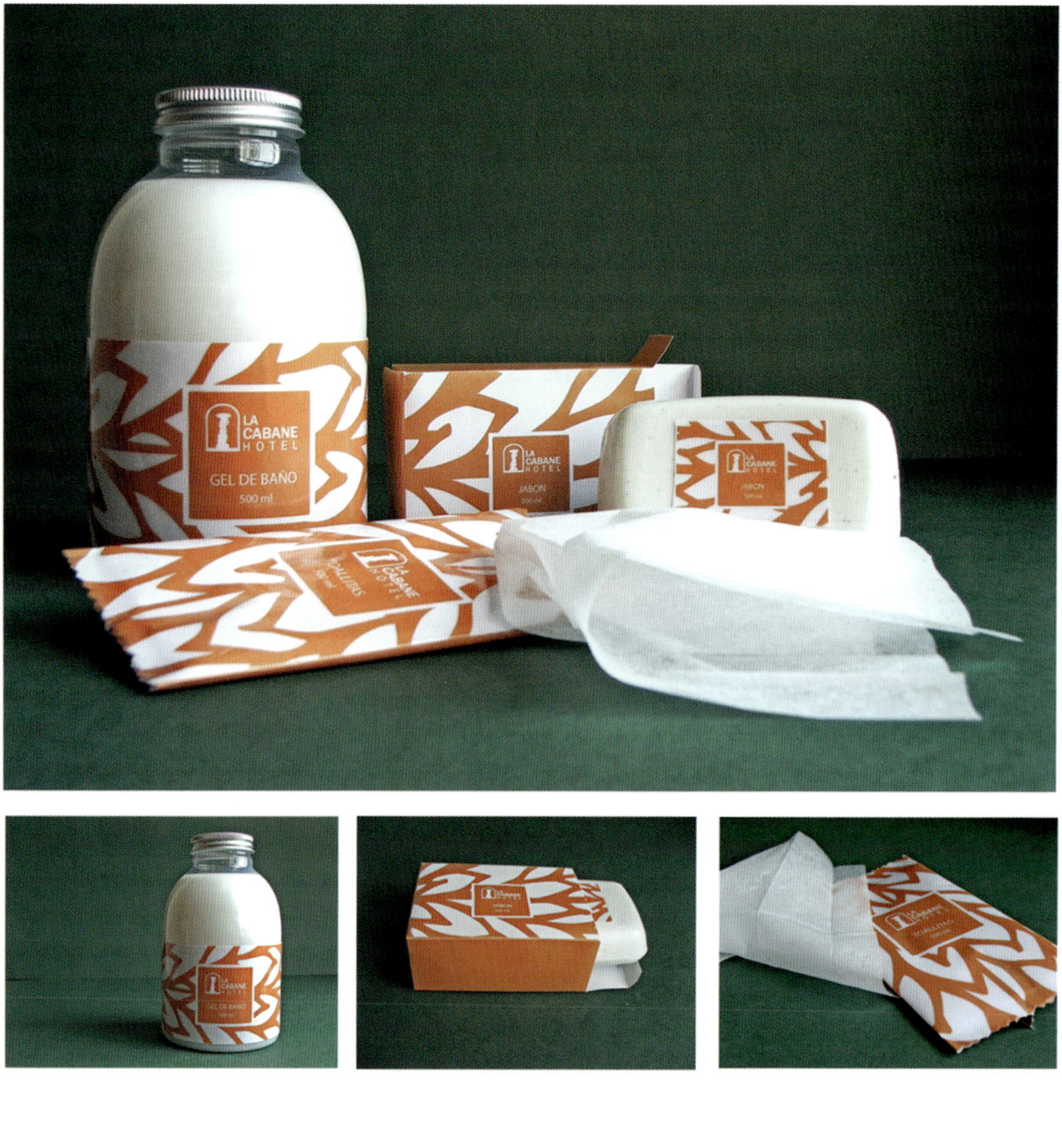

075/
Salva García-Ripoll
/ Manu Vazquez

076/

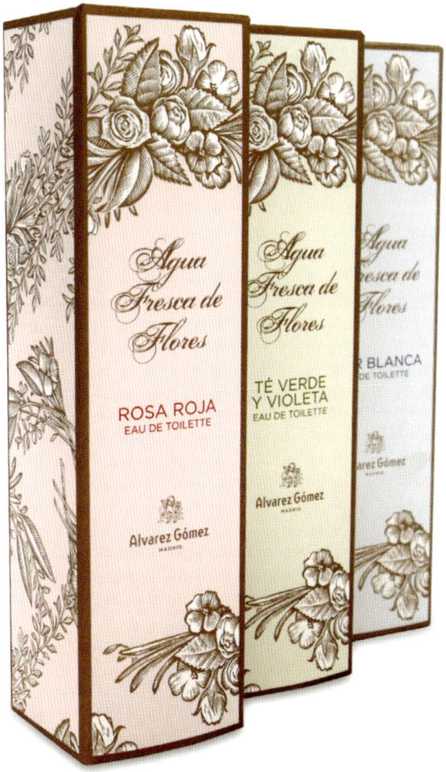

077/

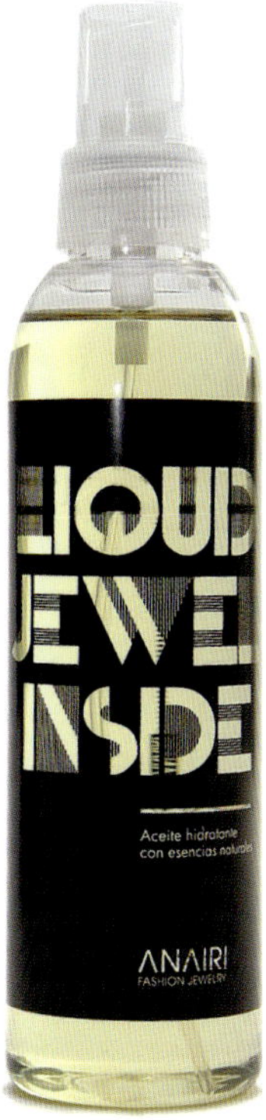

076/
ODM oficina de
diseño y marketing

077/
Eider Corral
Estudio

078/

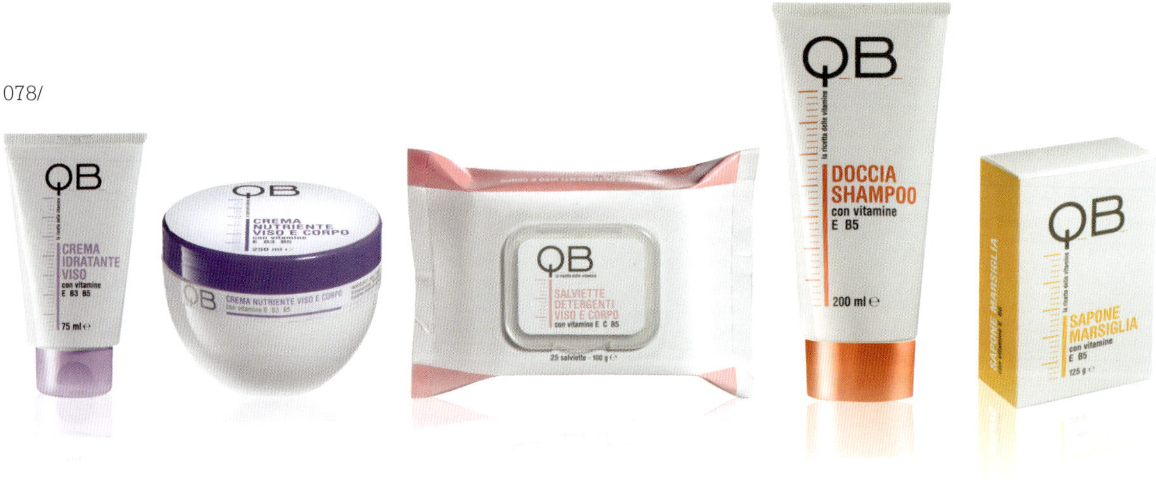

079/

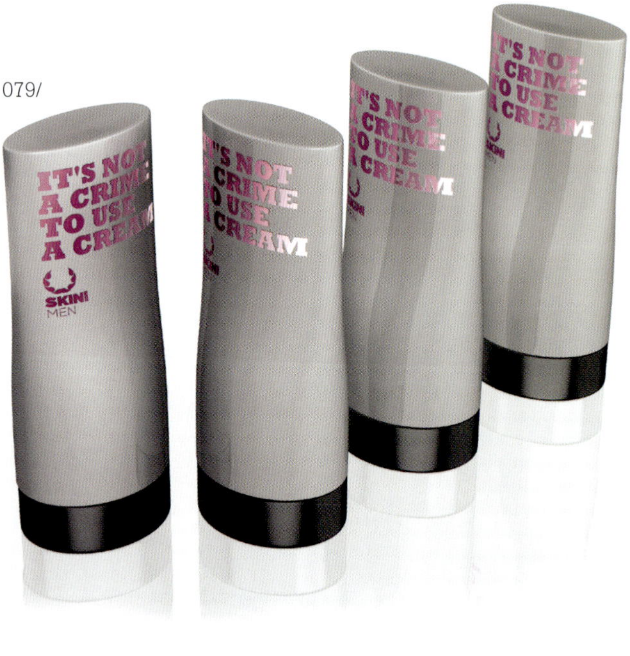

078/
FK Design srl

079/
design june

080/

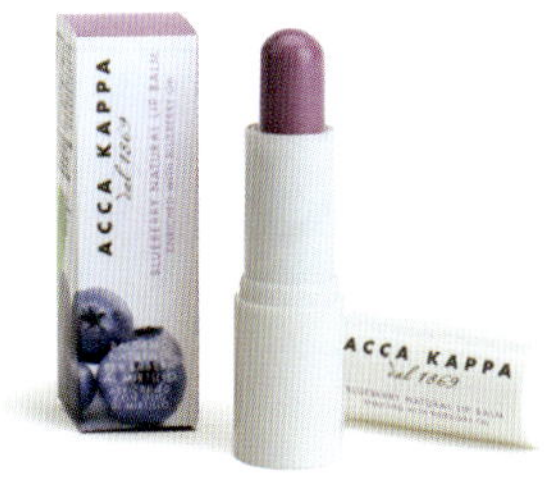

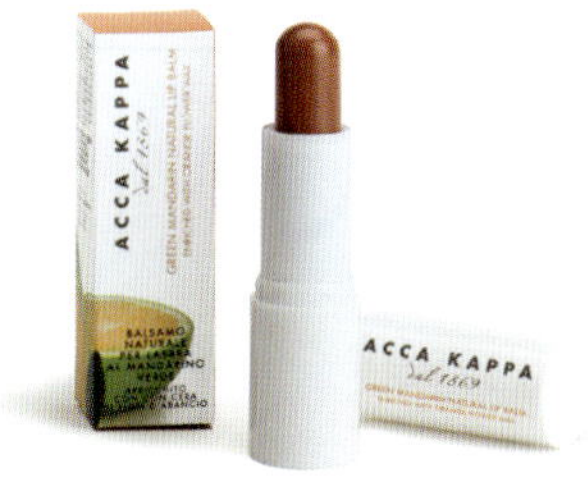

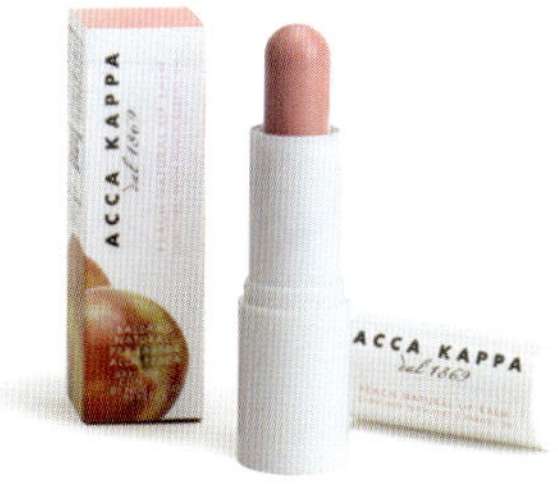

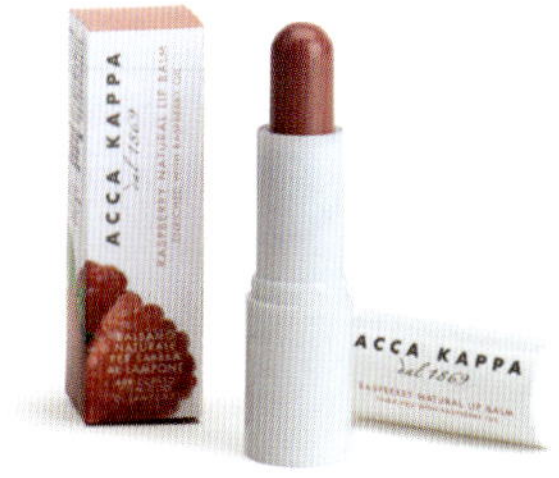

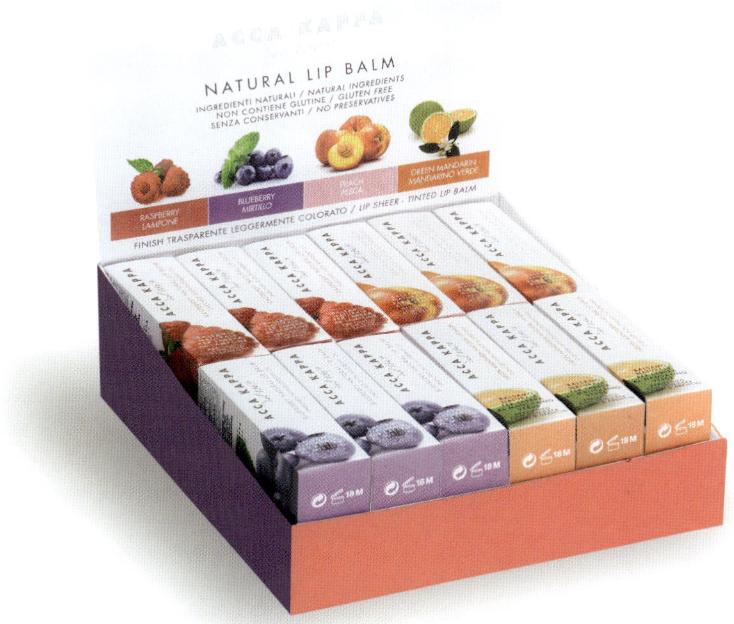

080/
FK Design srl

081/

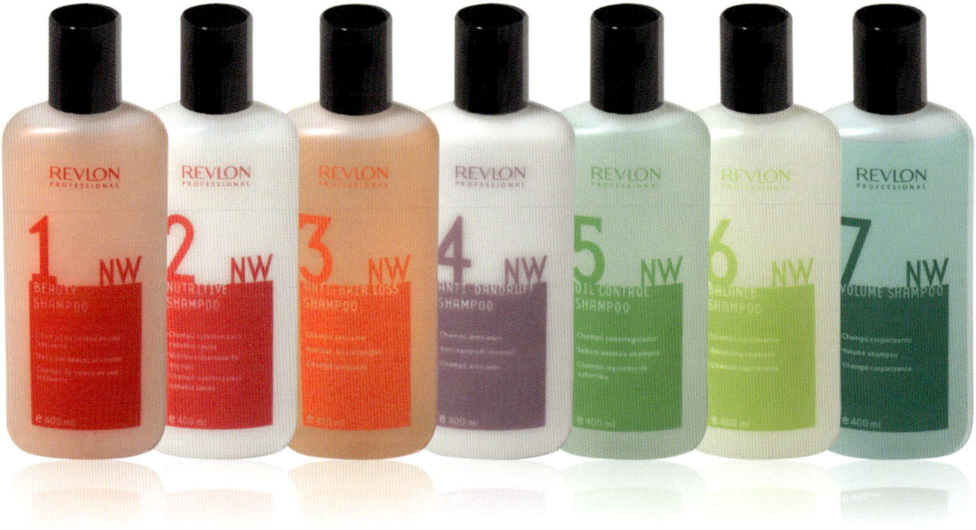

081/
Artima˜a

082/

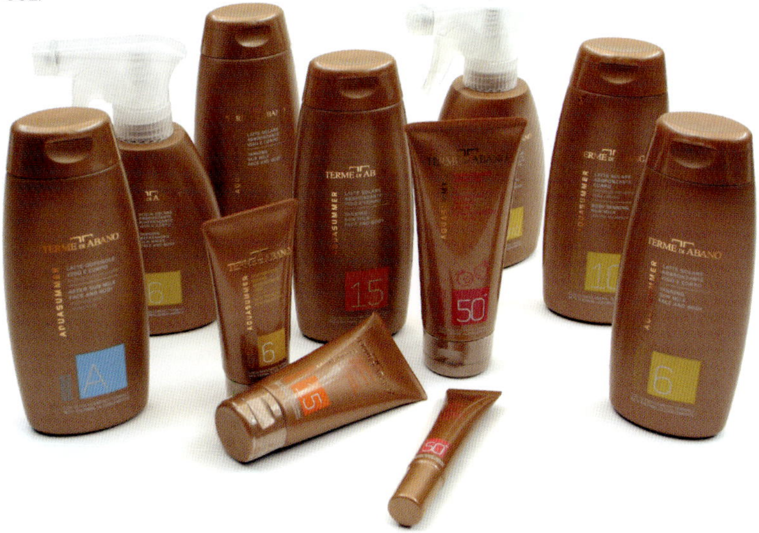

083/

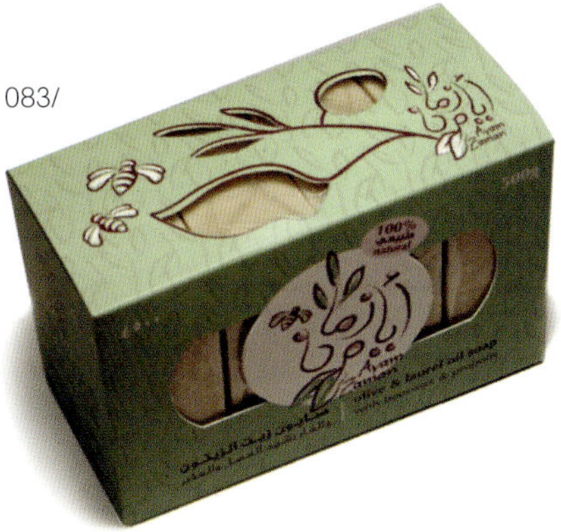

082/
FK Design srl

083/
Rajwa Tohmé

002/ - Packaging number
Hampus Jageland - Studio name
Gallucci - Client name
Australia - Country

045/
La Diligencia
Rodríguez & Conesa, farmacia.
Spain

046/
Zoo Studio SL
Divasa Farmavic
Spain

047/
Aloof design
Jo Wood Organics
United Kingdom

048/
Aloof design
Heals
United Kingdom

049/
SVI Design
Ivancic i Sinovi, Belgrade, Serbia
United Kingdom

050/
BENBENWORLD
Laboratoires Marie Louise
Belgium

051/
SOGOOD
Liberty Health Care
Netherlands

052/
Erich Brechbühl [Mixer]
Patient Diagnostics
Switzerland

053/
AzulFaroDiez, S.L.
Mark'ennovy. Personalized Care.
Spain

054/
no.parking
Eva Erboristeria
Italy

055/
FK Design srl
H. Krull & C.
Italy

056/
Dan Alexander & CO - by Danny Goldberg
Personal
Israel

057/
ODM oficina de diseño y marketing
Alvarez Gómez
Spain

058/
espluga+associates
mesoestetic
Spain

059/
espluga+ associates
mesoestetic
Spain

060/
Funnel : The Fine Commercial Art Practice of Eric Kass
CLAIRE'S
United States

061/
FK Design srl
Il Gufo
Italy

062/
espluga+associates
chic&basic
Spain

063/
VERYGUT. Diseño
Elementos Esenciales
Argentina

064/
Romulo Castilho
Puket
Brasil

065/
VERYGUT. Diseño
Elementos Esenciales
Argentina

066/
VERYGUT. Diseño
Elementos Esenciales
Argentina

067/
VERYGUT. Diseño
Elementos Esenciales
Argentina

068/
Gazelle Communication
Molinard
France

069/
FK Design srl
h. Krull & C.
Italy

070/
VERYGUT. Diseño
Elementos Esenciales
Argentina

071/
Gazelle Communication
Molinard
France

072/
Raquel Quevedo
Miriam Quevedo
Spain

073/
FK Design srl
H. Krull & C.
Italy

074/
Version-X Design
Macadamia Natural Oil
United States

075/
Salva García-Ripoll / Manu Vazquez
Hotel La Cabane
Spain

076/
ODM oficina de diseño y marketing
Alvarez Gómez
Spain

077/
Eider Corral Estudio
Anairi. Fashion Jewelry
Spain

078/
FK Design srl
Unifarco
Italy

079/
design june
Skini cosmetic
France

080/
FK Design srl
H. Krull & C
Italy

081/
Artima˜a
Revlon
Spain

082/
FK Design srl
Aquasalus
Italy

083/
Rajwa Tohmé
Mada (NGO)
Lebanon

Home & Office

082 - 117

084/

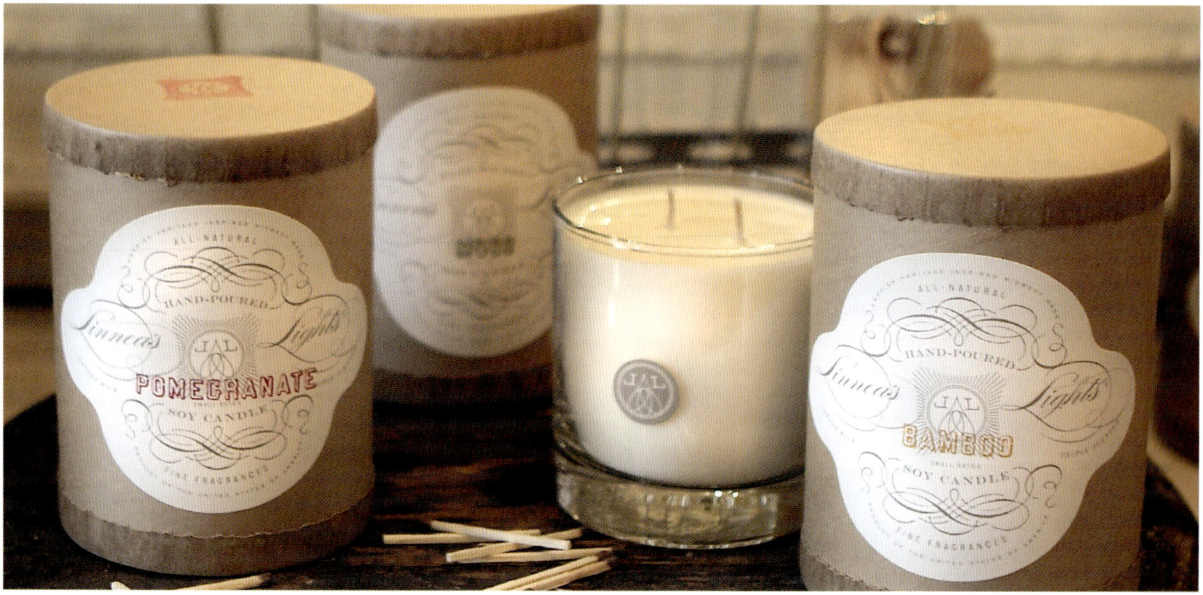

084/
Funnel : The Fine
Commercial Art
Practice of Eric Kass

085/

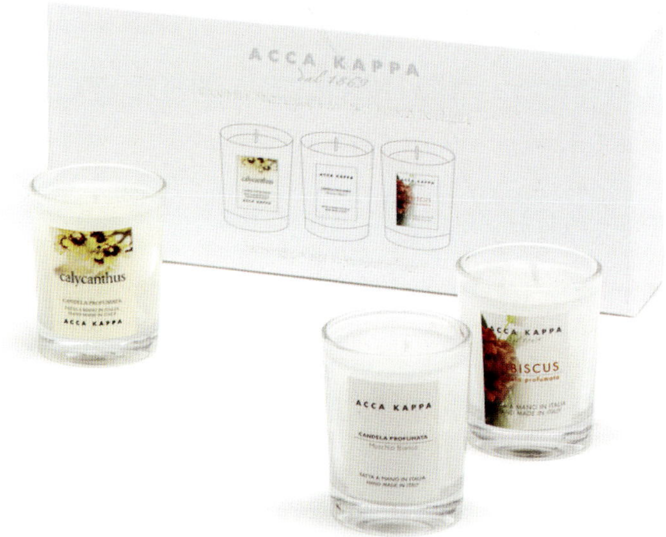

085/
FK Design srl

086/

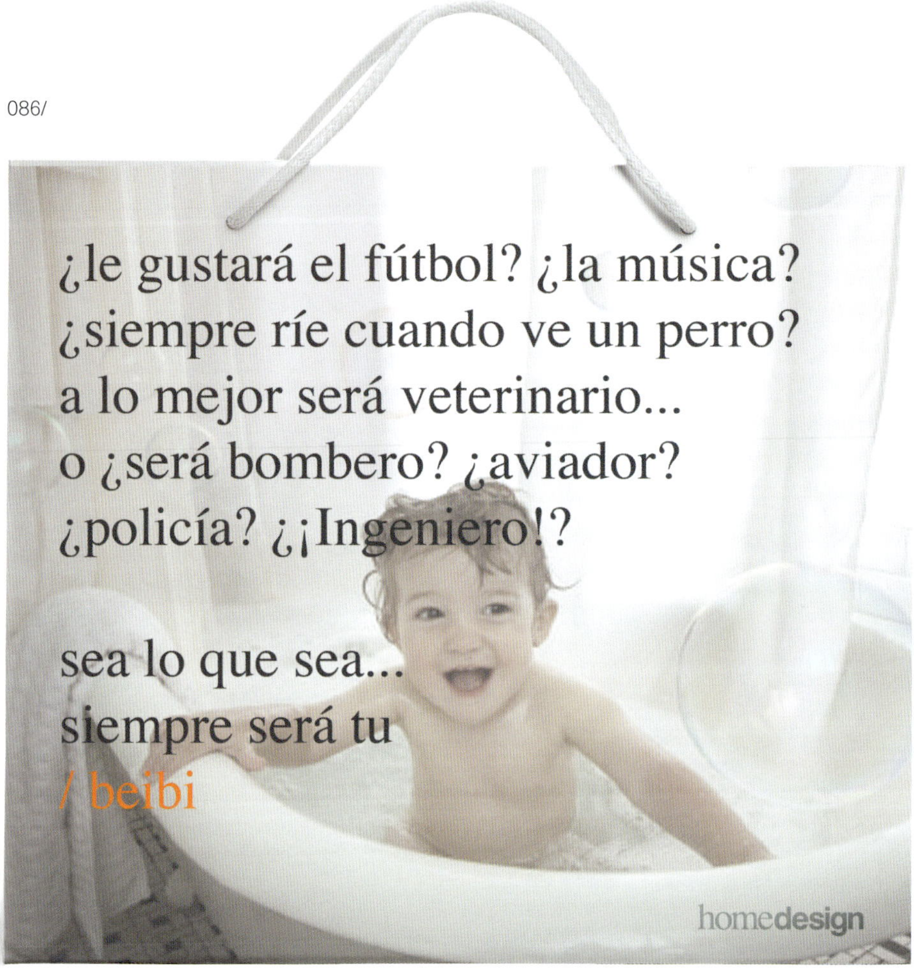
¿le gustará el fútbol? ¿la música?
¿siempre ríe cuando ve un perro?
a lo mejor será veterinario...
o ¿será bombero? ¿aviador?
¿policía? ¿¡Ingeniero!?
sea lo que sea...
siempre será tu
/ beibi
homedesign

087/

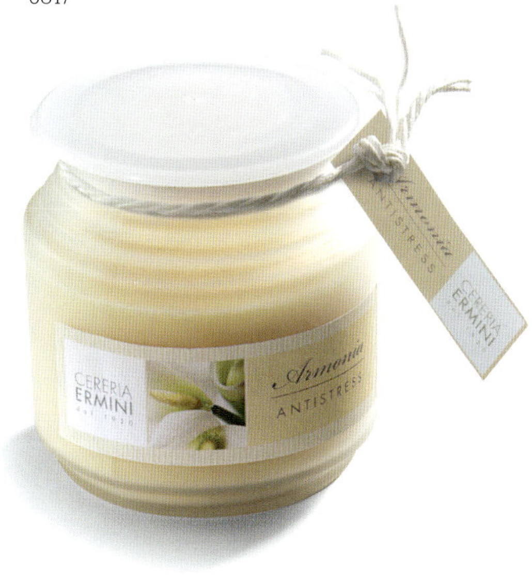

088/

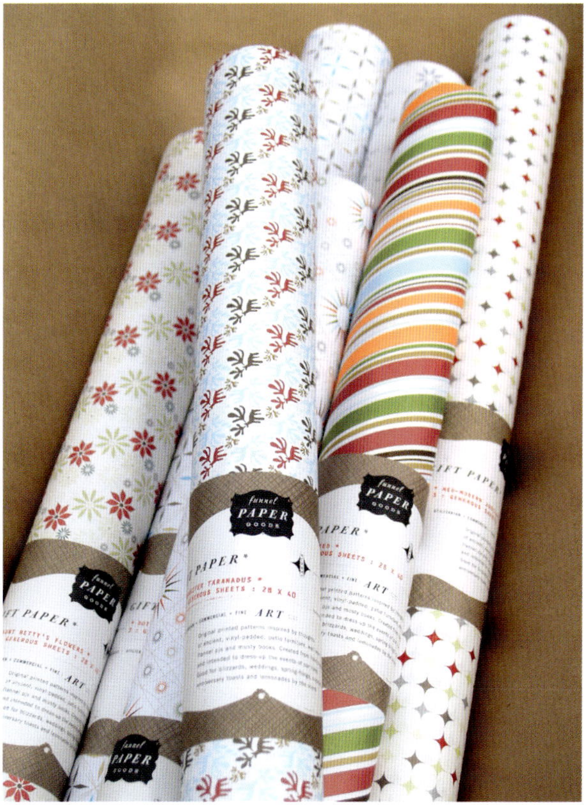

087/
FK Design srl

088/
Funnel : The Fine
Commercial Art
Practice of Eric Kass

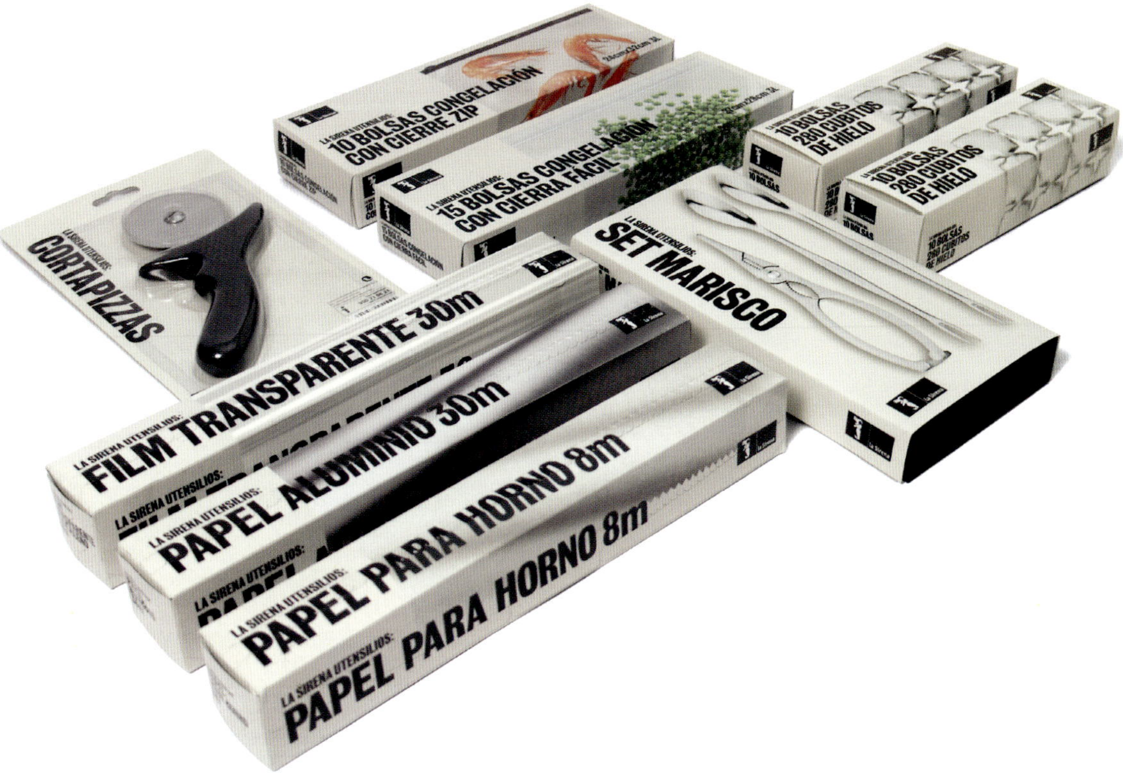

089/
Marnich Associates

090/

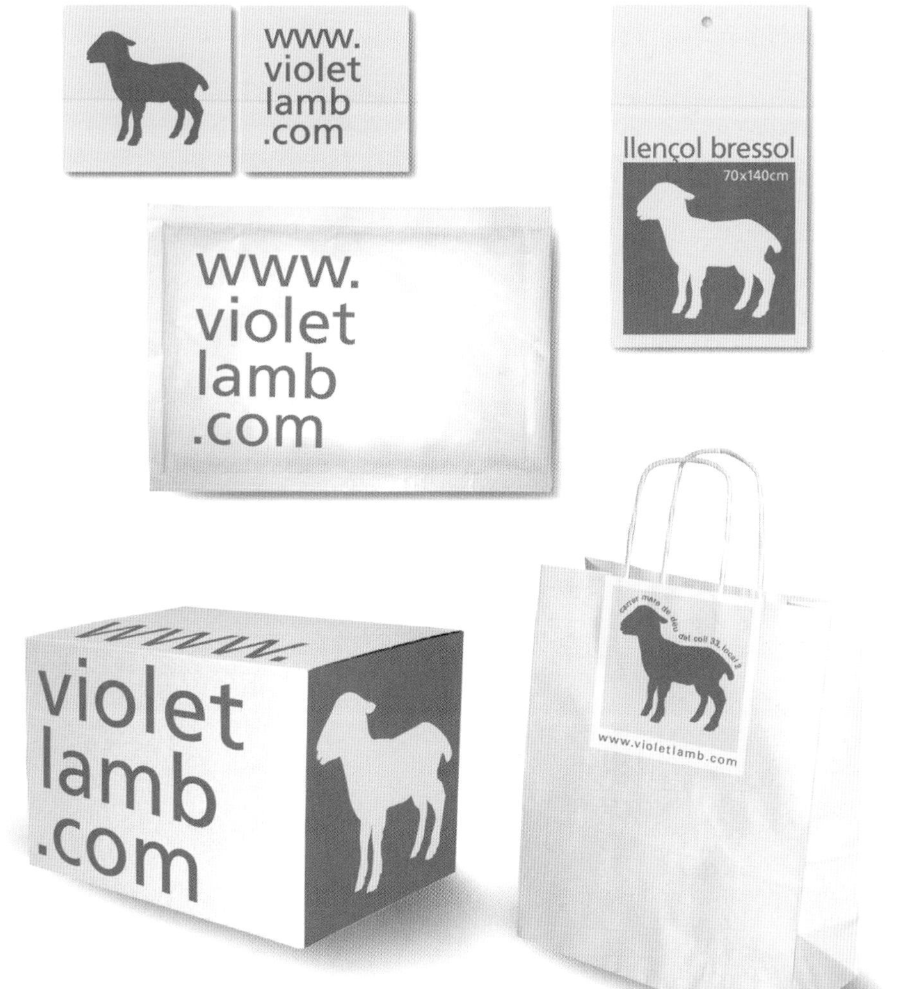

090/
Marta Josa

091/

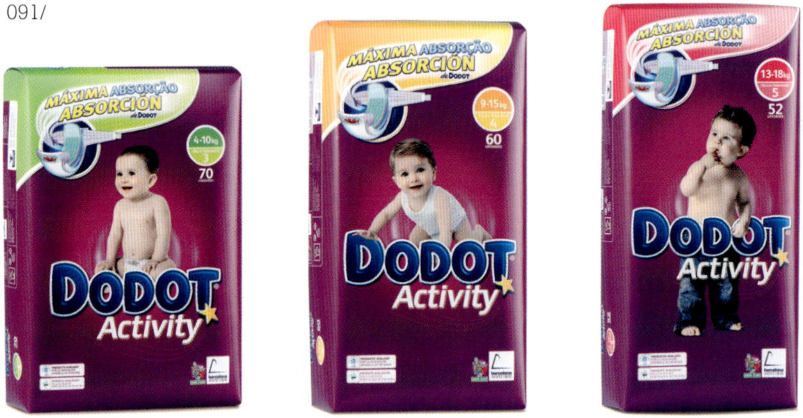

092/

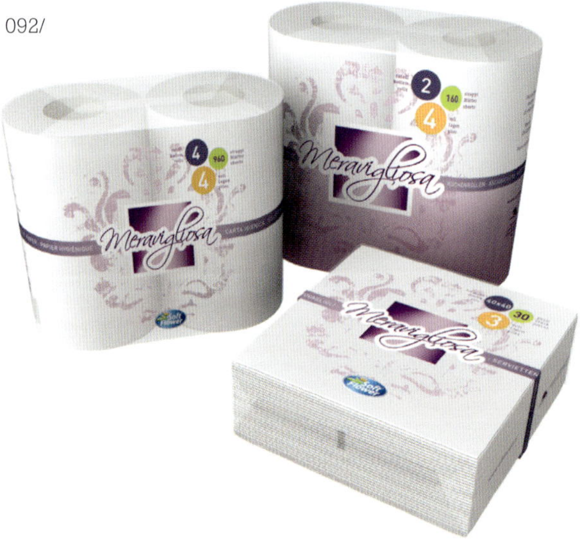

091/
Batllegroup

092/
no.parking

093/

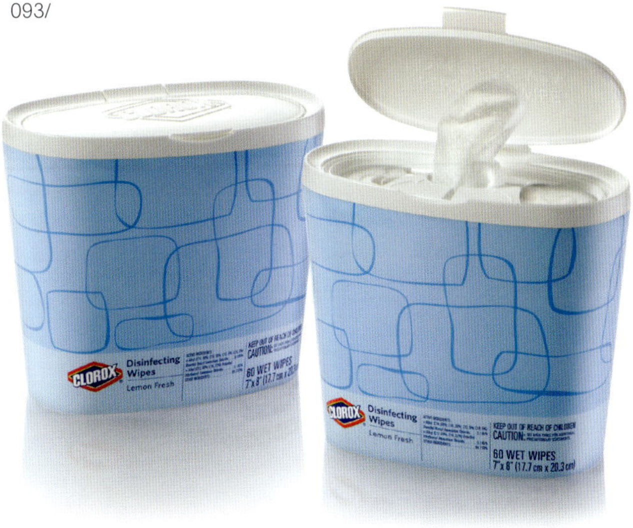

094/

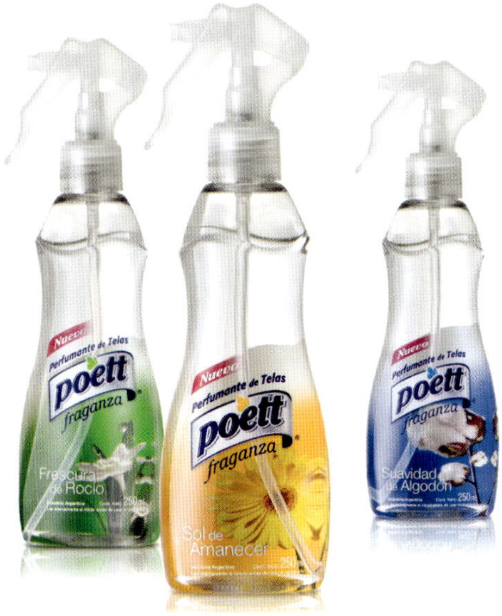

093/
tridimage

094/
tridimage

095/

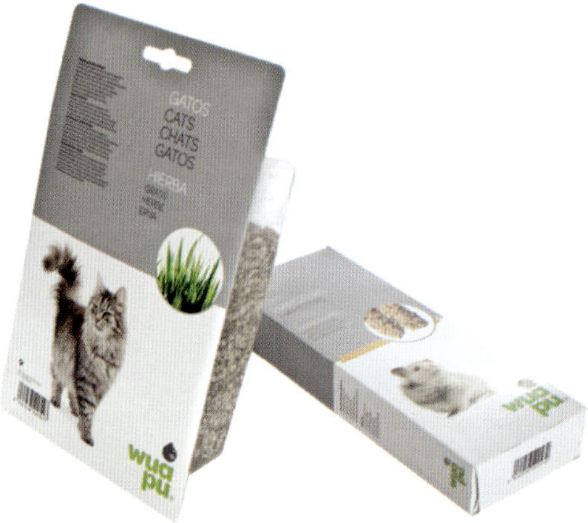

096/

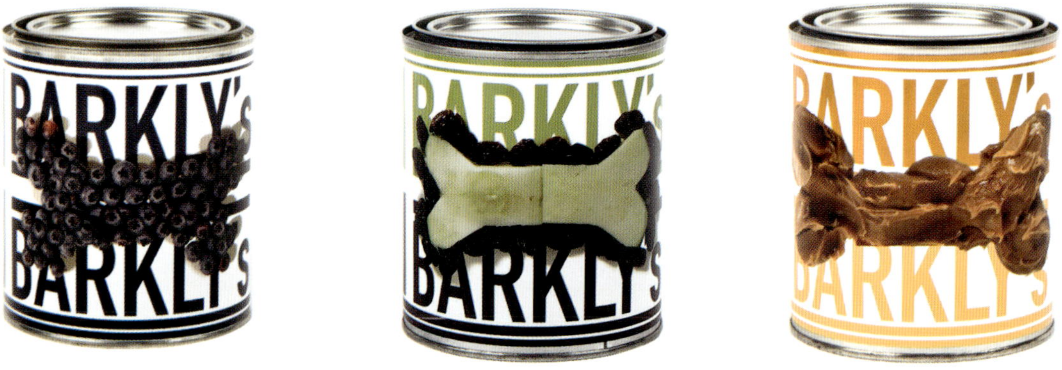

095/
Zoo Studio SL

096/
Lindsey Faye
Designs

097/

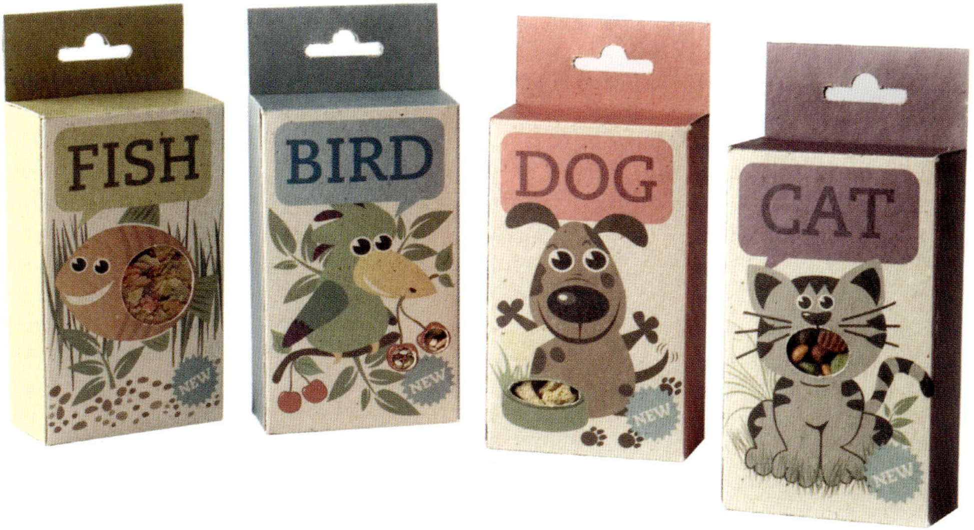

097/
Sara Strand

098/

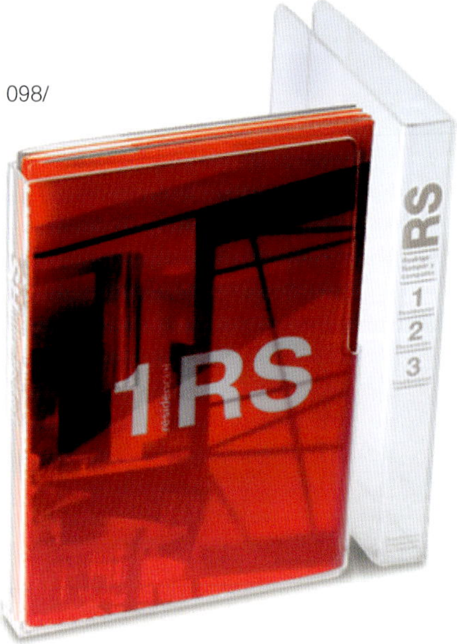

099/

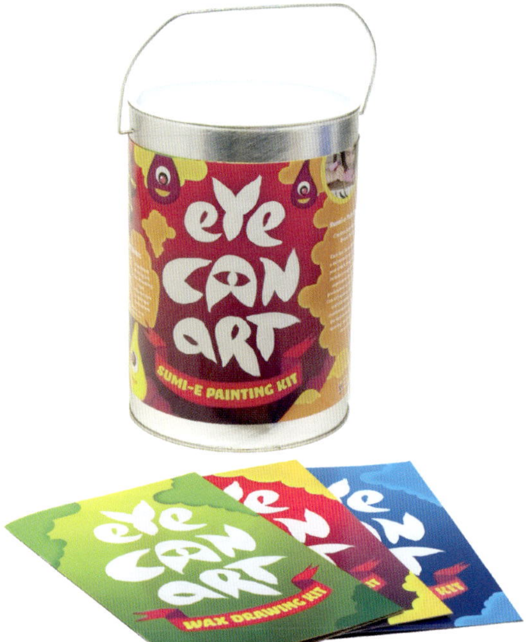

098/
p576 Studio

099/
Weather Control

100/

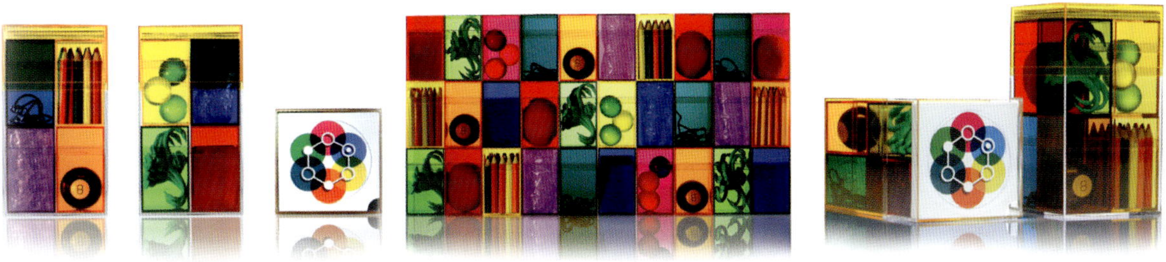

100/
Office: Jason
Schulte Design

101/

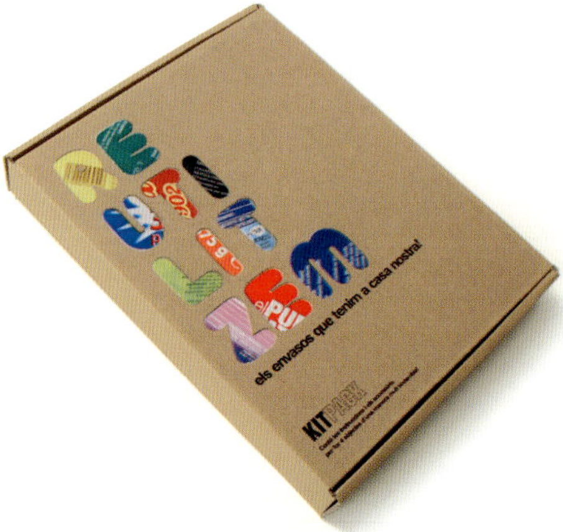

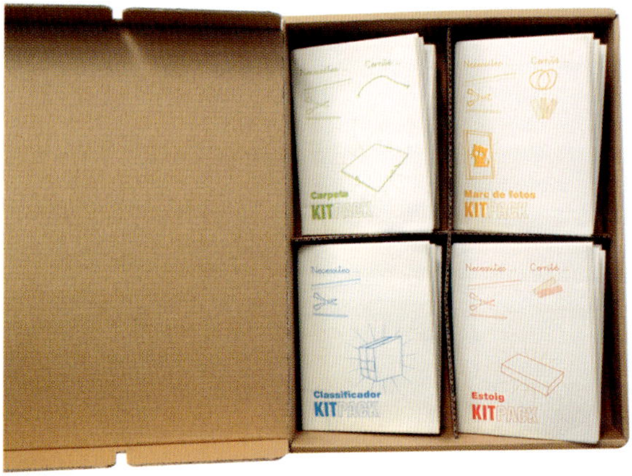

101/
Cactus Disseny

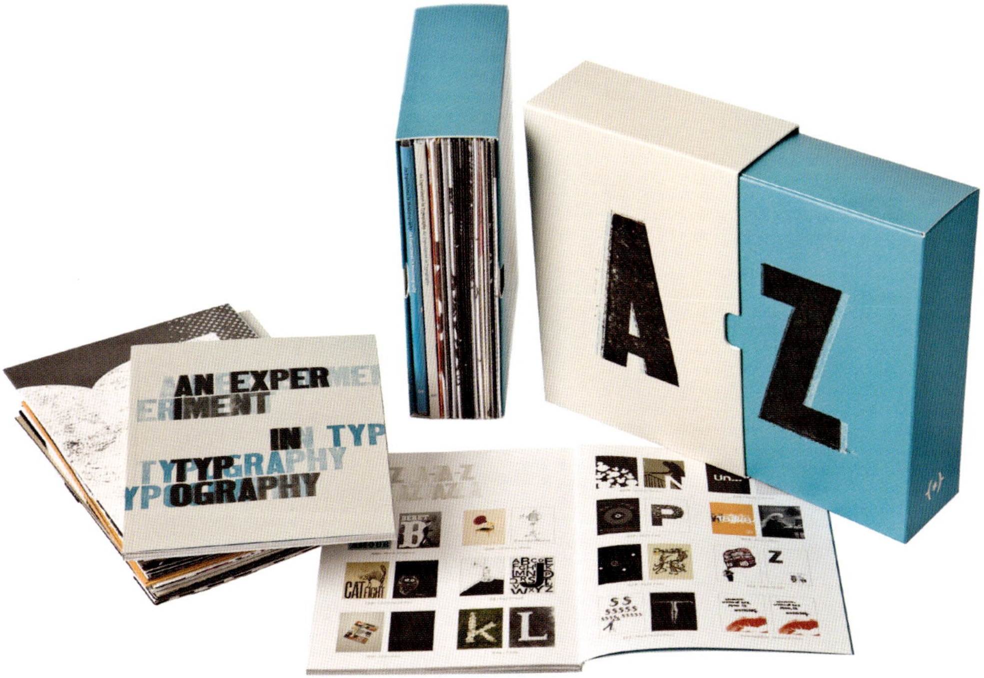

102/
Whitenoise Design
Limited

103/

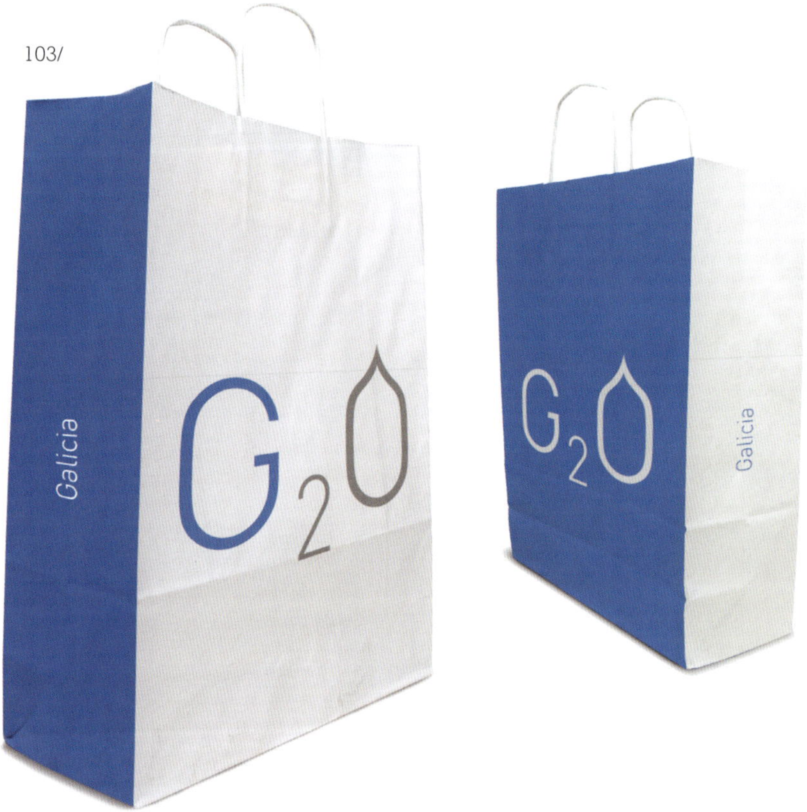

103/
Unlimit---ed

104/

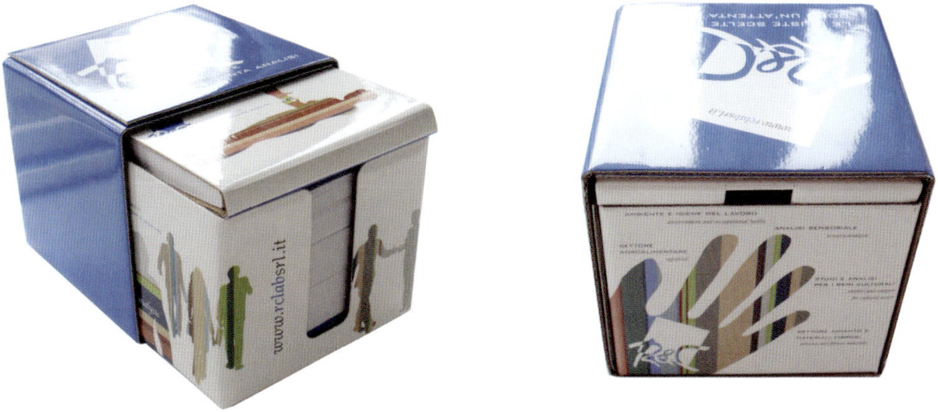

104/
StudioCentro
Marketing srl +
Alisea

105/

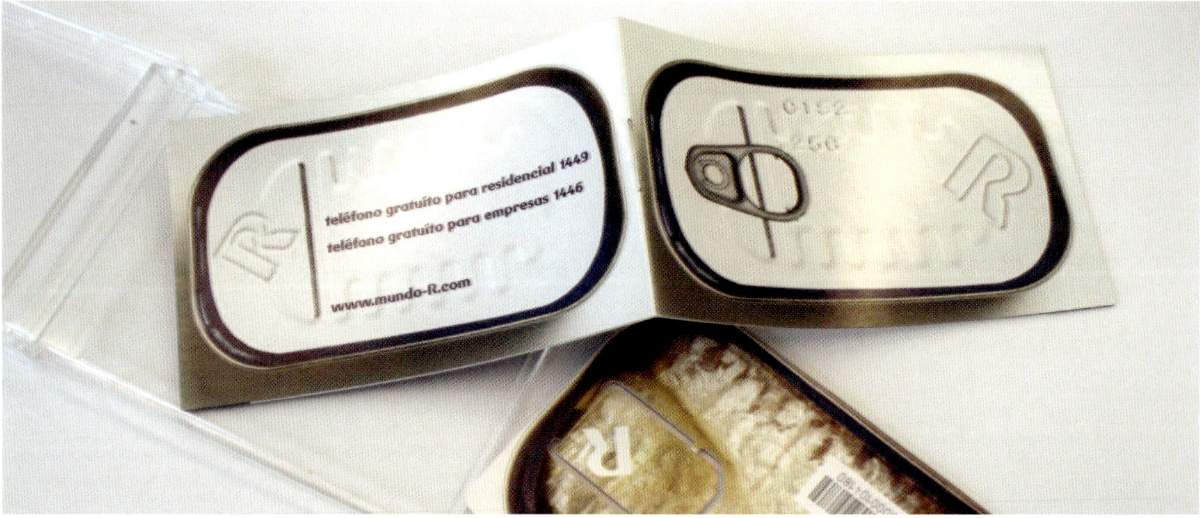

106/

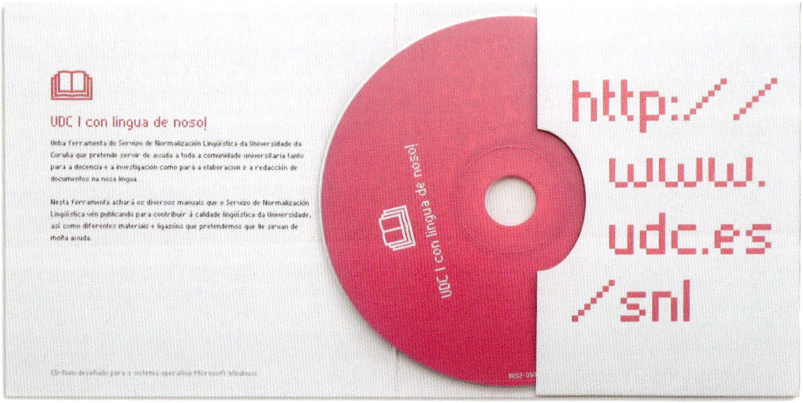

105/
Quattro idcp

106/
Unlimit---ed

107/

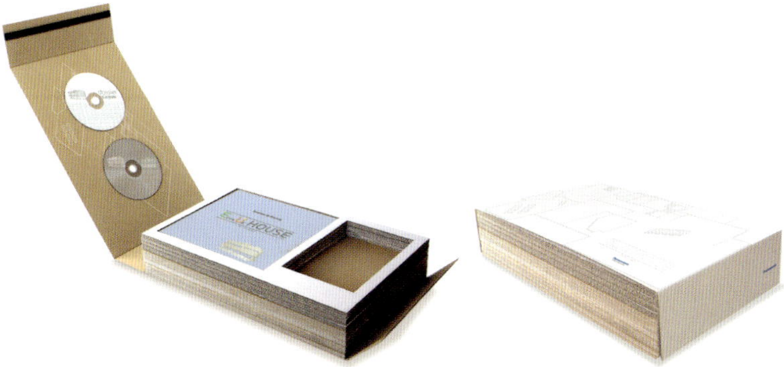

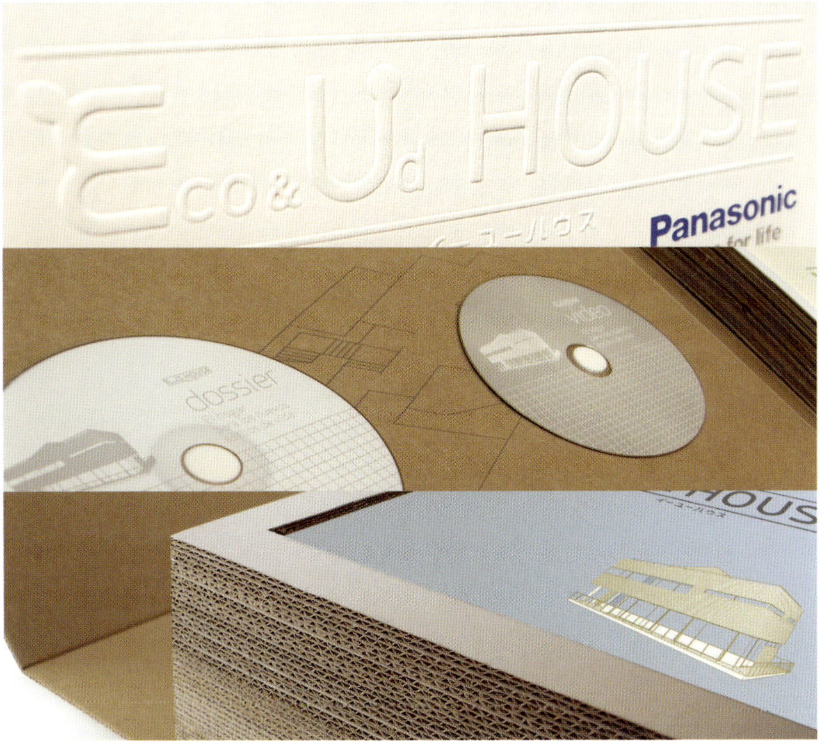

107/
uauh! comunicación gráfica

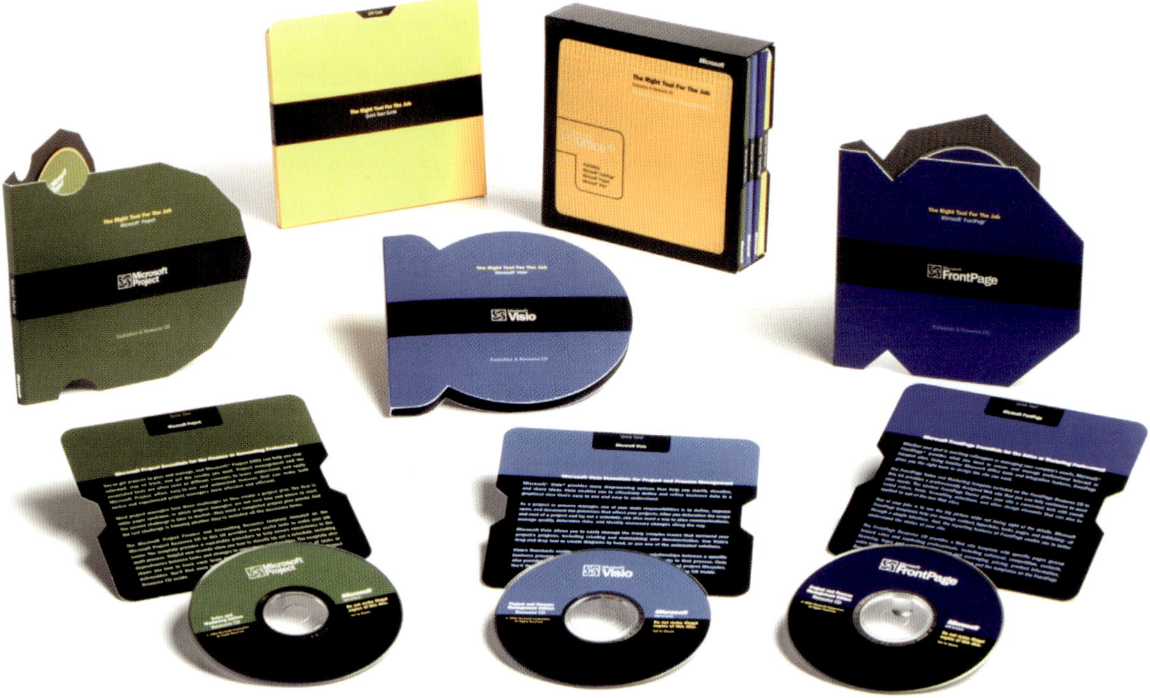

108/
Fullblast
Creative.com

109/

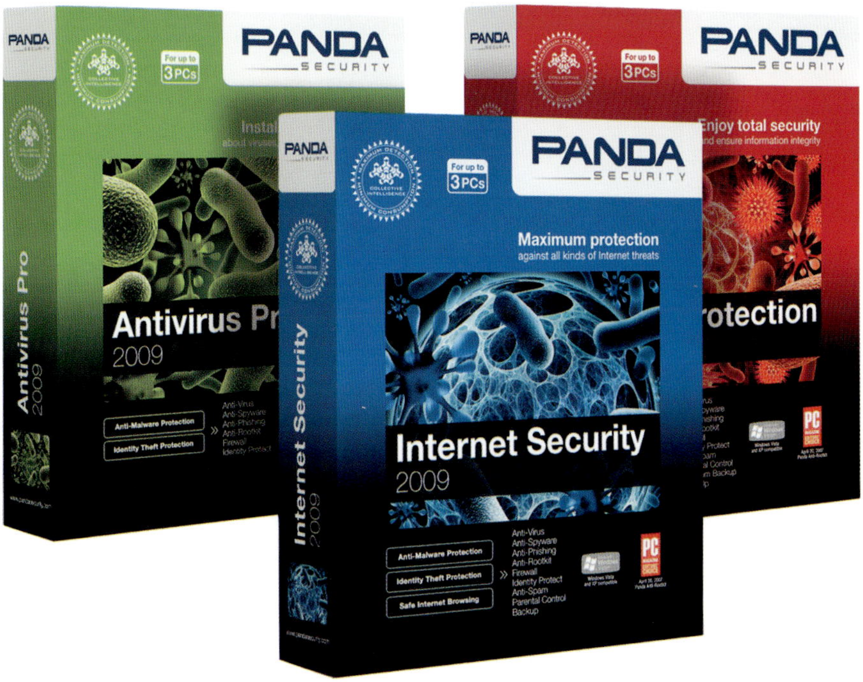

109/
LA CIA. DE
BRANDING &
PACKAGING

110/

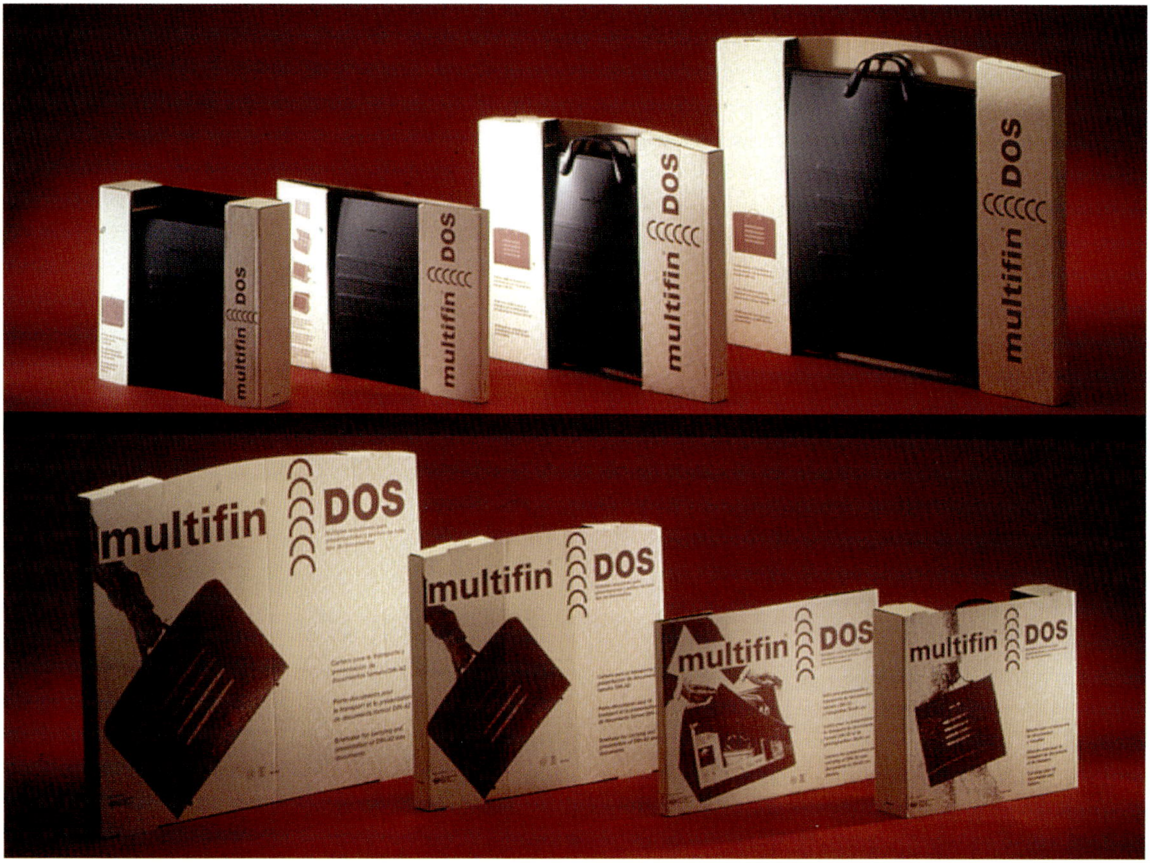

110/
Artima˜a

111/

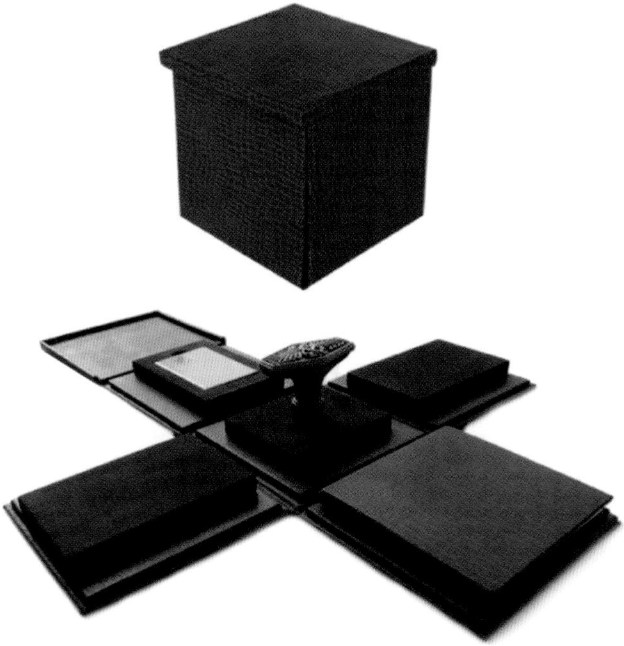

111/
YES-
DESIGN-
GROUP

112/

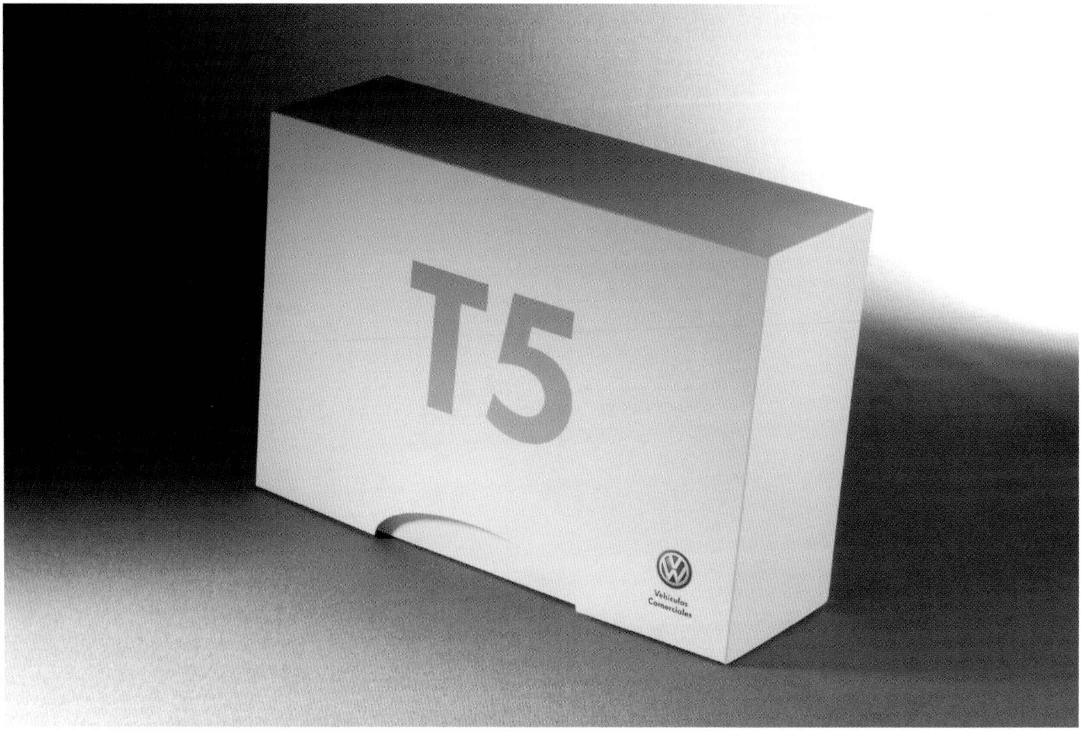

112/
JMG/Garrofé
Disseny

113/

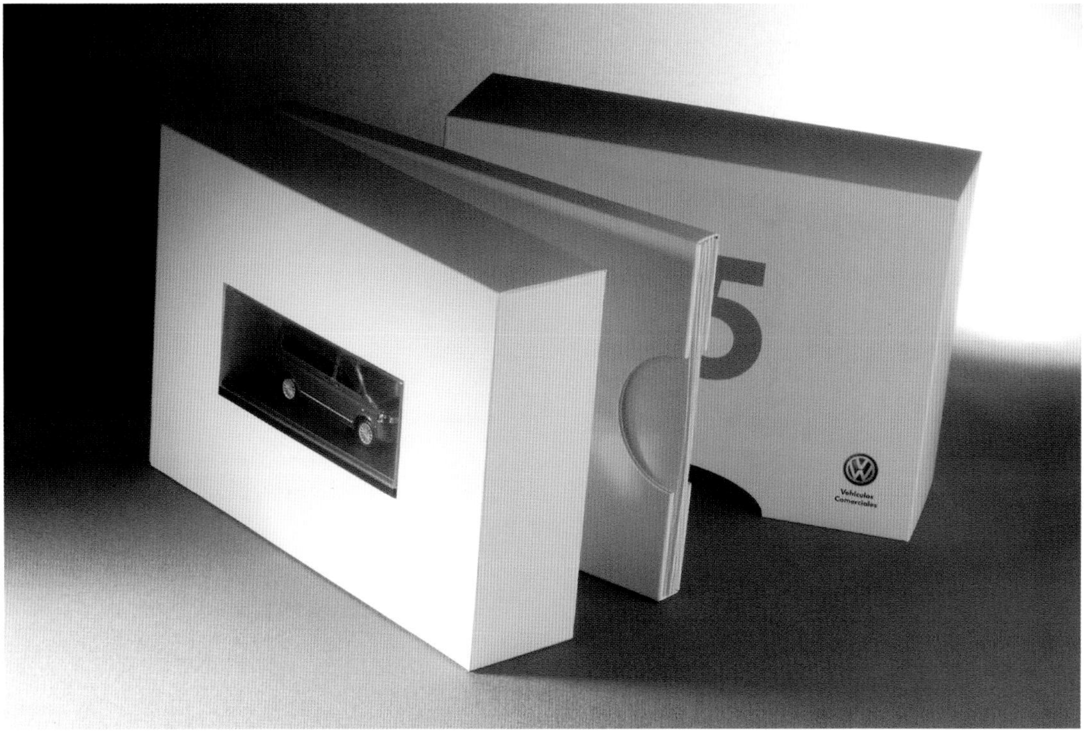

113/
JMG/Garrofé
Disseny

114/

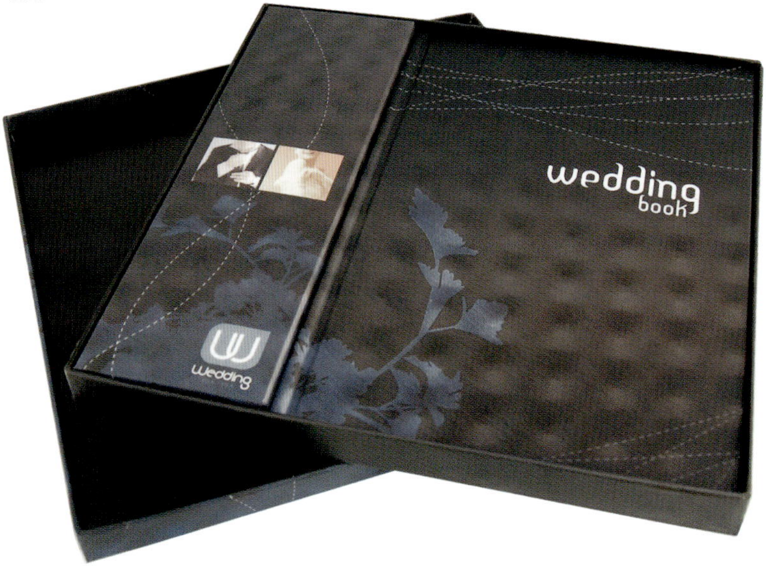

115/

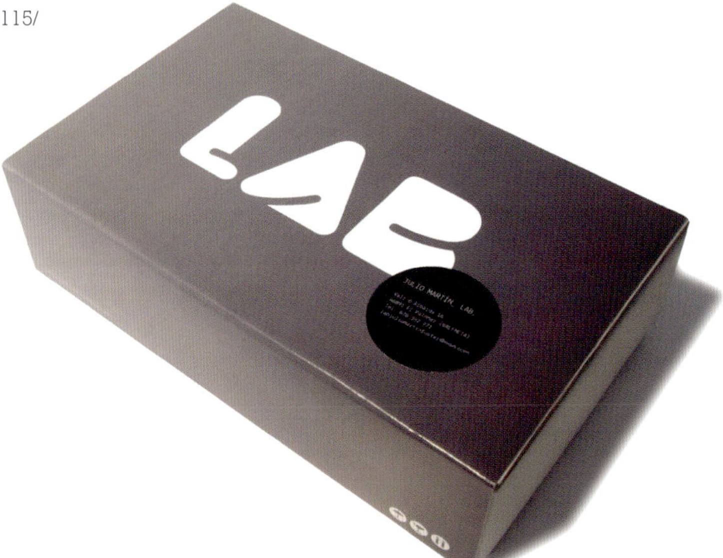

114/
Bífid

115/
ESTUDIOLIVE

116/

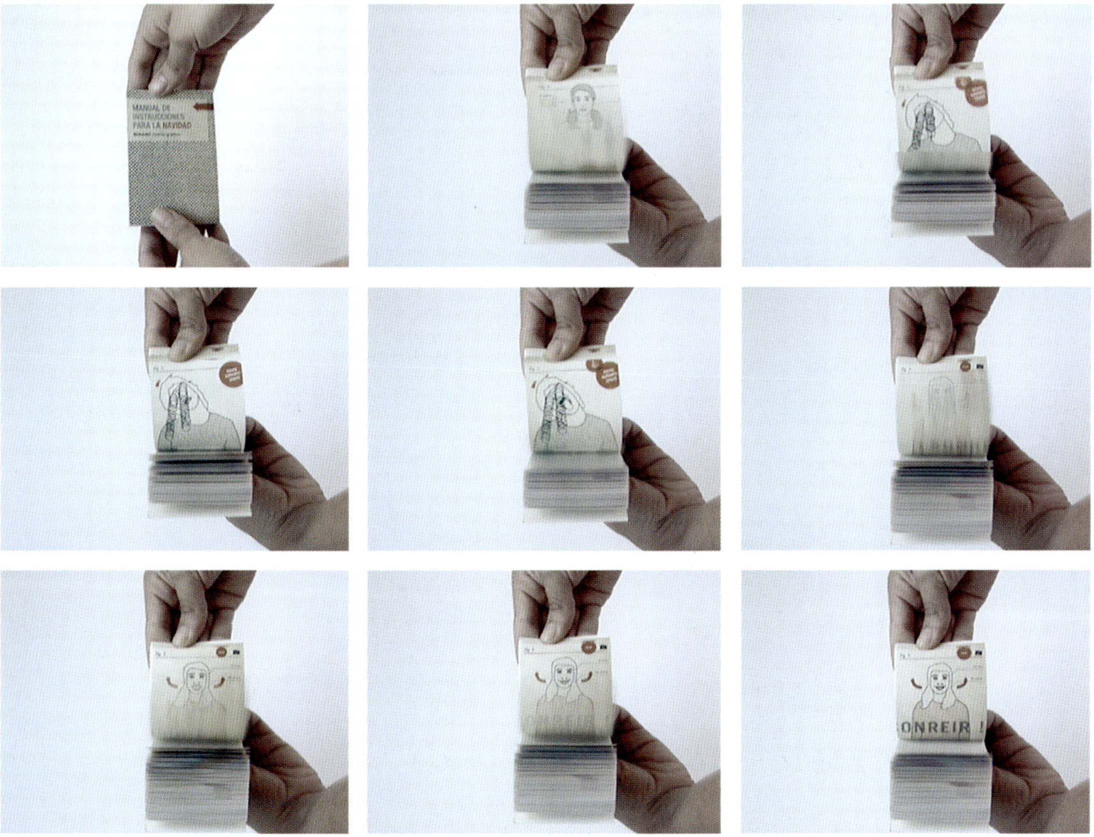

116/
binomi

117/

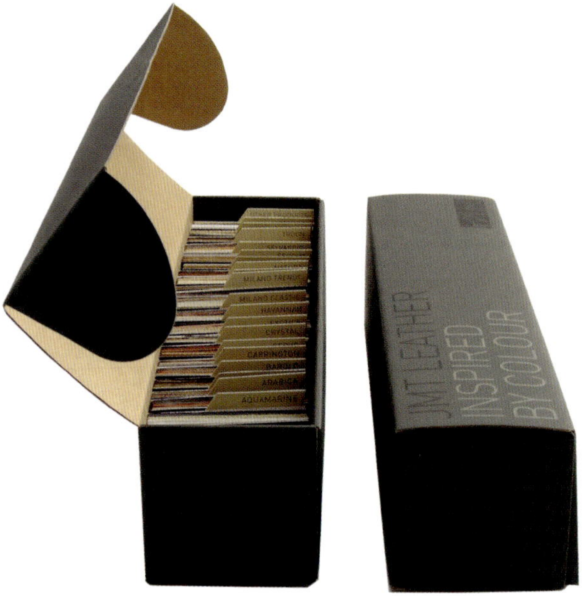

118/

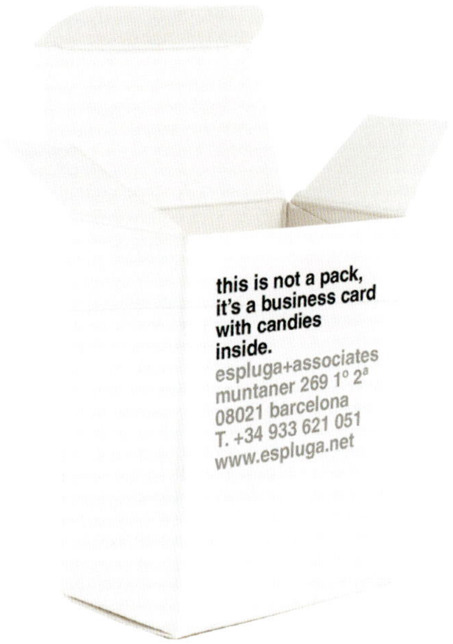

117/
no.parking

118/
espluga+
associates

119/

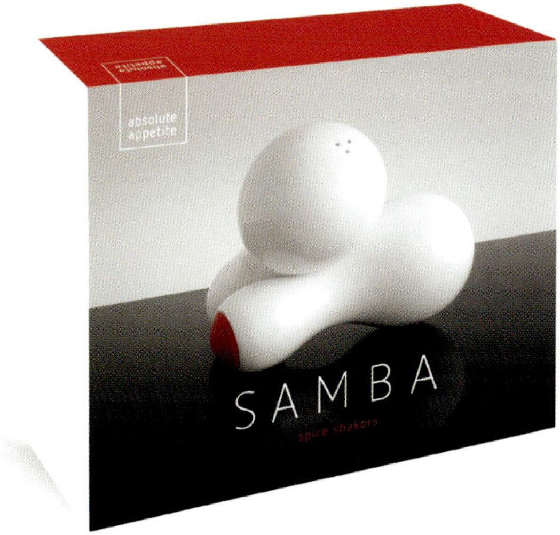

120/

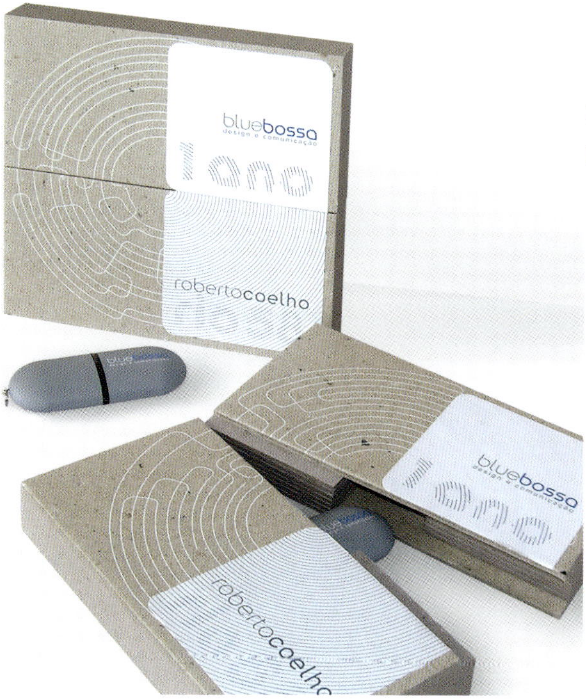

119/
Absolute Appetite

120/
BlueBossa Design

121/

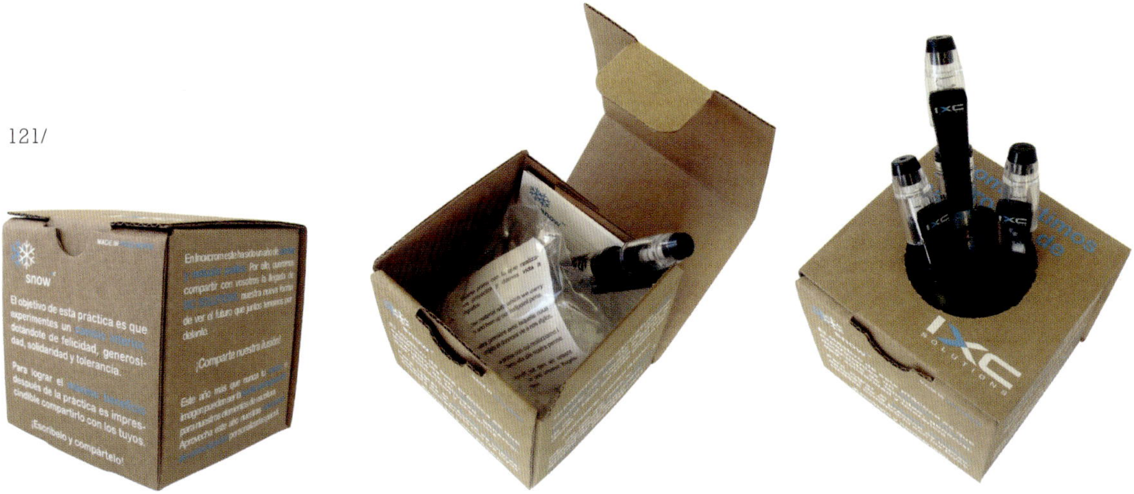

121/
INOXCROM S.A.

122/

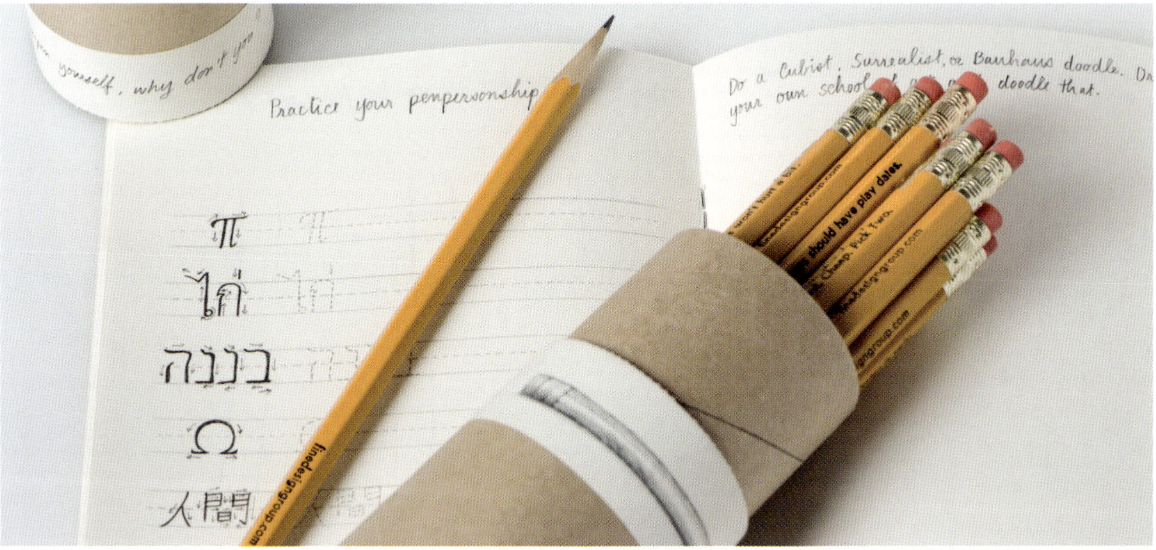

122/
Nilobon Kijkrailas

002/ - Packaging number
Hampus Jageland - Studio name
Gallucci - Client name
Australia - Country

084/
Funnel : The Fine Commercial Art Practice of Eric Kass
Linnea's Lights
United States

085/
FK Design srl
h. Krull & C.
Italy

086/
espluga+associates
homedesign
Spain

087/
FK Design srl
Cereria Ermini
Italy

088/
Funnel : The Fine Commercial Art Practice of Eric Kass
Funnel Paper Goods
United States

089/
Marnich Associates
La Sirena
Spain

090/
Marta Josa
Violet Lamb
Spain

091/
Batllegroup
Arbora Ausonia
Spain

092/
no.parking
Cartindustria Veneta
Italy

093/
tridimage
Clorox
Argentina

094/
tridimage
Clorox
Argentina

095/
Zoo Studio SL
Dimac
Spain

096/
Lindsey Faye Designs
Barkly's
United States

097/
Sara Strand
Sweden

098/
p576 Studio
Rodrigo Samper y compañía
Colombia

099/
Weather Control
Eye Can Art
United States

100/
Office: Jason Schulte Design
National Institute for Play (NIFP)
United States

101/
Cactus Disseny
Self Promotion
Spain

102/
Whitenoise Design Limited
Whitenoise Design Limited
United Kingdom

103/
Unlimit---ed
Expociencia
Spain

104/
StudioCentro Marketing srl + Alisea
R&C Lab
Italy

105/
Quattro idcp
R, Cable y telecomunicaciones
Spain

106/
Unlimit---ed
Universidad de A Coruña
Spain

107/
uauh! comunicacion gráfica
Panasonic. Ulled Comunicación
Spain

108/
Fullblast Creative.com
Microsoft
United States

109/
LA CIA. DE BRANDING & PACKAGING
Panda
Spain

110/
Artima˜a
Cabero
Spain

111/
YESDESIGNGROUP
Waldorf Astori
United States

112/
JMG/ Garrofé Disseny
Volkswagen
Spain

113/
JMG/ Garrofé Disseny
Volkswagen
Spain

114/
Bífid
Vila i Vila joiers
Spain

115/
ESTUDIOLIVE
Julio Martin Lab
Spain

116/
binomi
Binomi
Spain

117/
no.parking
JMT Leather
Italy

118/
espluga+associates
espluga+
associates
Spain

119/
Absolute Appetite
2008
United Kingdom

120/
BlueBossa Design
2008
Brasil

121/
INOXCROM S.A.
IXC Solutions
Spain

122/
Nilobon Kijkrailas
Fine Design Group
Spain

Industrial
118 - 143

123/

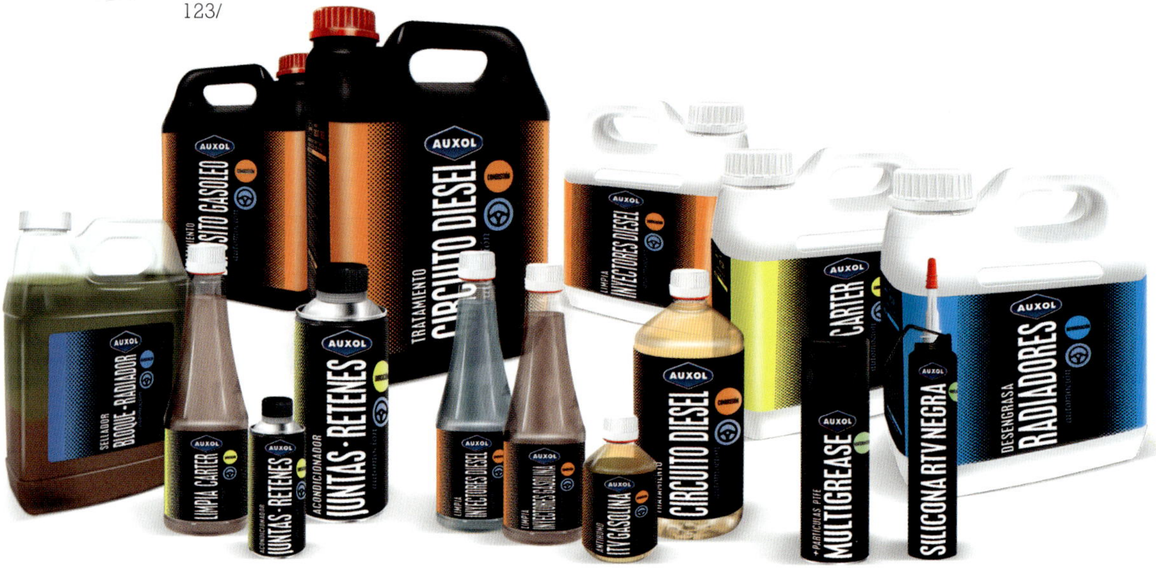

123/
Little Buddha

124/

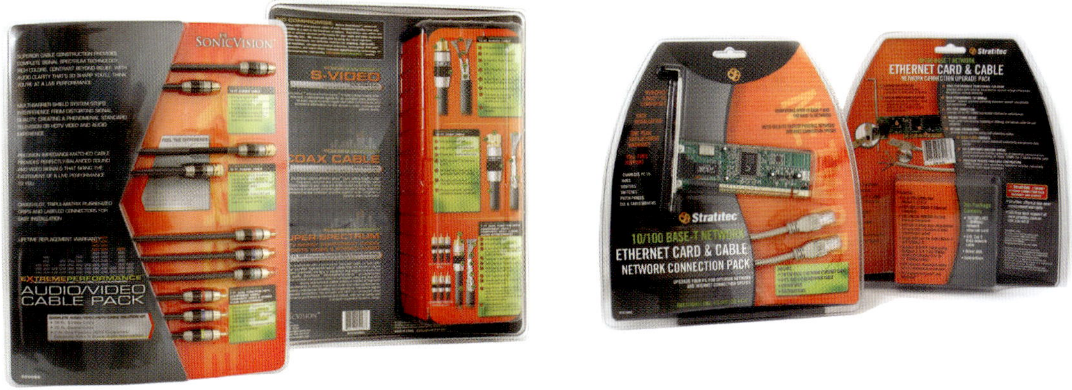

125/

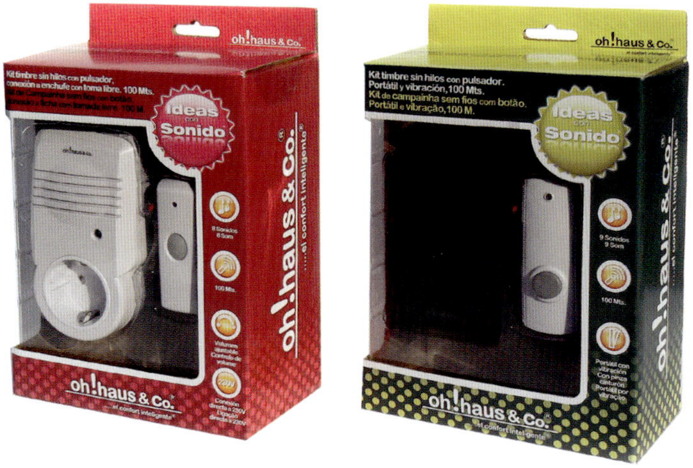

124/
Studio928

125/
Orangebcn

126/

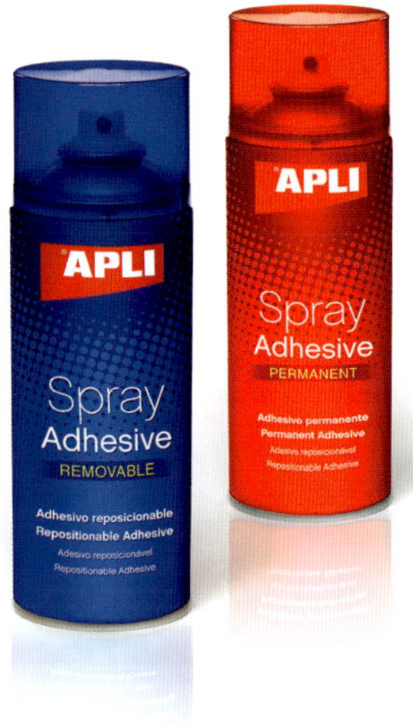

127/

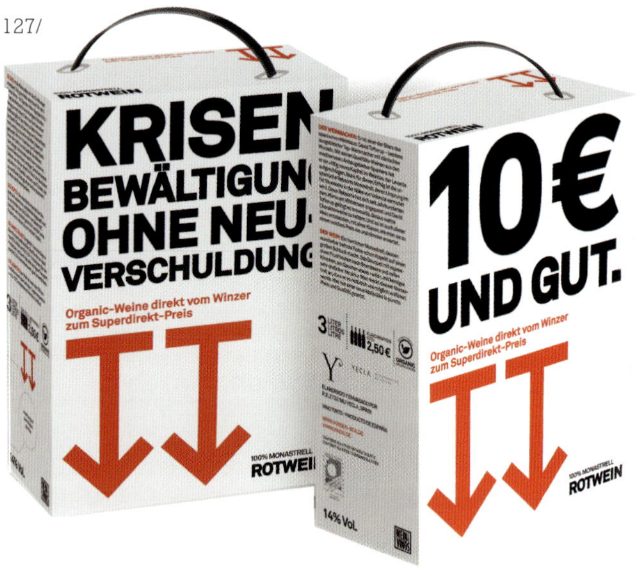

126/
Blancdesign

127/
RUSKA, MARTÍN,
ASSOCIATES

128/

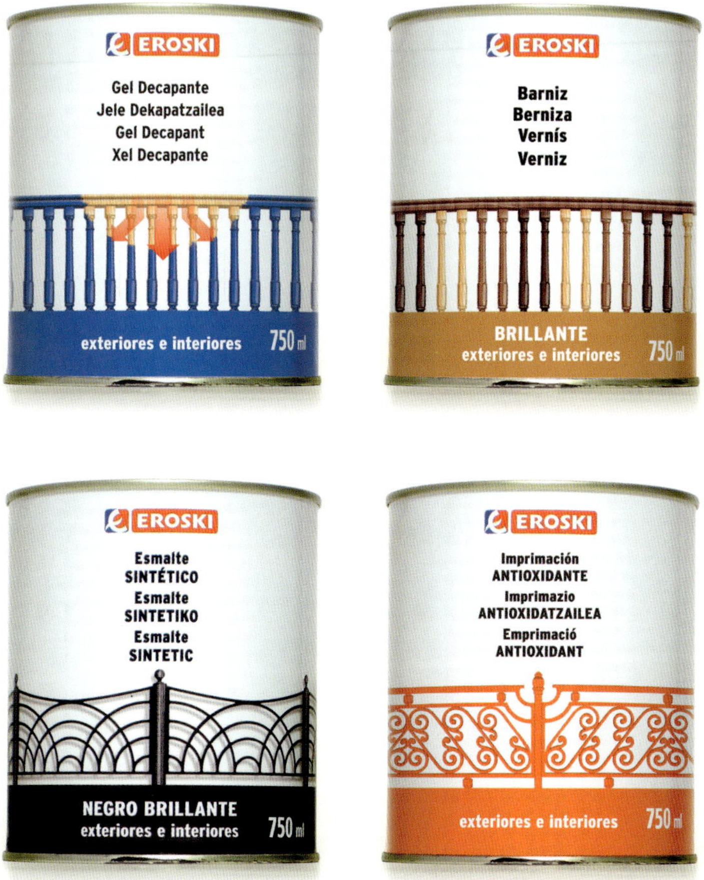
EROSKI
Gel Decapante
Jele Dekapatzailea
Gel Decapant
Xel Decapante
exteriores e interiores
750 ml
EROSKI
Barniz
Berniza
Vernís
Verniz
BRILLANTE
exteriores e interiores
750 ml
EROSKI
Esmalte
SINTÉTICO
Esmalte
SINTETIKO
Esmalte
SINTETIC
NEGRO BRILLANTE
exteriores e interiores
750 ml
EROSKI
Imprimación
ANTIOXIDANTE
Imprimazio
ANTIOXIDATZAILEA
Emprimació
ANTIOXIDANT
exteriores e interiores
750 ml

129/

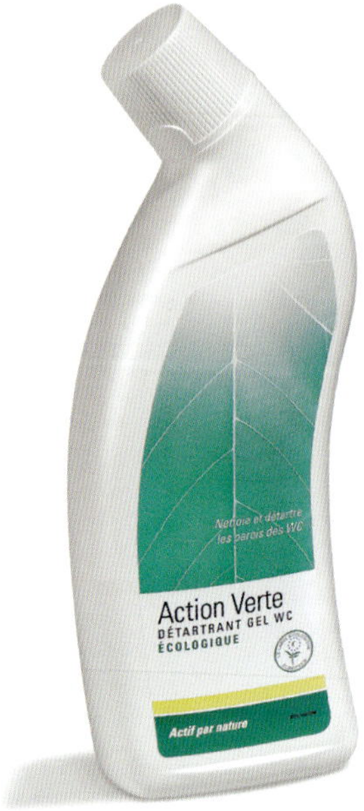

130/

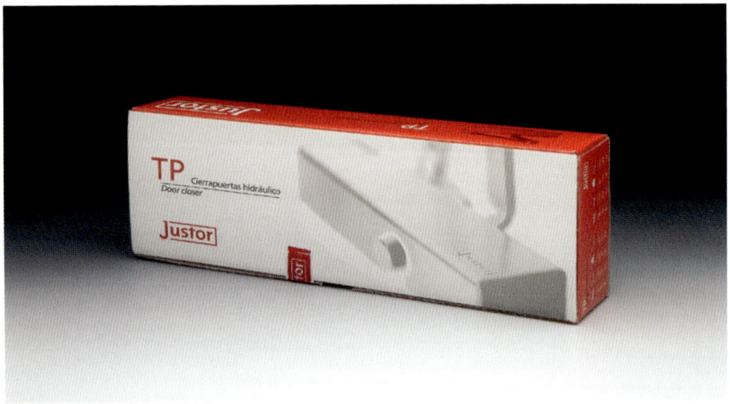

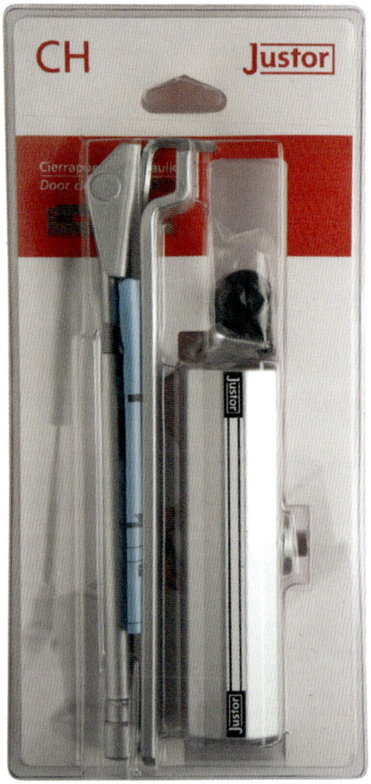

129/
Gazelle
Communication

130/
binomi

131/

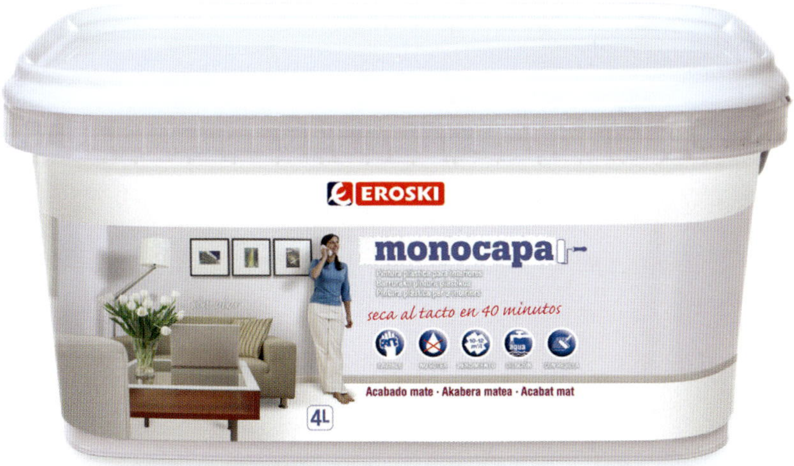

132/

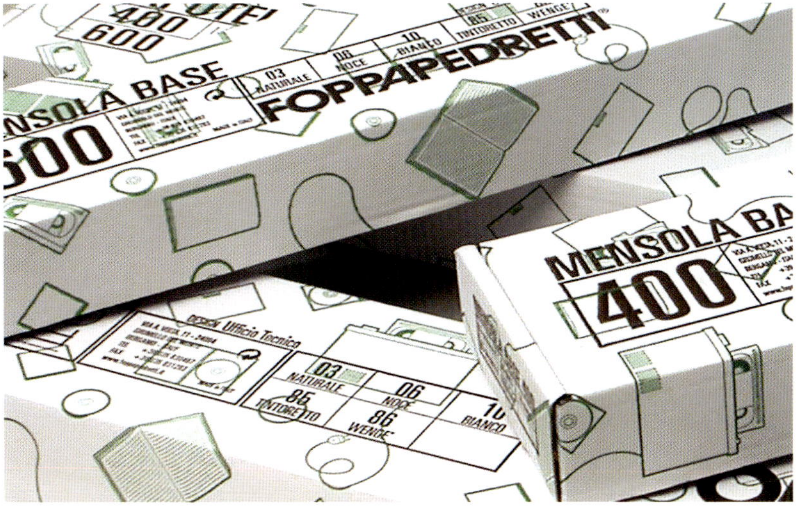

131/
la machine

132/
Lu-be studio

133/

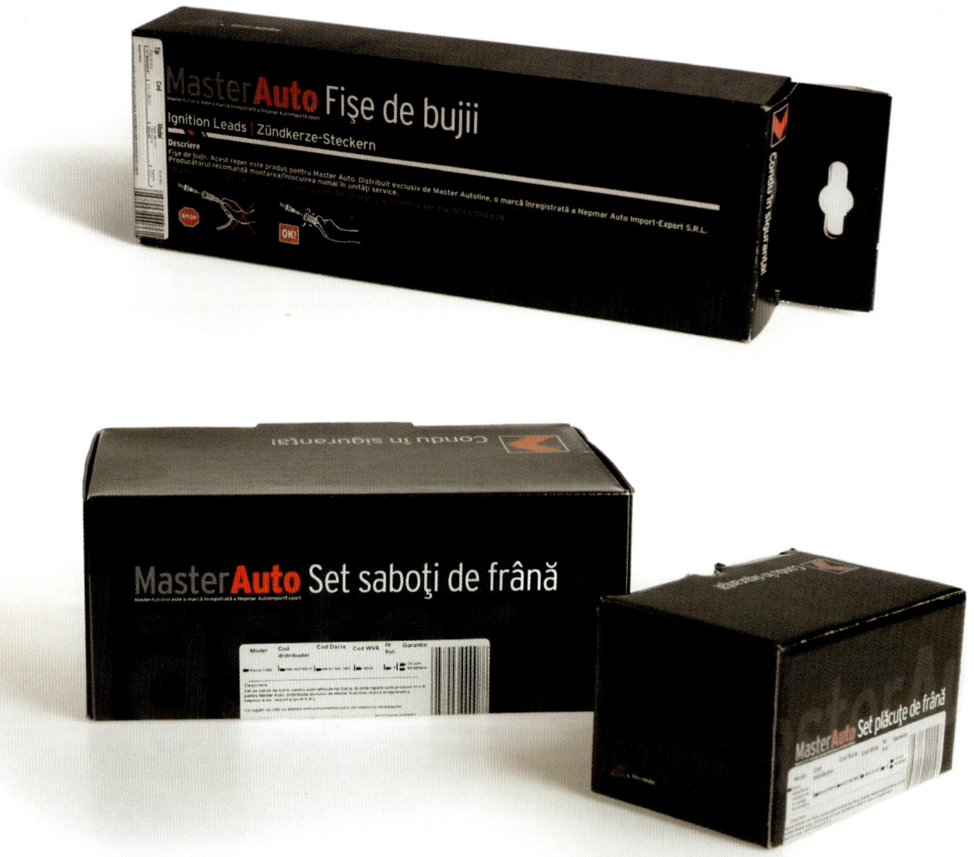

133/
Acme Industries

134/

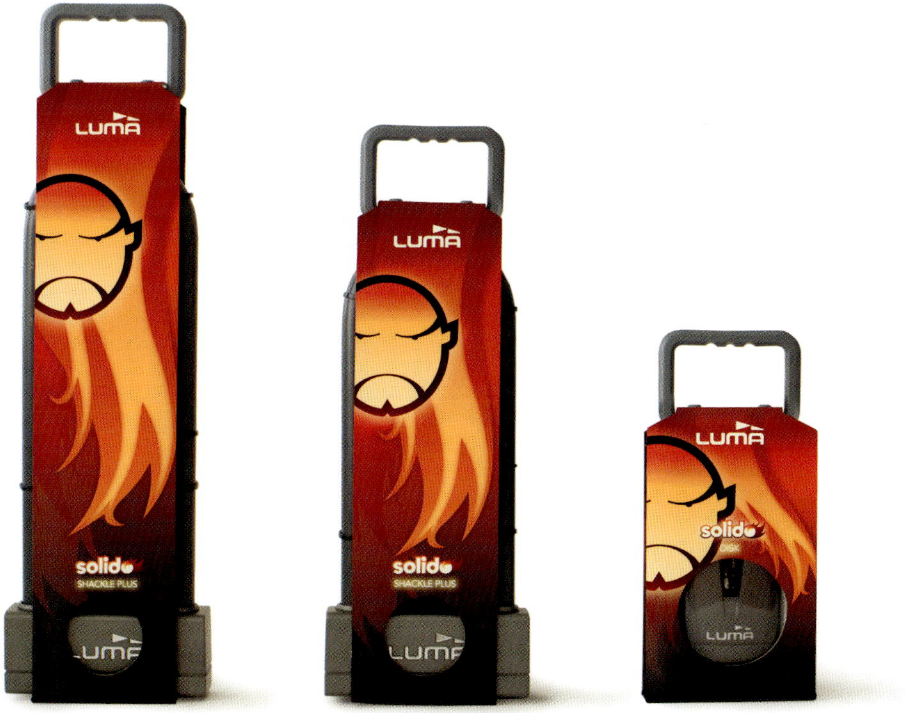

134/
Alambre Estudio

135/

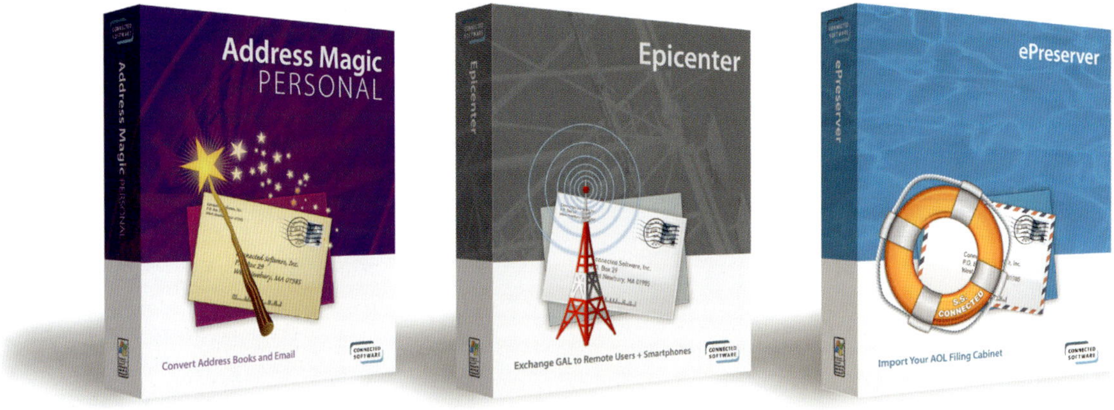

135/
MONDERER
DESIGN

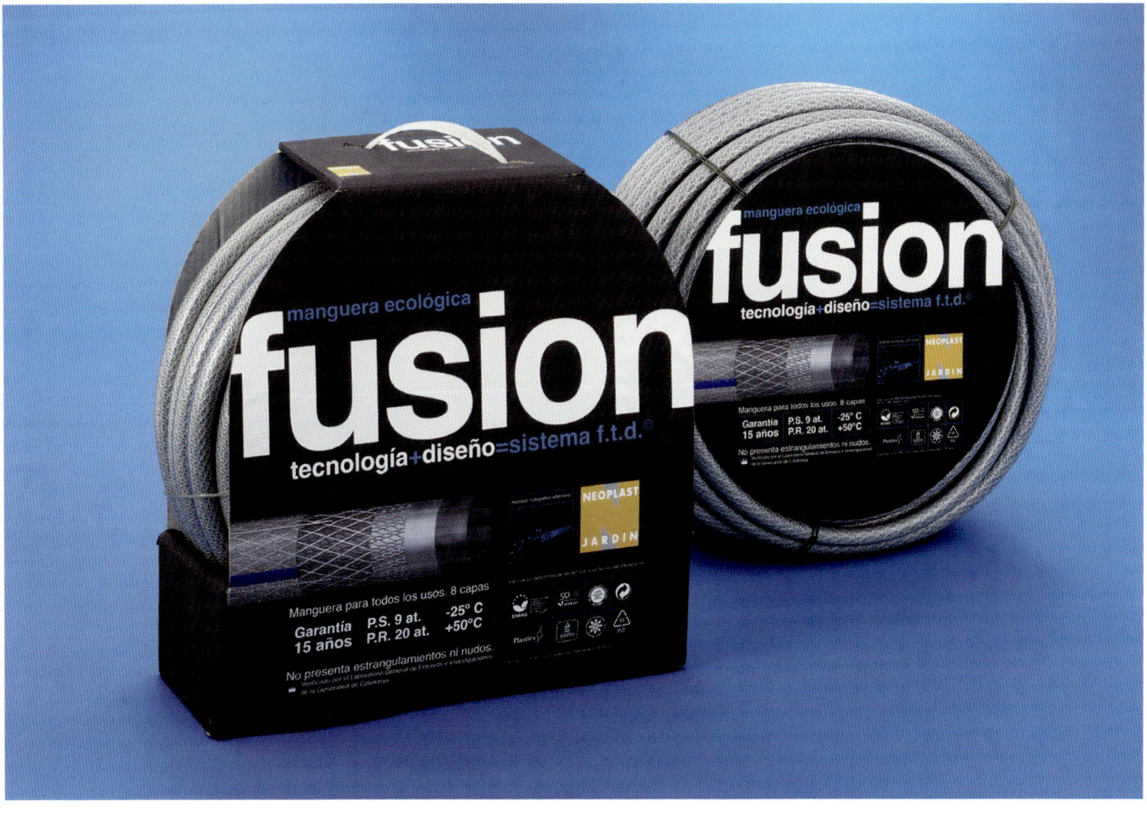
manguera ecológica
fusion
tecnología+diseño=sistema f.t.d.©
NEOPLAST
JARDIN
Manguera para todos los usos. 8 capas
Garantía 15 años
P.S. 9 at.
P.R. 20 at.
-25° C
+50°C
No presenta estrangulamientos ni nudos.

136/
Artima~a

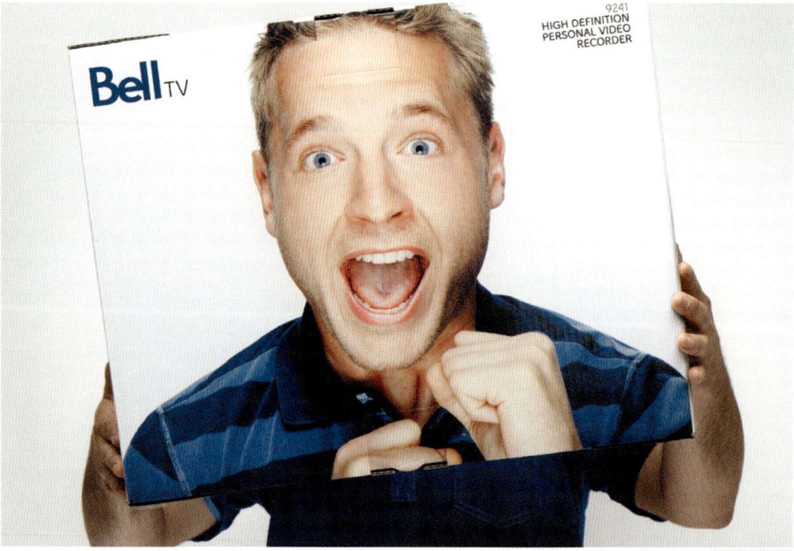

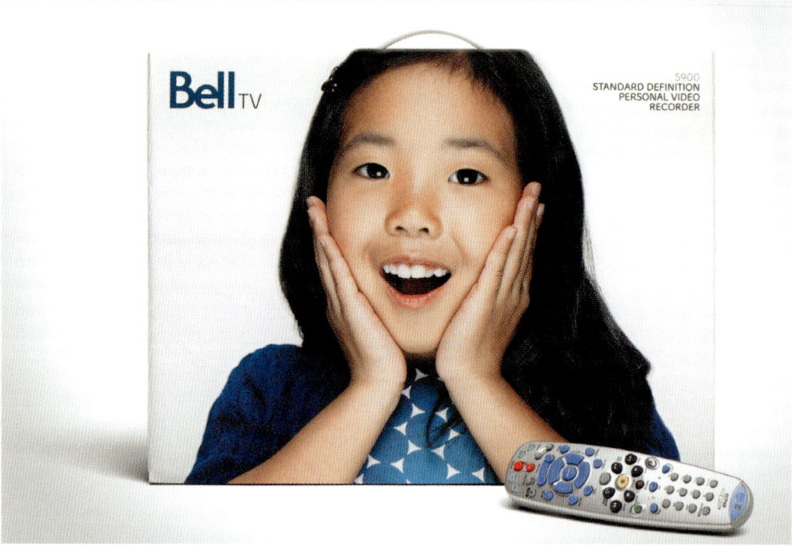

137/
lg2boutique

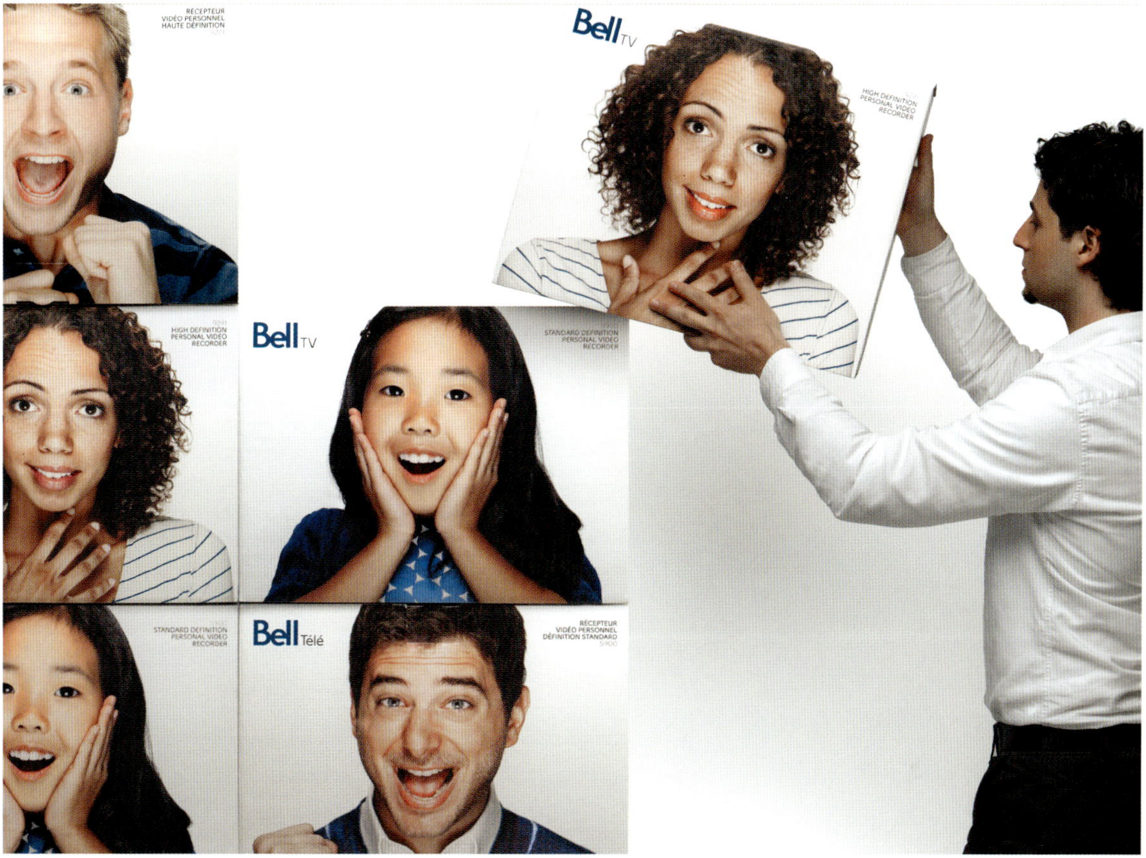
RÉCEPTEUR
VIDÉO PERSONNEL
HAUTE DÉFINITION
Bell TV
HIGH DEFINITION
PERSONAL VIDEO
RECORDER
HIGH DEFINITION
PERSONAL VIDEO
RECORDER
Bell TV
STANDARD DEFINITION
PERSONAL VIDEO
RECORDER
STANDARD DEFINITION
PERSONAL VIDEO
RECORDER
Bell Télé
RÉCEPTEUR
VIDÉO PERSONNEL
DÉFINITION STANDARD

138/

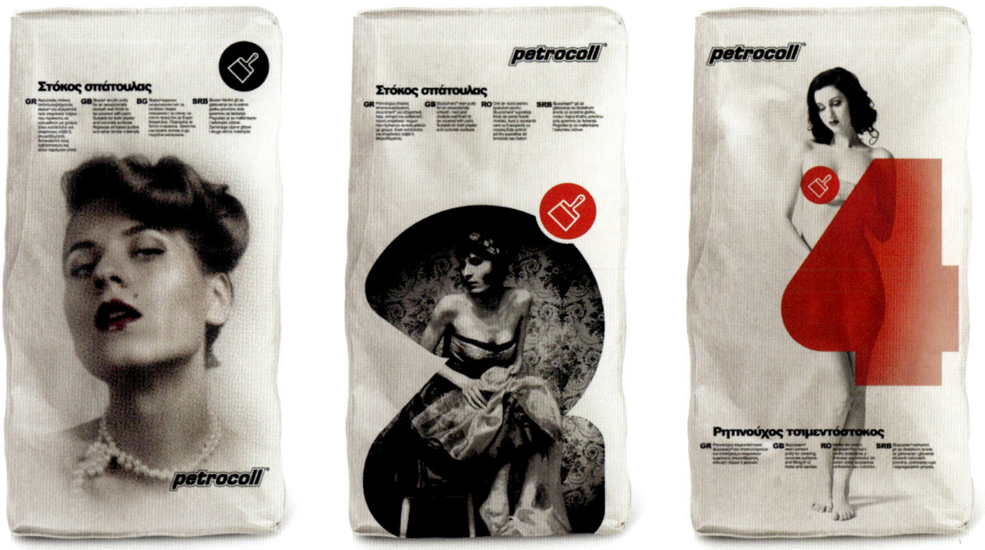

138/
MOUSE GRAPHICS

139/

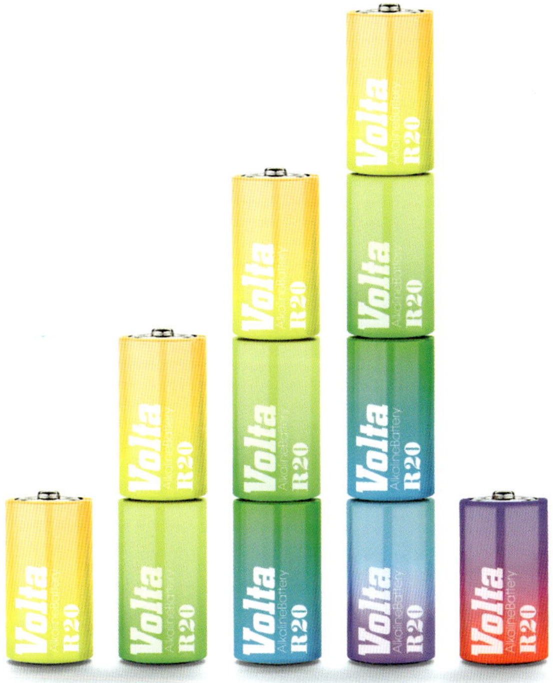

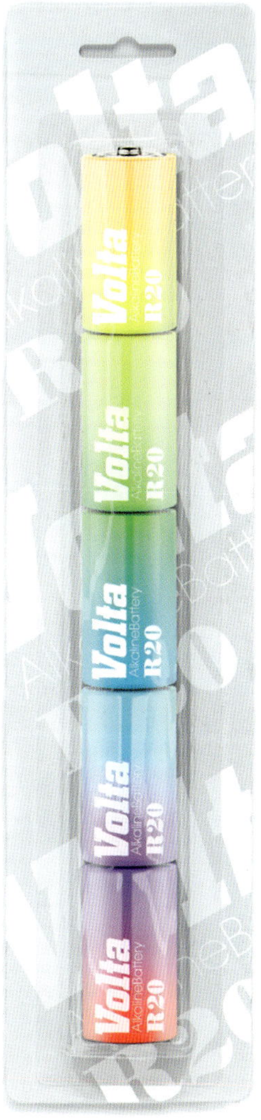

139/
Acme Industries

140/

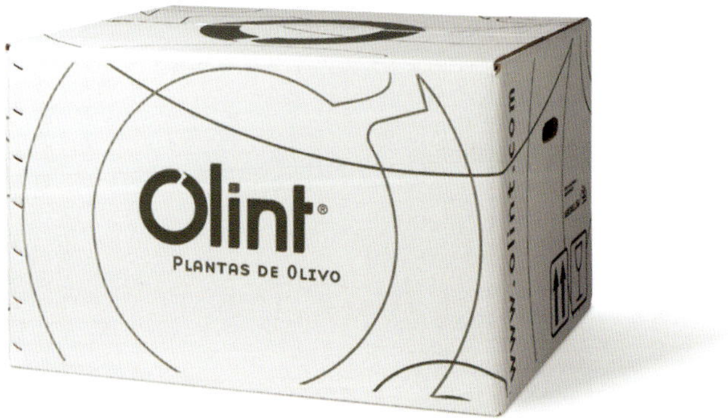

141/

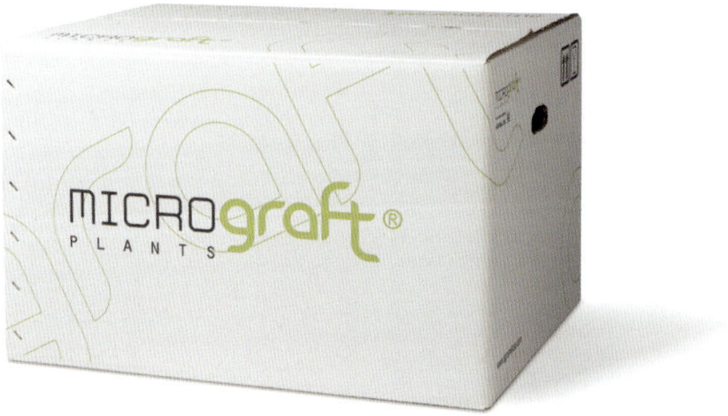

140/
Global Image
Projects S.L.

141/
Global Image
Projects S.L.

142/

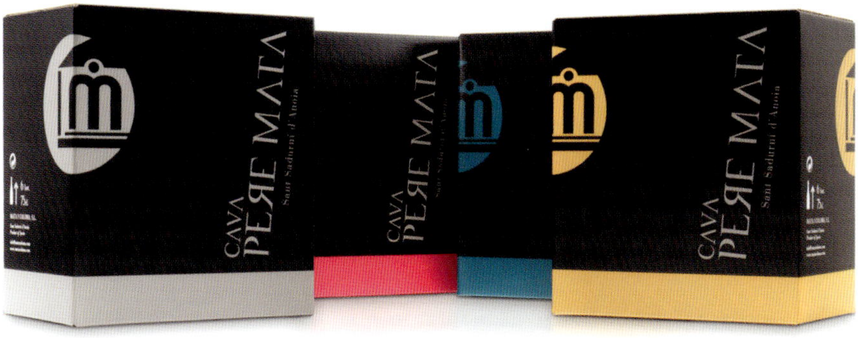

143/

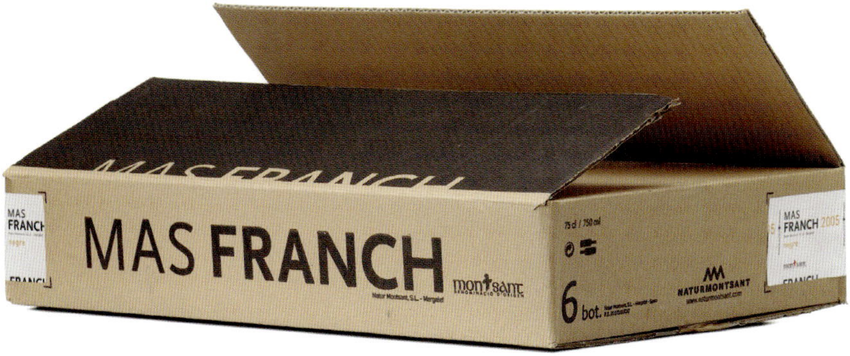

142/
Global Image
Projects S.L.

143/
ATIPUS, S.L

144/

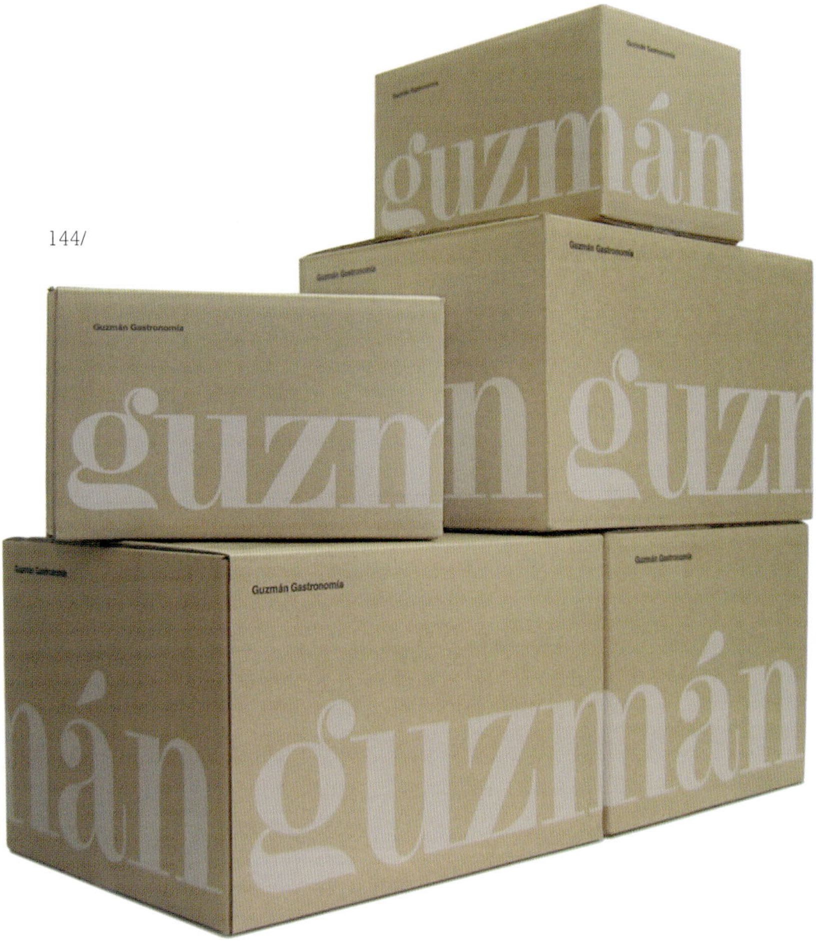

144/
Marnich Associates

145/

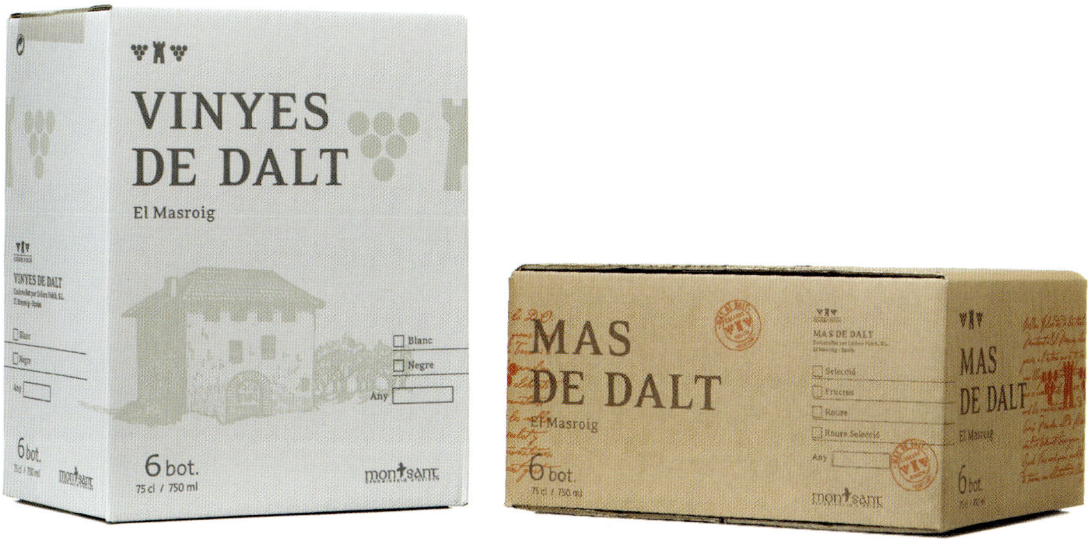

145/
ATIPUS, S.L.

146/

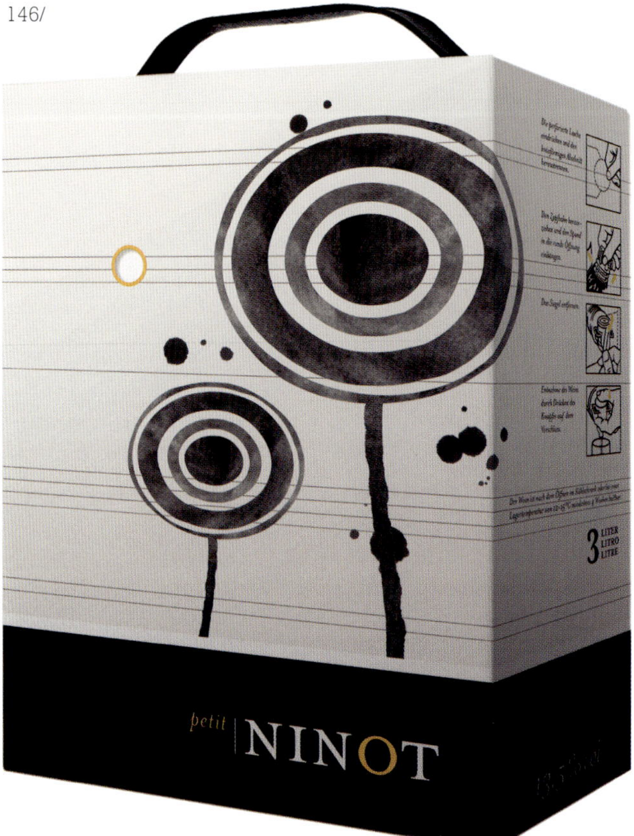

146/
RUSKA, MARTÍN,
ASSOCIATES

147/

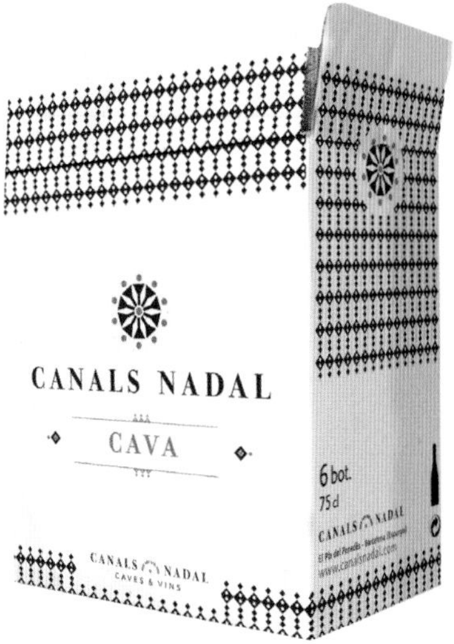

148/

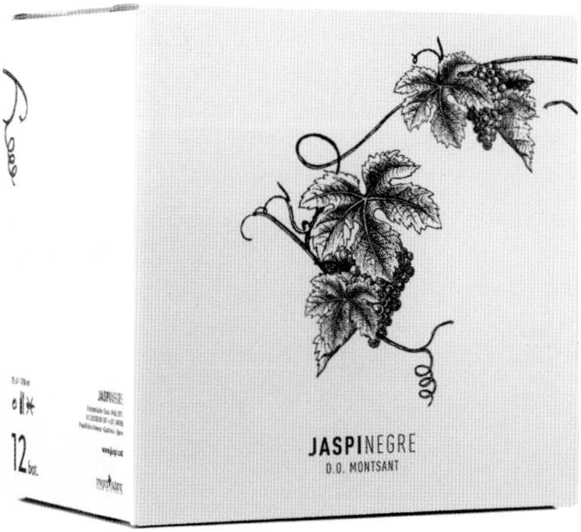

147/
ATIPUS, S.L.

148/
ATIPUS, S.L.

149/

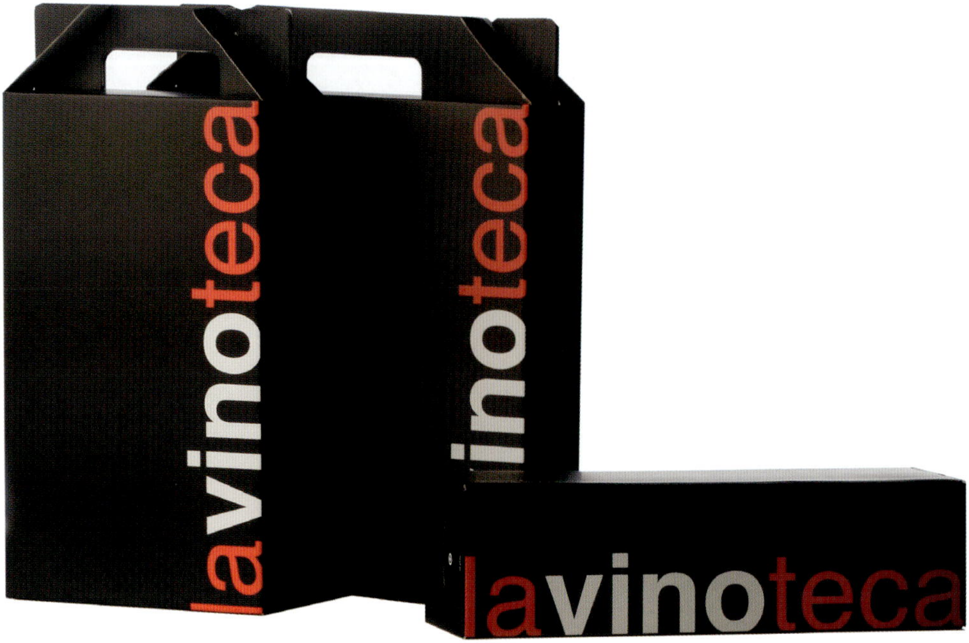

149/
DCP3, Diseño,
comunicación y
publicidad tres s.l.

150/

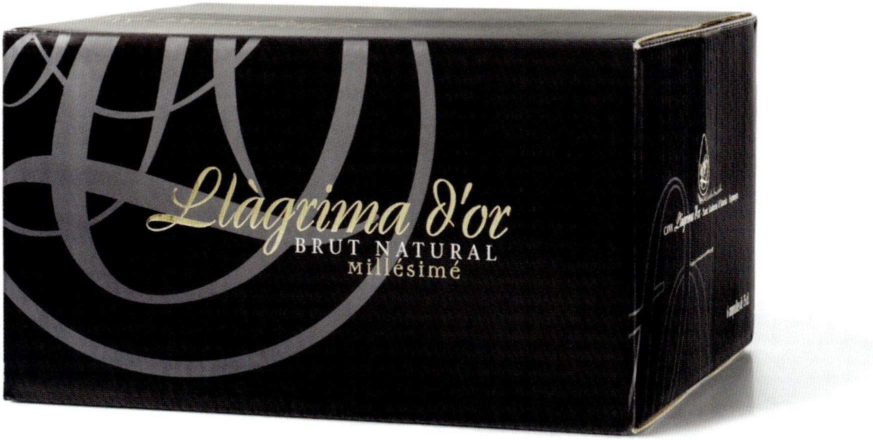

151/

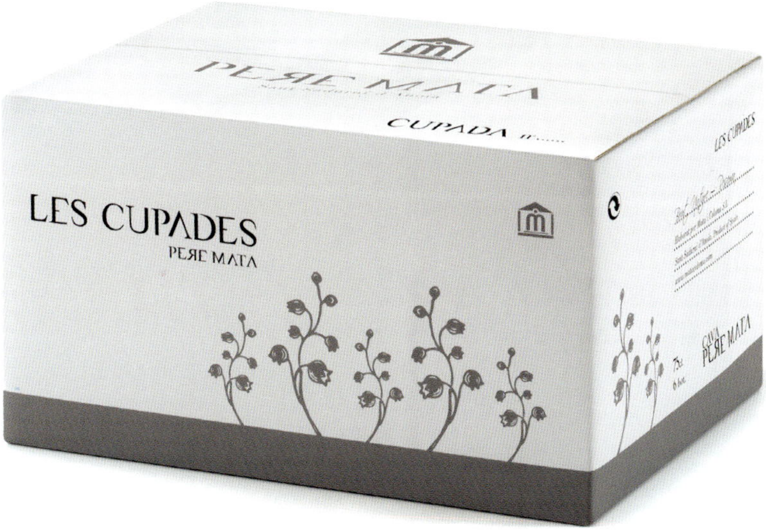

150/
Global Image
Projects S.L.

151/
Global Image
Projects S.L.

002/ - Packaging number
Hampus Jageland - Studio name
Gallucci - Client name
Australia - Country

123/
Little Buddha
Auxol
Spain

124/
Studio928
Stratitec
United States

125/
Orangebcn
oh Haus!
Spain

126/
Blancdesign
Apli Paper
Spain

127/
RUSKA, MARTÍN, ASSOCIATES
Wein & Vinos
Germany

128/
la machine
eroski
Spain

129/
Gazelle Communication
Topsol
France

130/
binomi
Justor
Spain

131/
la machine
eroski
Spain

132/
Lu-be studio
Foppapedretti
Italy

133/
Acme Industries
Master Autoline
Romania

134/
Alambre Estudio
Luma
Spain

135/
MONDERER DESIGN
Connected Software
United States

136/
Artima˜a
Industrias Neoplast
Spain

137/
lg2boutique
Bell
Canada

138/
MOUSE GRAPHICS
PETROCOLL SA
Greece

139/
Acme Industries
Volta
Romania

140/
Global Image Projects S.L.
Agromillora Catalana
Spain

141/
Global Image Projects S.L.
Agromillora Catalana
Spain

142/
Global Image Projects S.L.
Mata Coloma S.L.
Spain

143/
ATIPUS, S.L
Naturmontsant
Spain

144/
Marnich Associates
Guzmán Gastronomía
Spain

145/
ATIPUS, S.L.
Cellers Folch
Spain

146/
RUSKA, MARTÍN, ASSOCIATES
Wein & Vinos
Germany

147/
ATIPUS, S.L.
Canals & Nadal
Spain

148/
ATIPUS, S.L.
Coca i Fitó
Spain

149/
DCP3, Diseño, comunicación y publicidad tres s.l.
La Vinoteca Balear
Spain

150/
Global Image Projects S.L.
Mata Coloma S.L.
Spain

151/
Global Image Projects S.L.
Mata Coloma S.L.
Spain

Food
144 - 225

152/

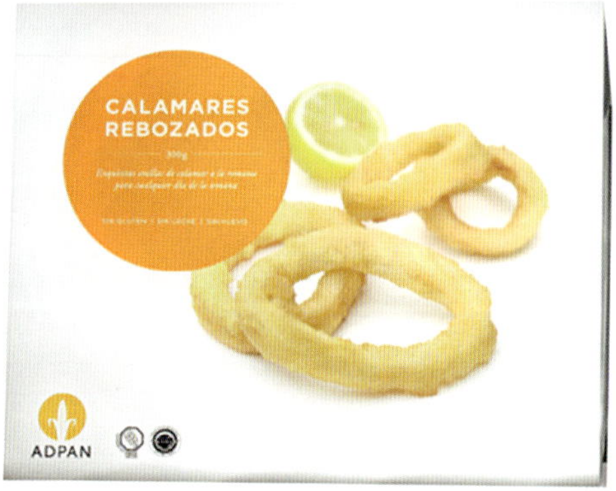

153/

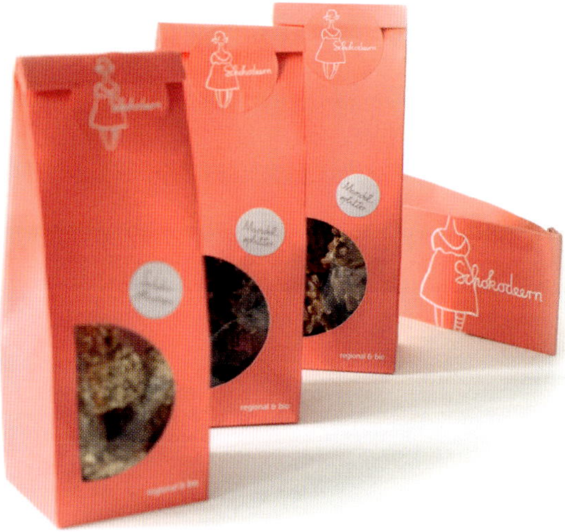

152/
Jorge Lorenzo Diseño y Comunicación Visual S.L.

153/
Deernsundjungs Design

154/

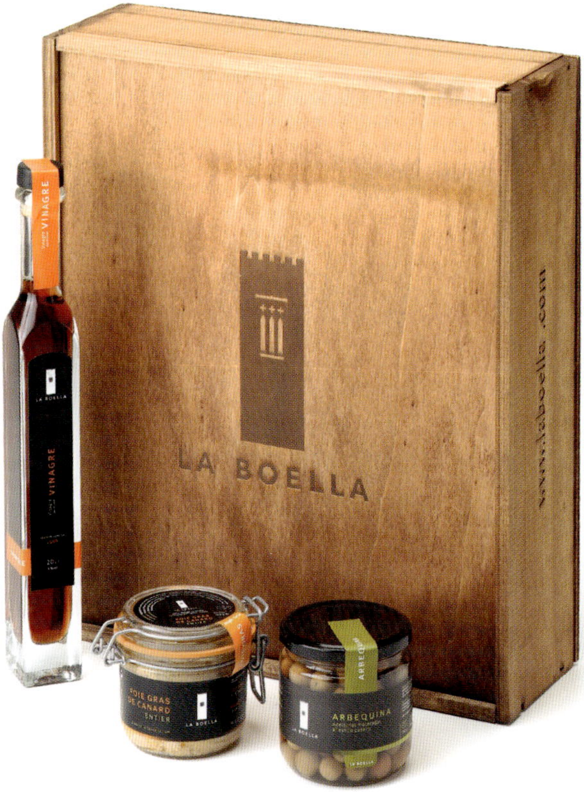

154/
ATIPUS, S.L.

155/

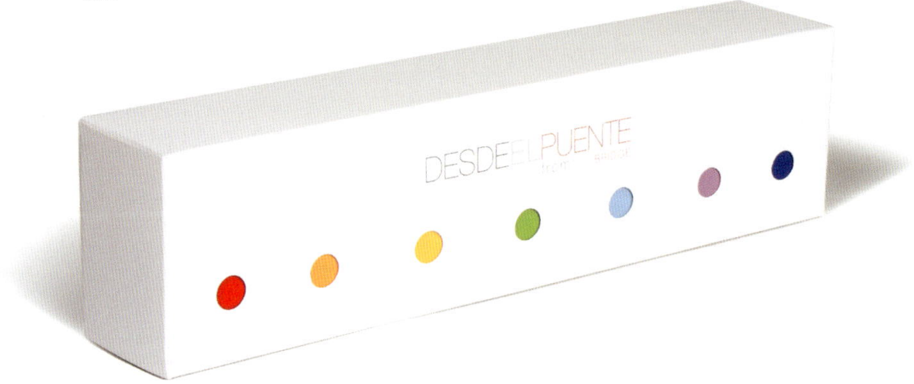

156/

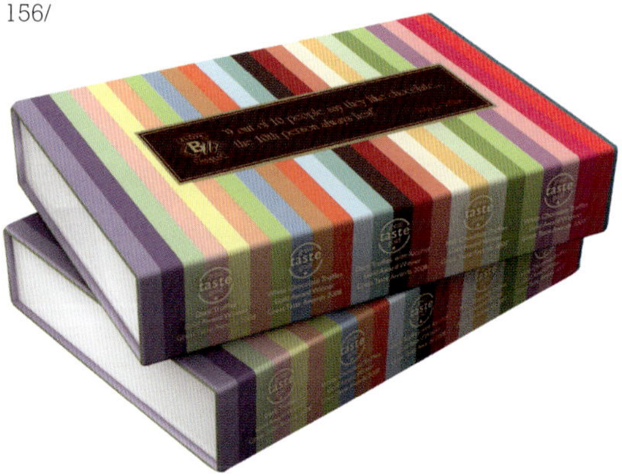

155/
Signum
Comunicación y
Diseño, S.L.

156/
Whitenoise Design
Limited

157/

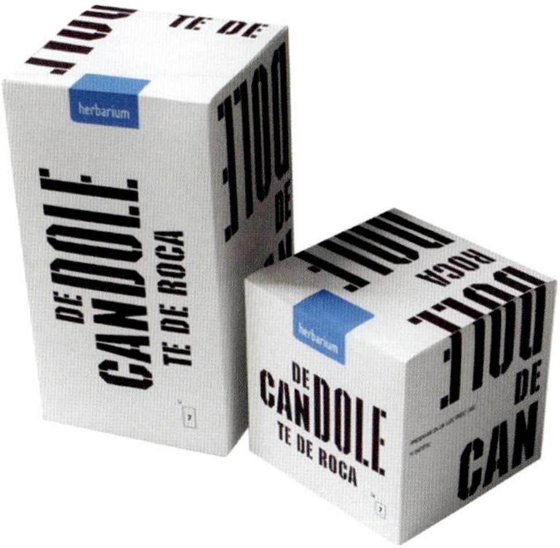

158/

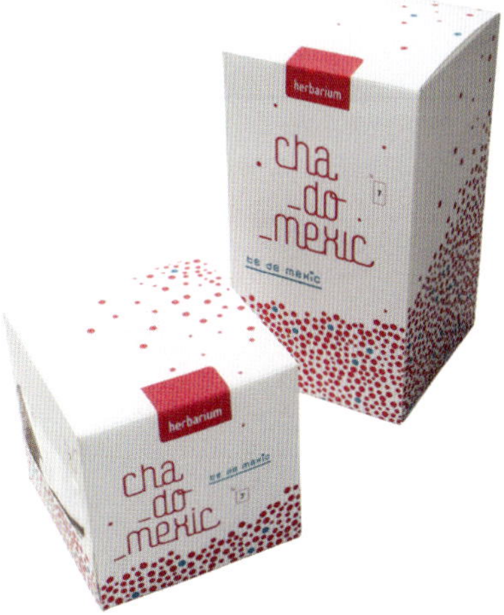

159/

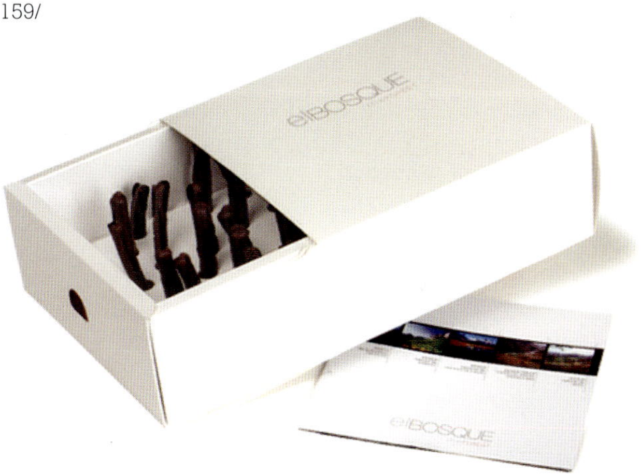

157/
Raquel Quevedo

158/
Raquel Quevedo

159/
Signum
Comunicación y
Diseño, S.L.

160/

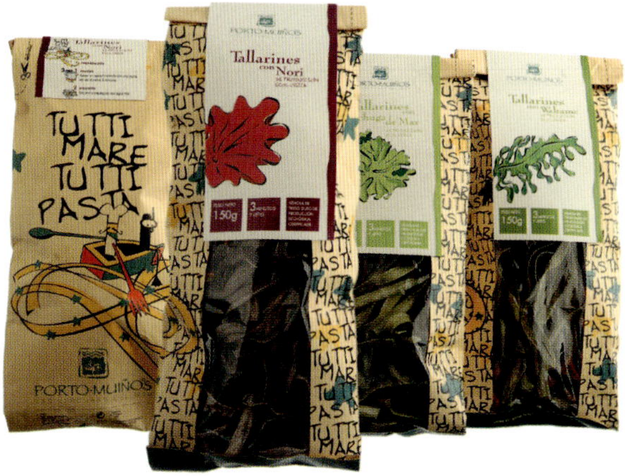

161/

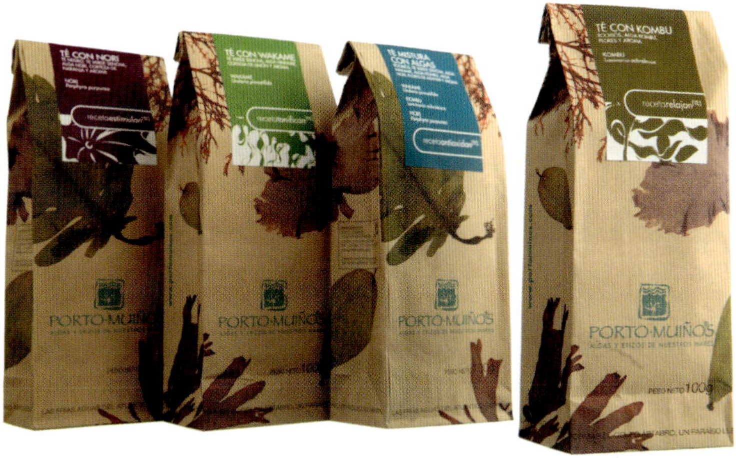

160/
Sistema Diseño

161/
Sistema Diseño

162/

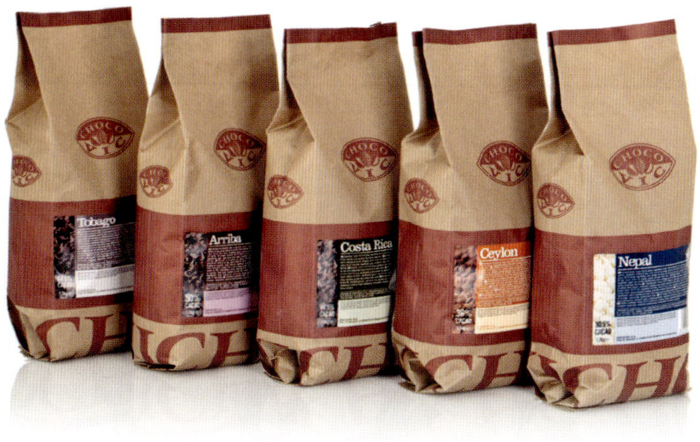

163/

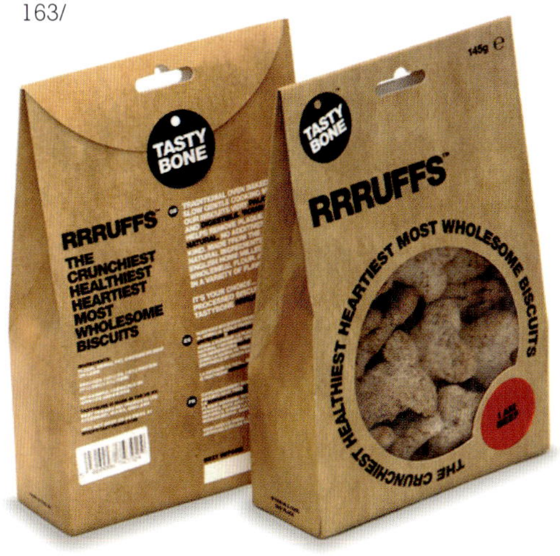

162/
Bífid

163/
Objective

164/

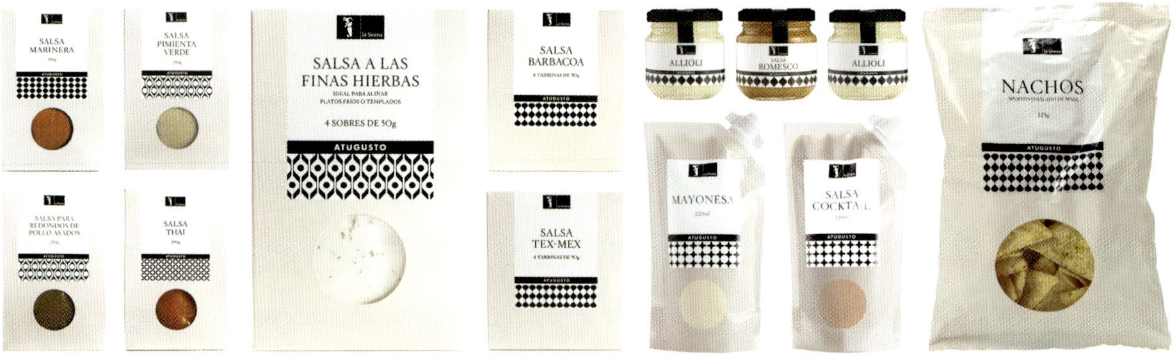

164/
Marnich Associates

165/

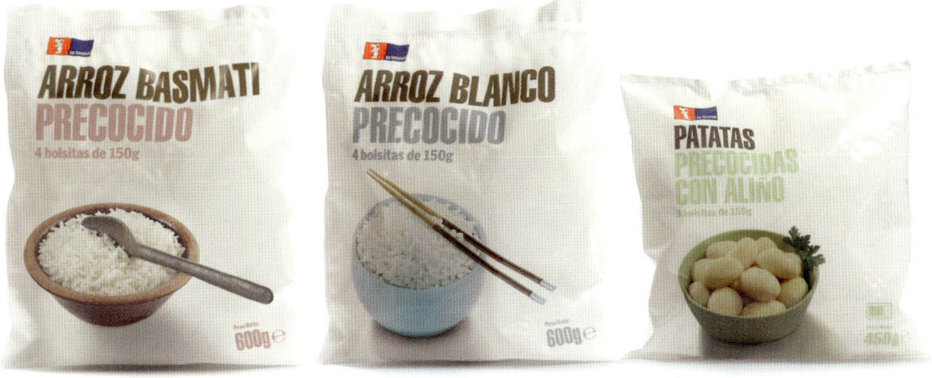

165/
Marnich Associates

166/

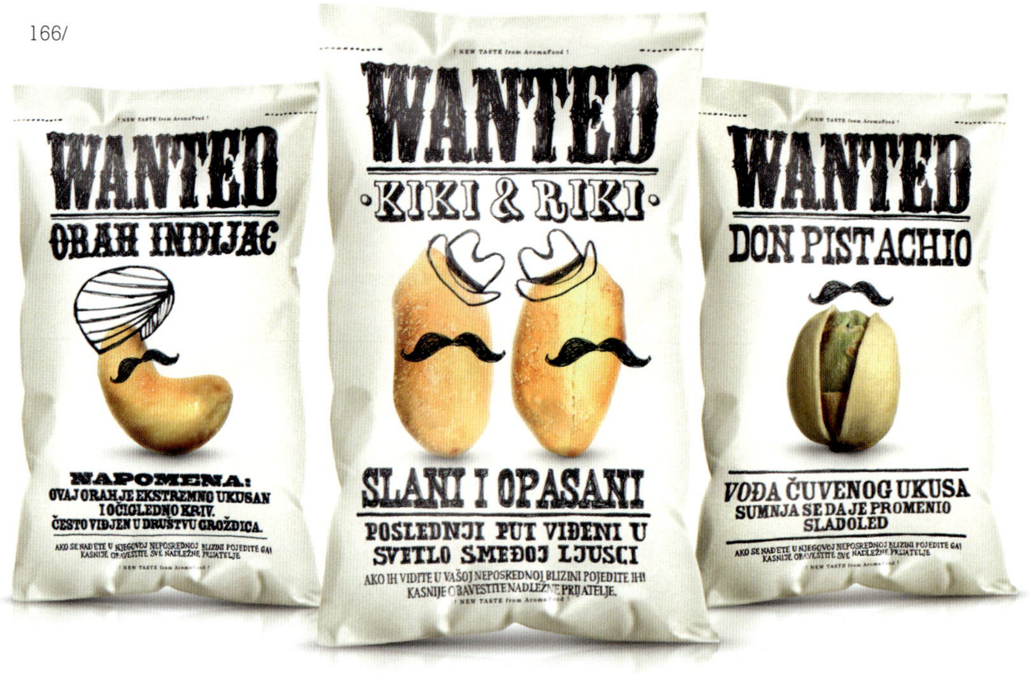

166/
Peter Gregson
Studio

167/

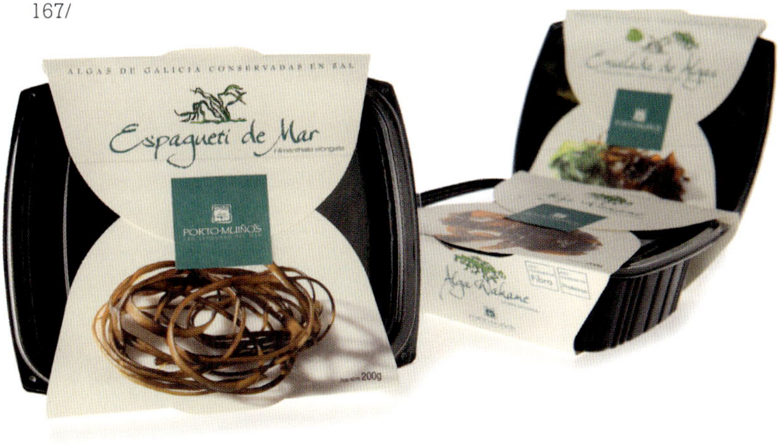

168/

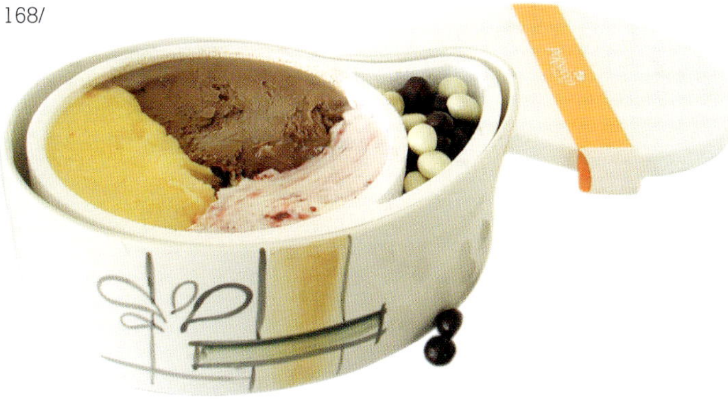

167/
Sistema Diseño

168/
Tasty Concepts

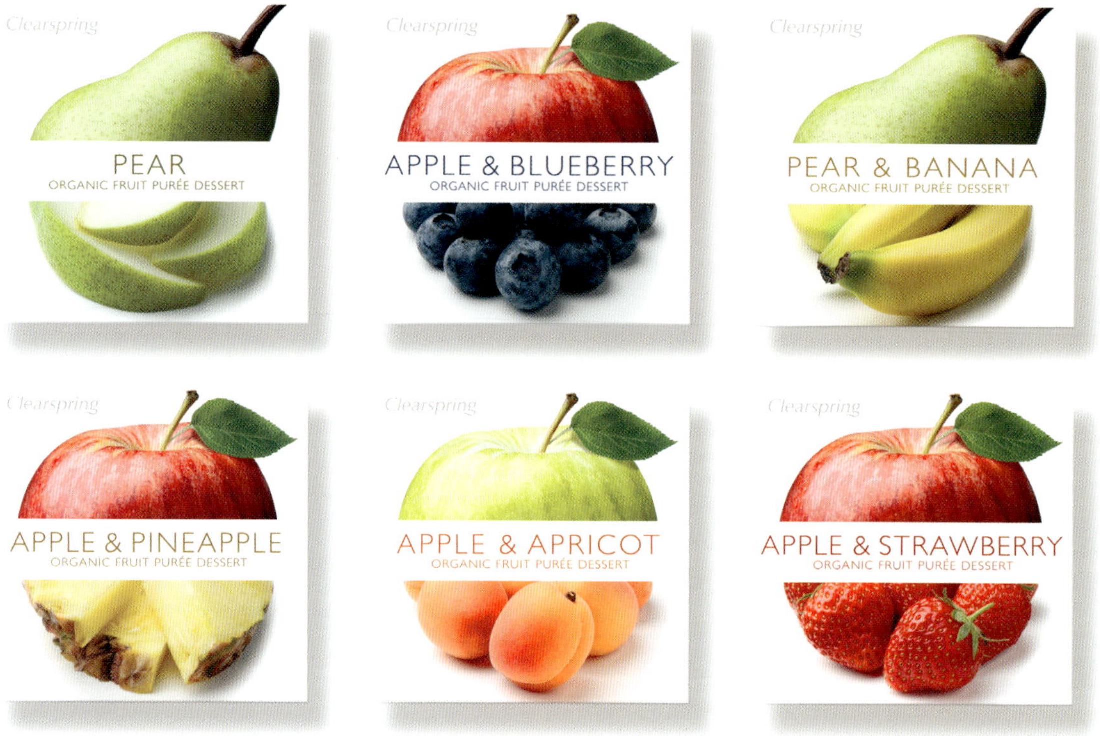
Clearspring
PEAR
ORGANIC FRUIT PURÉE DESSERT
Clearspring
APPLE & BLUEBERRY
ORGANIC FRUIT PURÉE DESSERT
Clearspring
PEAR & BANANA
ORGANIC FRUIT PURÉE DESSERT
Clearspring
APPLE & PINEAPPLE
ORGANIC FRUIT PURÉE DESSERT
Clearspring
APPLE & APRICOT
ORGANIC FRUIT PURÉE DESSERT
Clearspring
APPLE & STRAWBERRY
ORGANIC FRUIT PURÉE DESSERT

169/
Mayday

170/

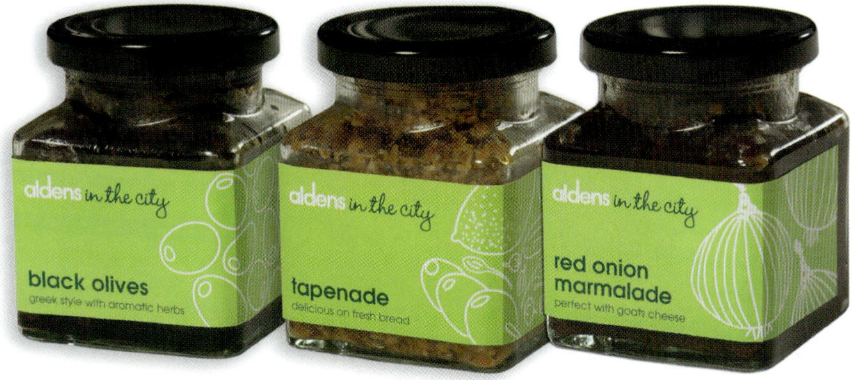

170/
Whitenoise Design
Limited

172/

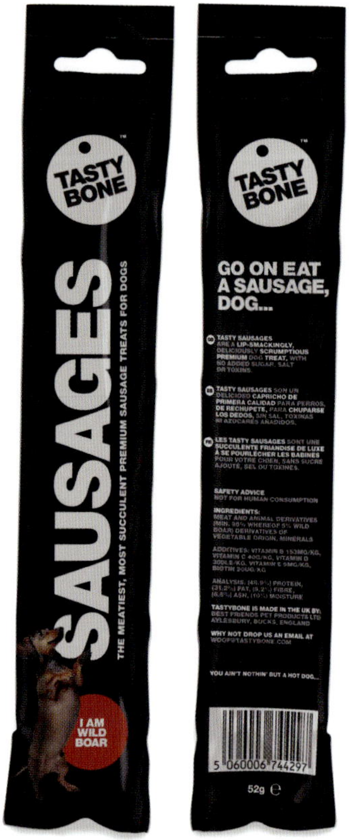

171/

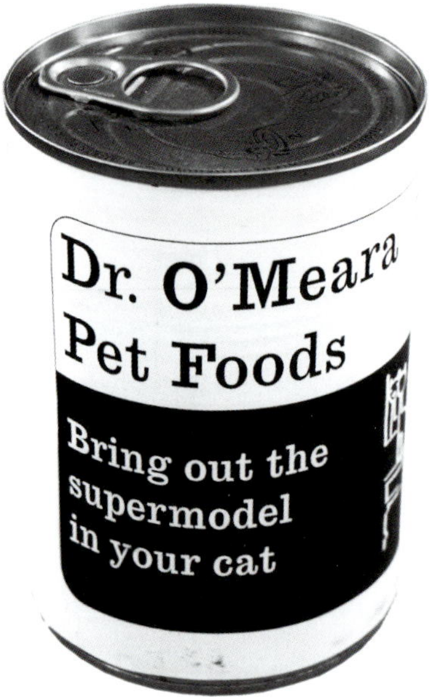

171/
Martijn Oostra

172/
Objective

173/

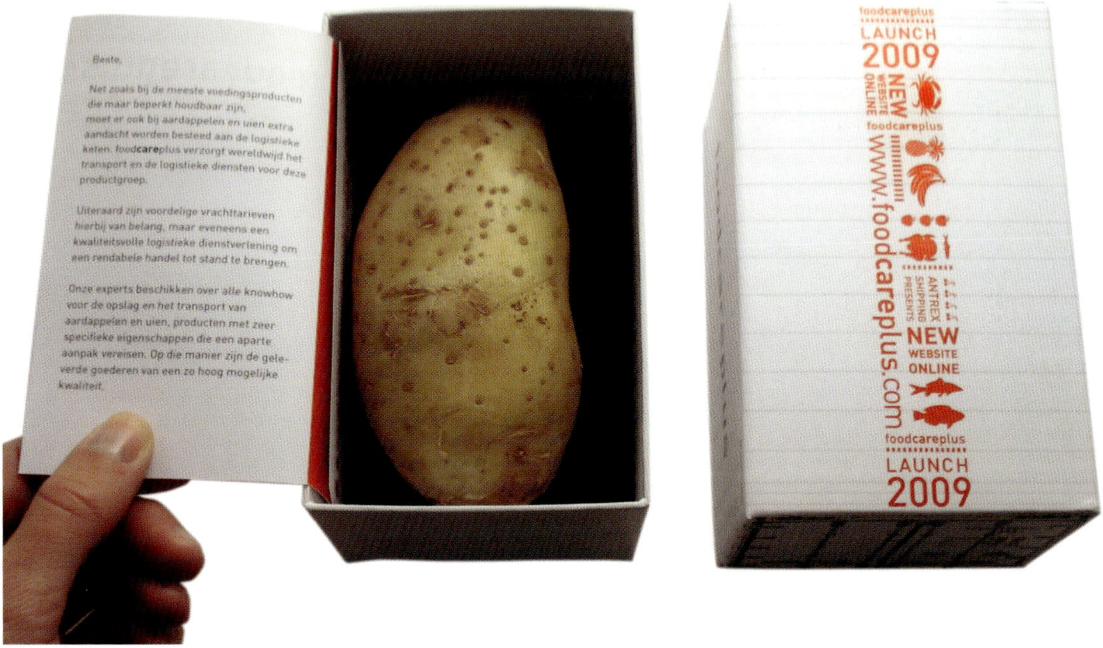

Food

158
/
159

173/
undercast

174/

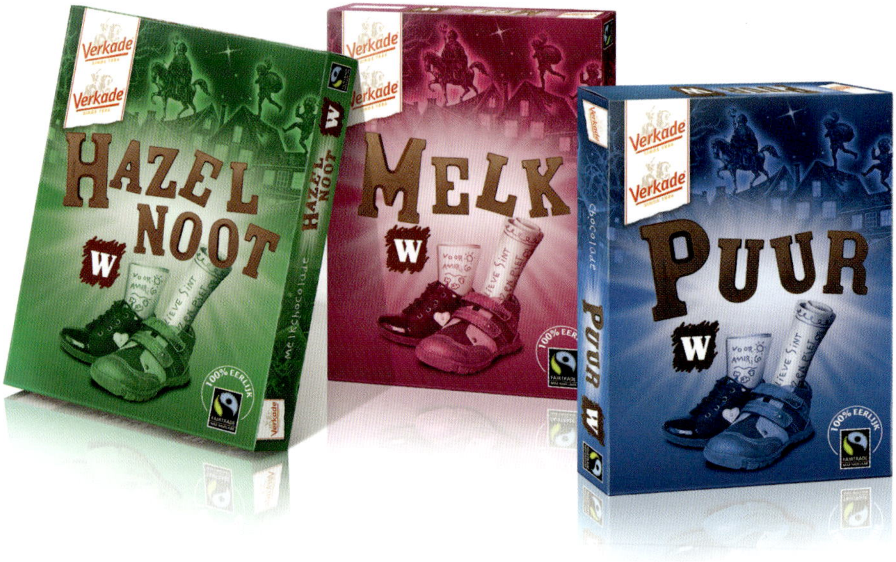

175/

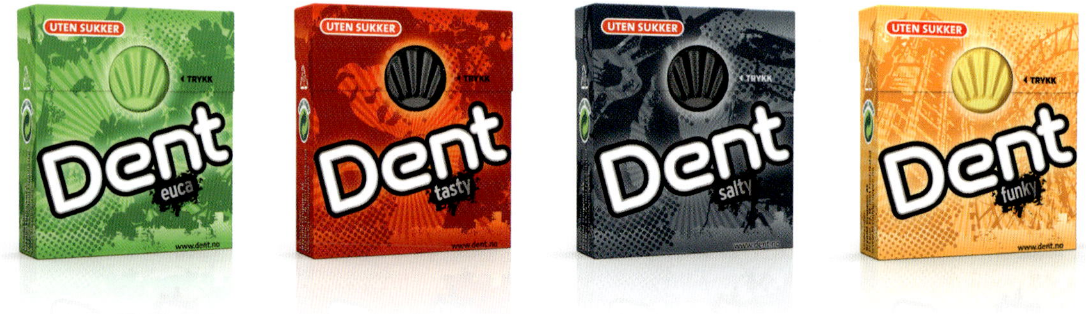

174/
SOGOOD

175/
Strømme
Throndsen Design

176/

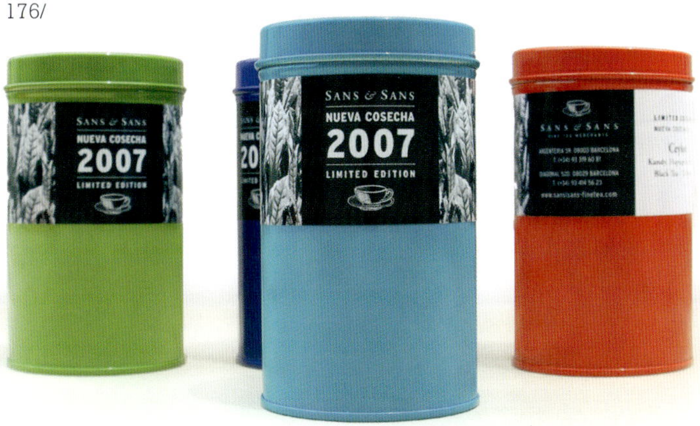

177/

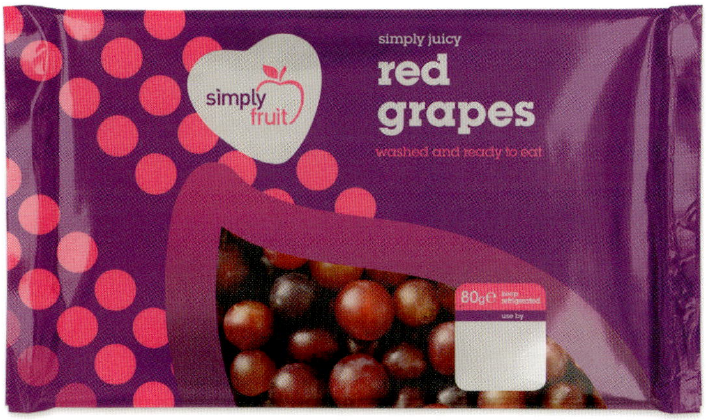

176/
Sonsoles Llorens

177/
Whitenoise Design Limited

178/

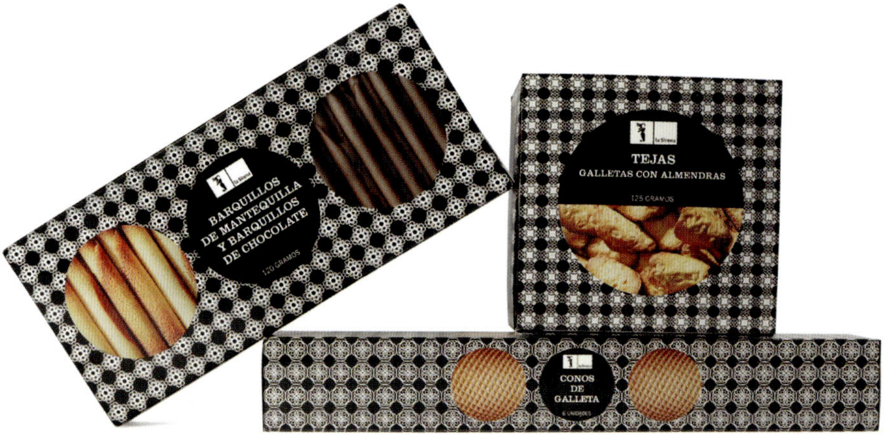

179/

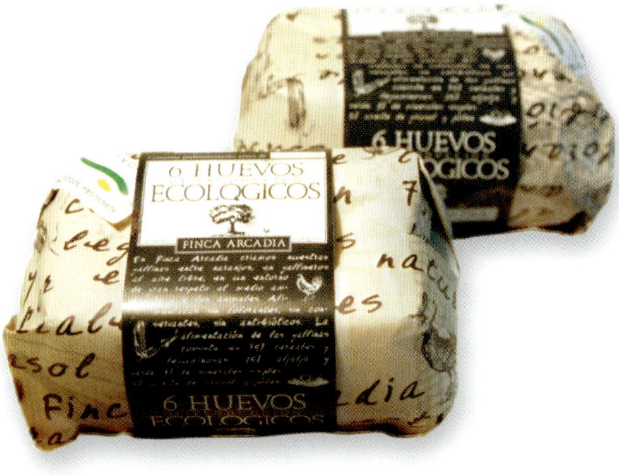

178/
Marnich Associates

179/
ODM oficina de
diseño y marketing

180/

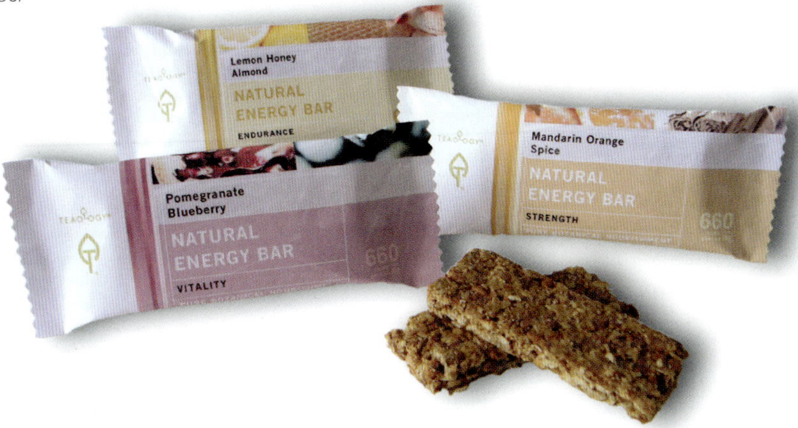

181/

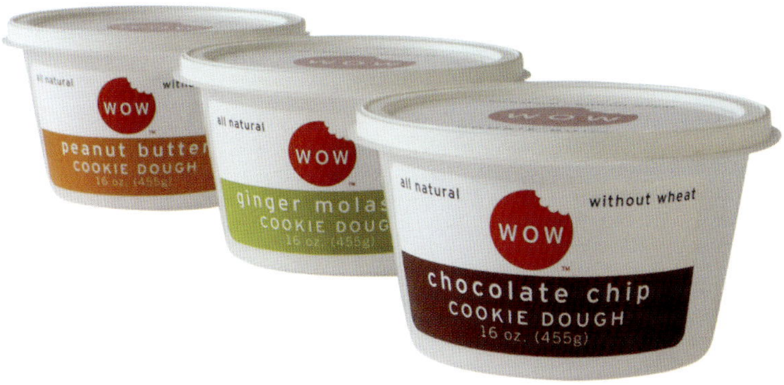

180/
Mary Hutchison
Design LLC

181/
Mary Hutchison
Design LLC

182/

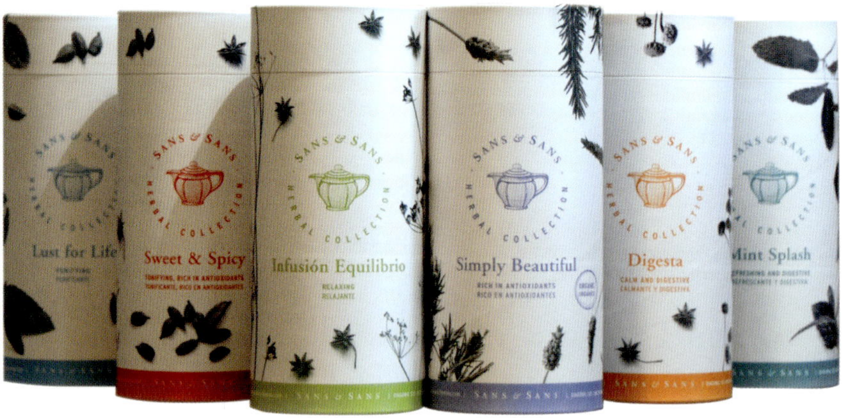

183/

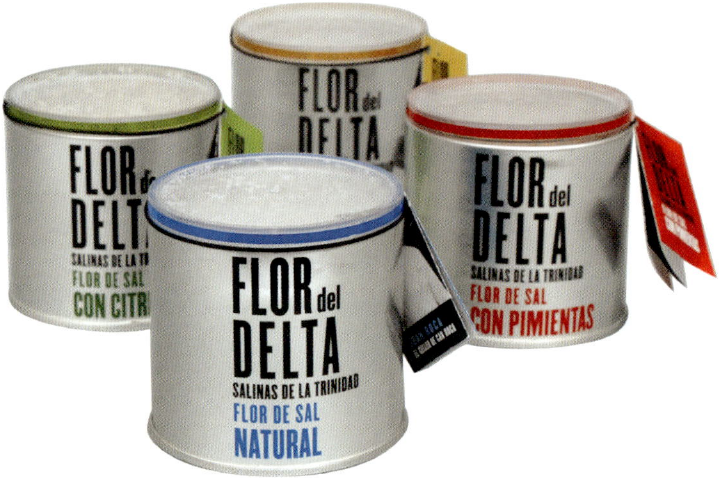

182/
Sonsoles Llorens

183/
Sonsoles Llorens

184/

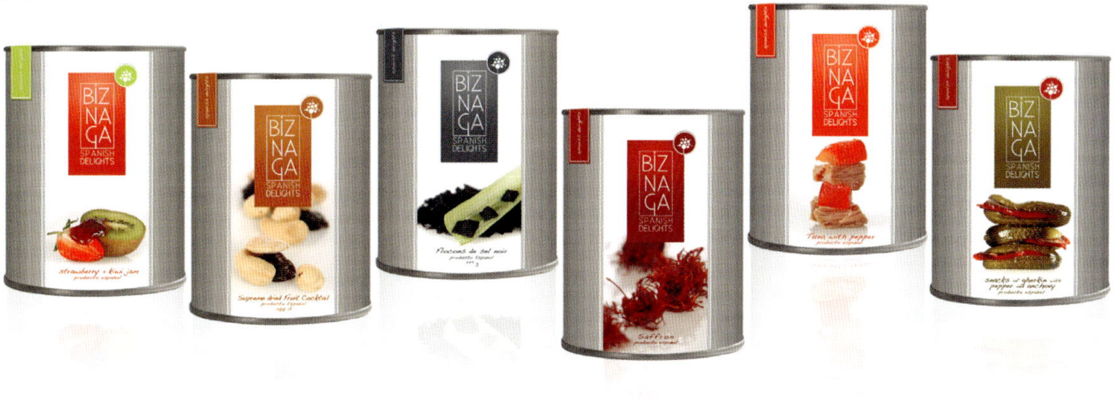

184/
Lebranders, S.L.

185/

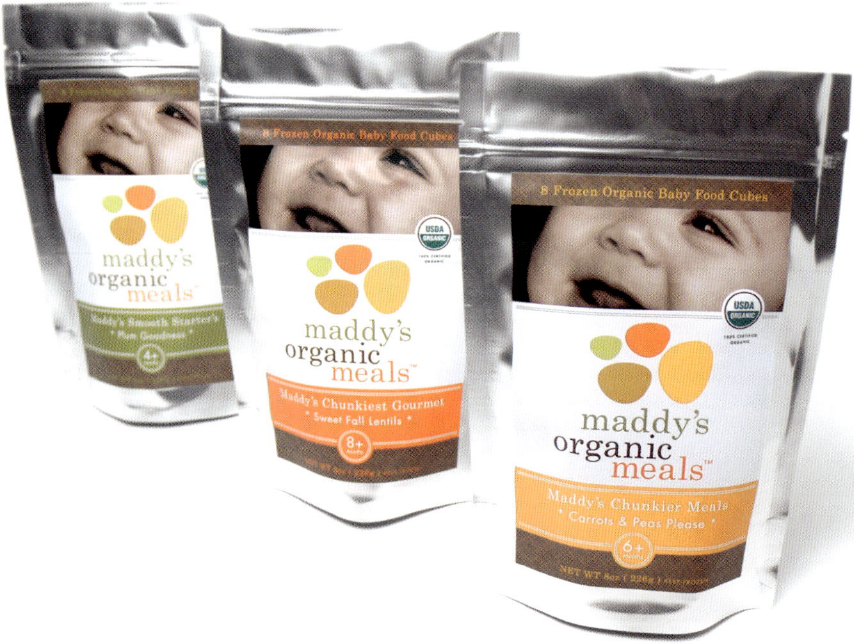

185/
Funnel : The Fine
Commercial Art
Practice of Eric Kass

186/

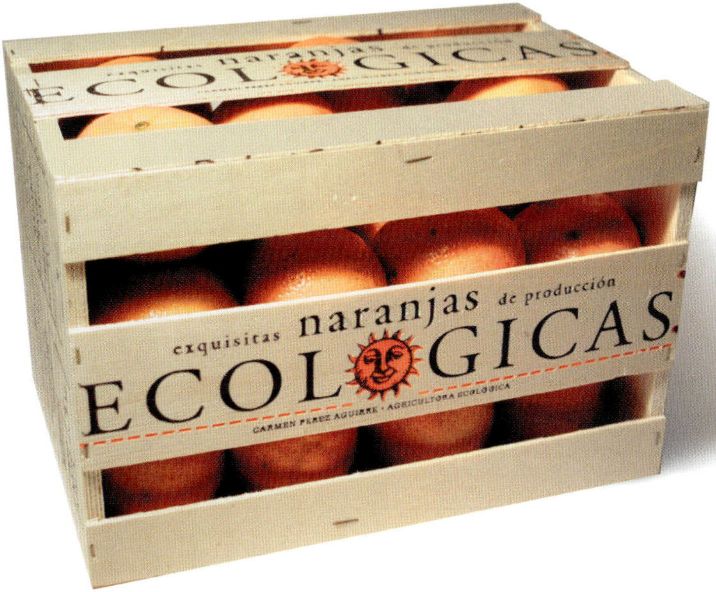

186/
ODM oficina de
diseño y marketing

187/

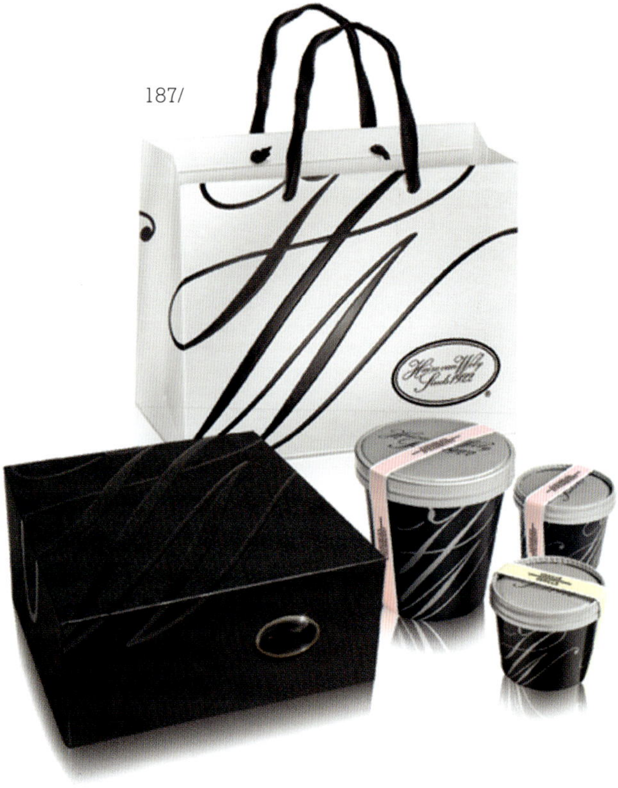

187/
SOGOOD

188/

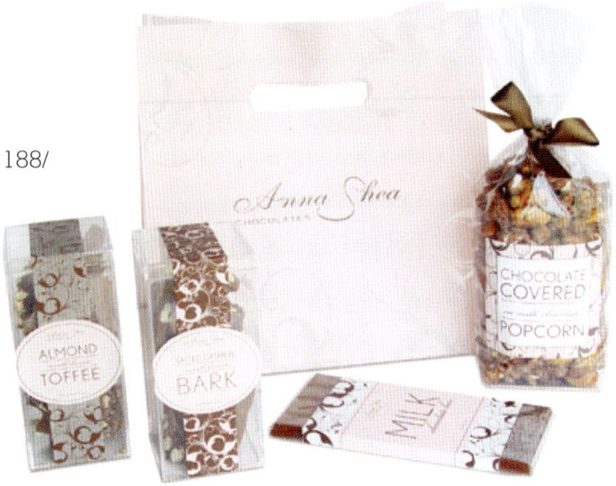

189/

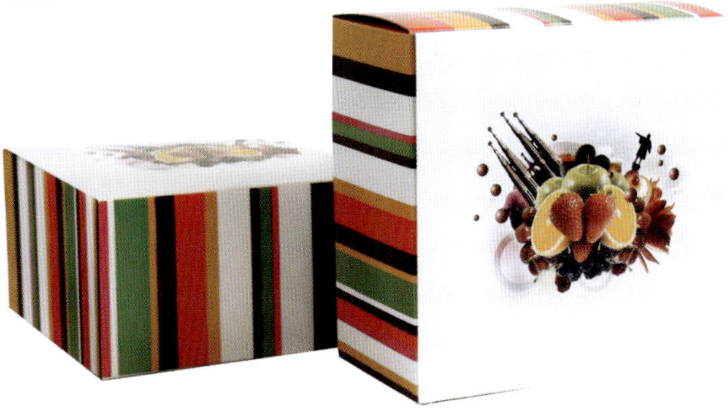

188/
Ten26 Design
Group, Inc.

189/
Orange bcn

190/

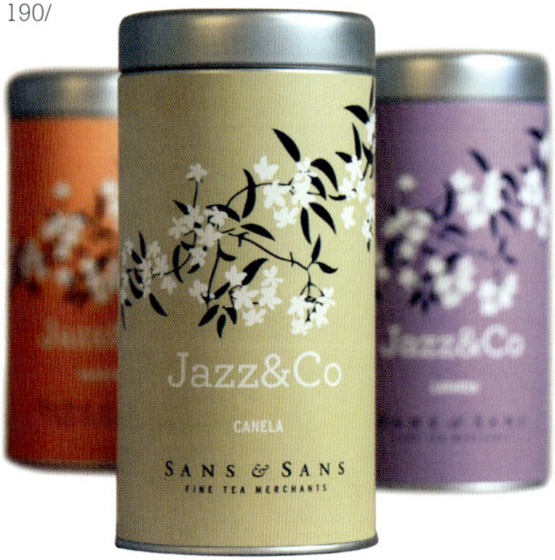

191/

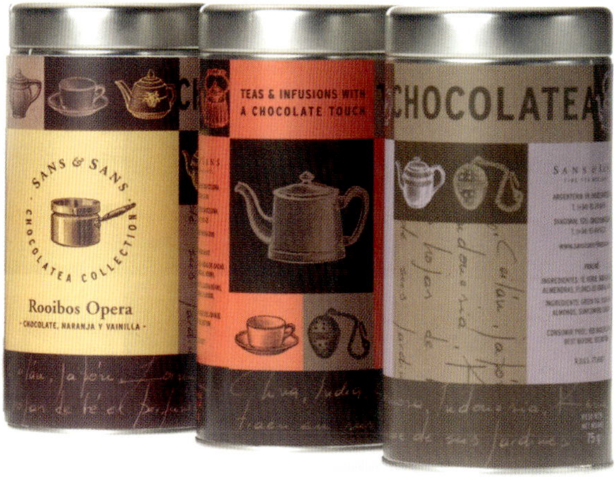

190/
Sonsoles Llorens

191/
Sonsoles Llorens

192/

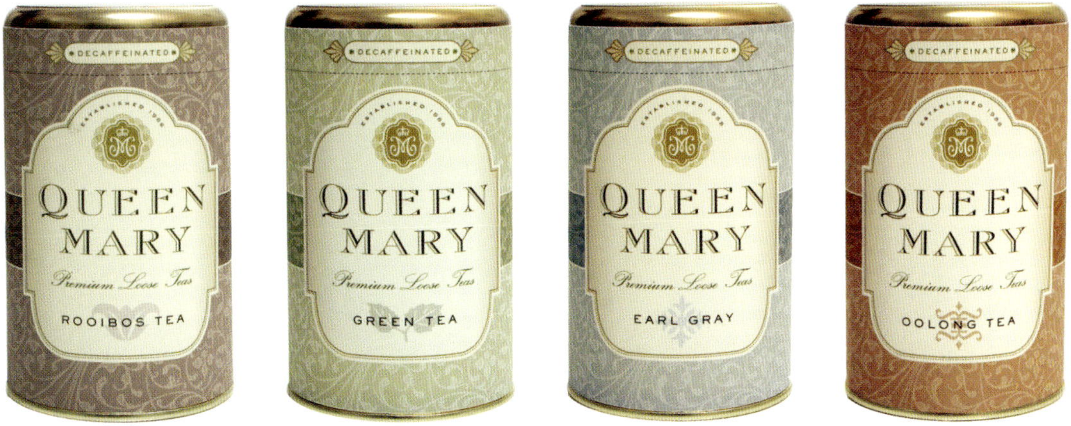

192/
Niedermeier
Design

193/

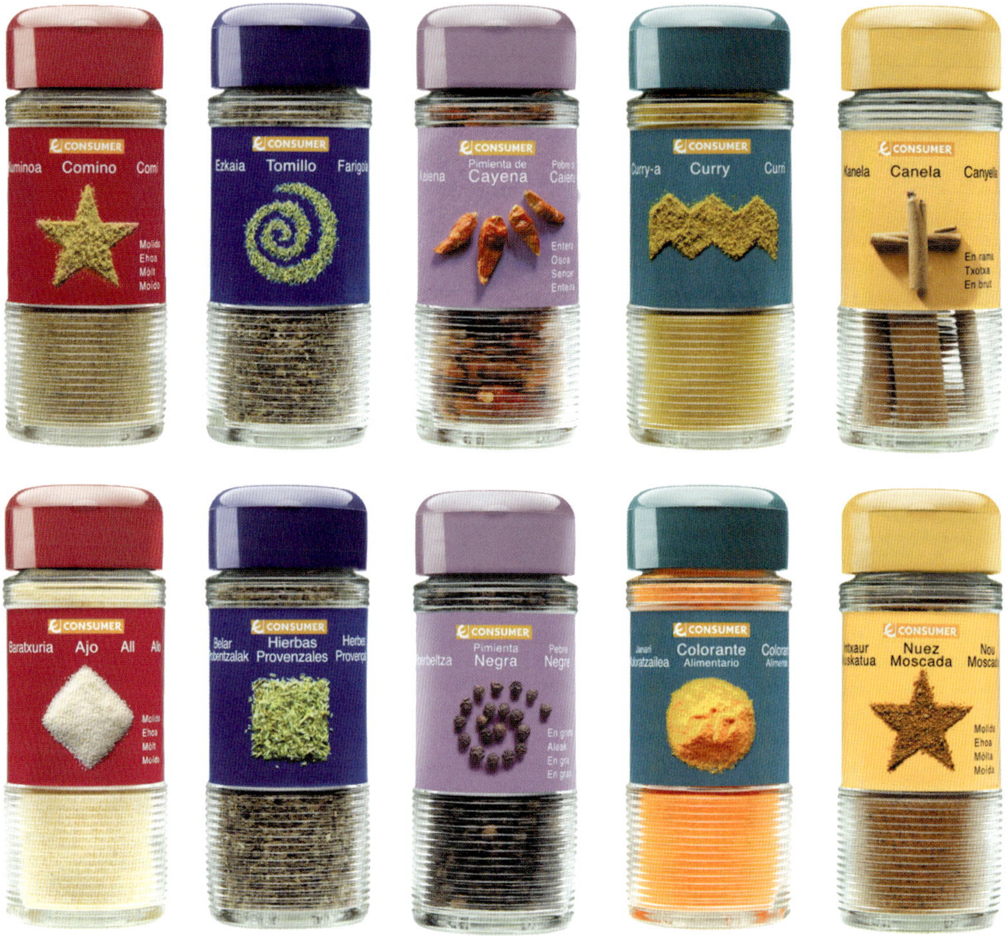

193/
Neil Cutler Design

194/

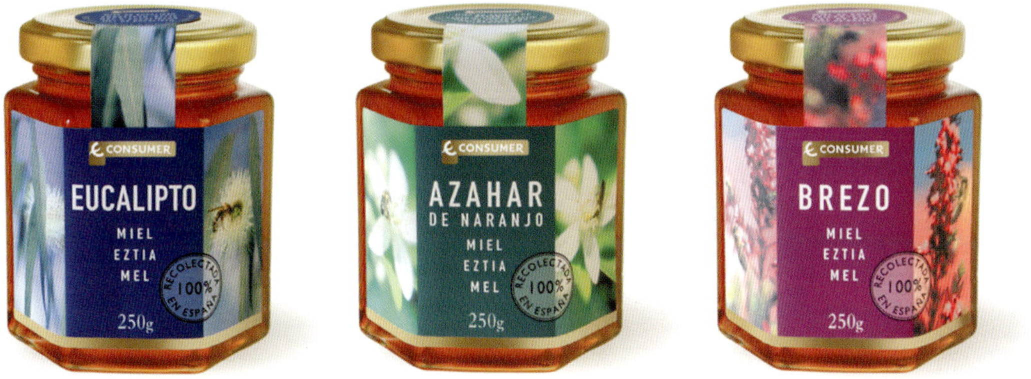

195/

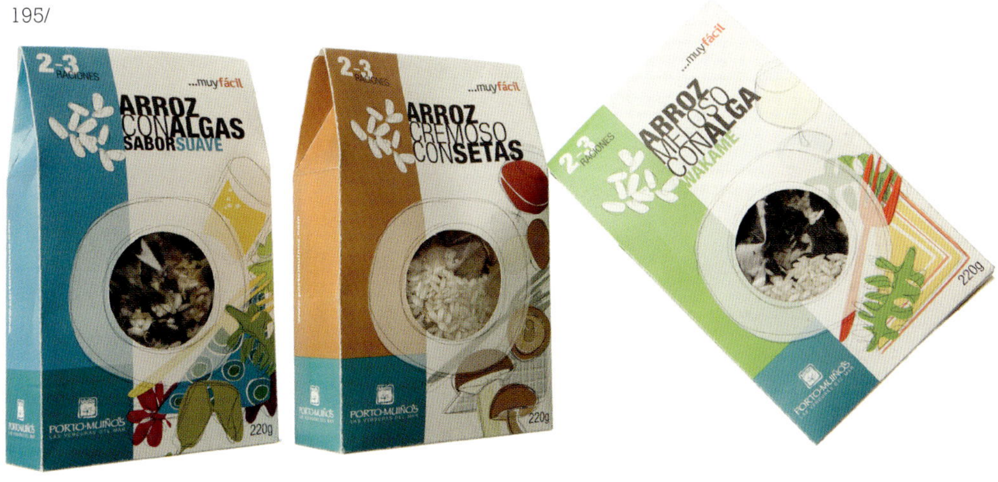

194/
Neil Cutler Design

195/
Sistema Diseño

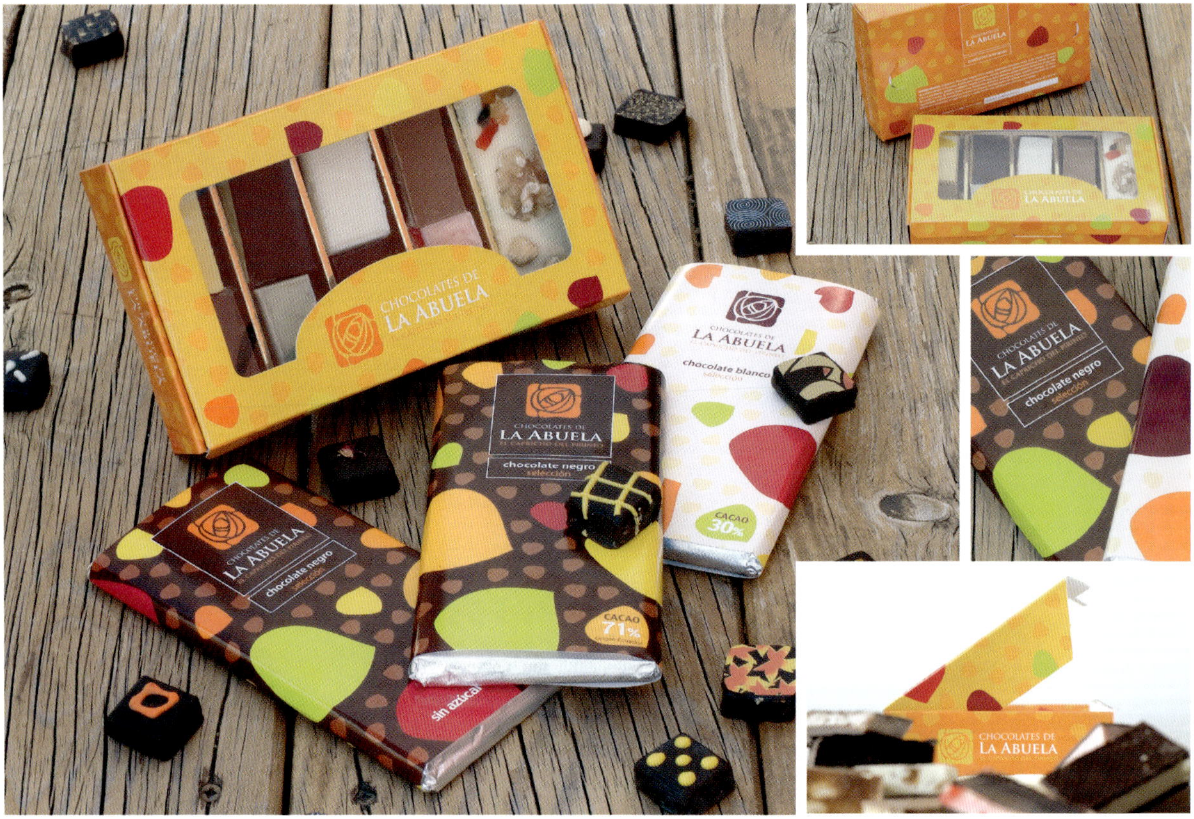

196/
NODOGRÁFICO.

197/

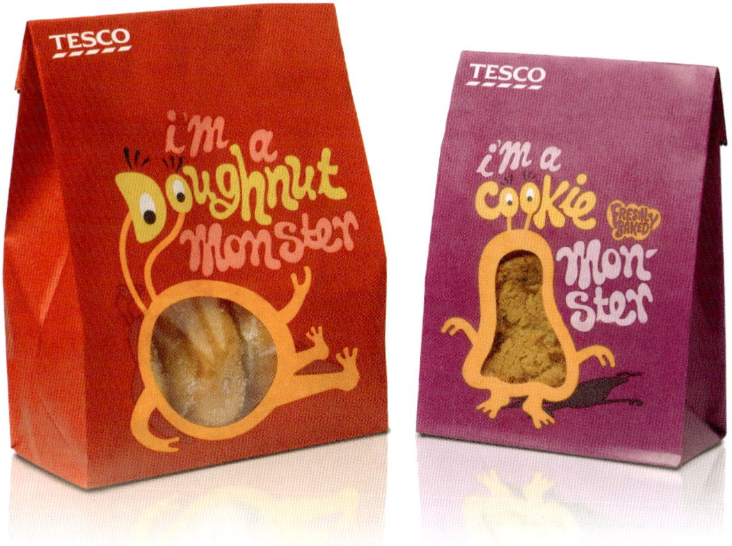

198/

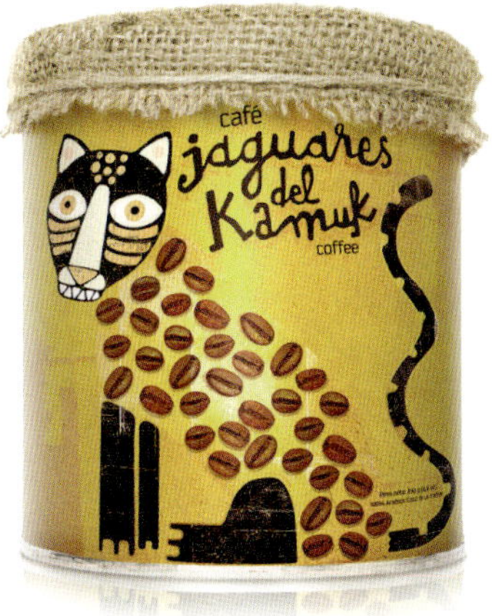

197/
Taxi Studio

198/
Pupila Studio

199/

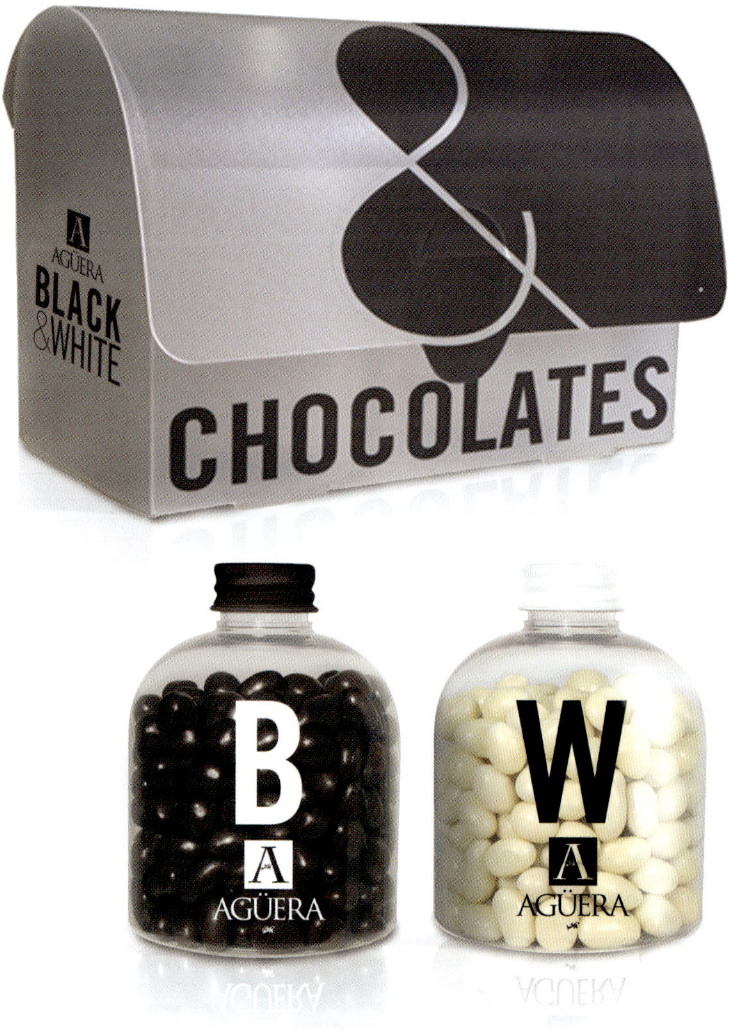

199/
VERTIGO GRAPHIX

200/

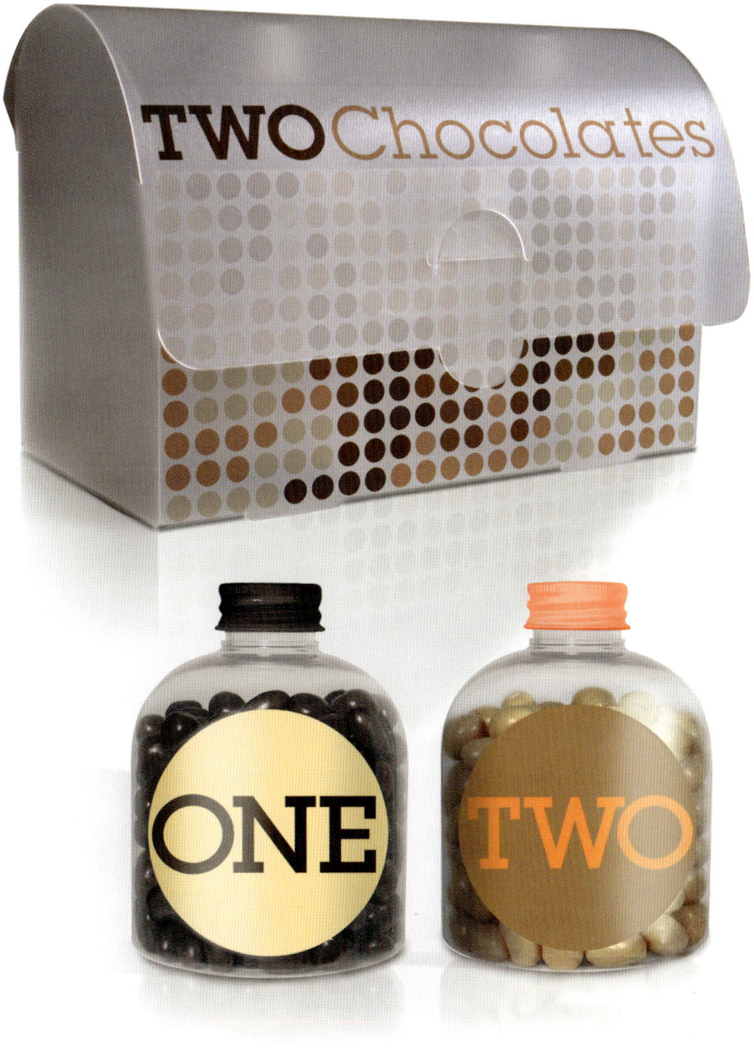

200/
VERTIGO GRAPHIX

201/

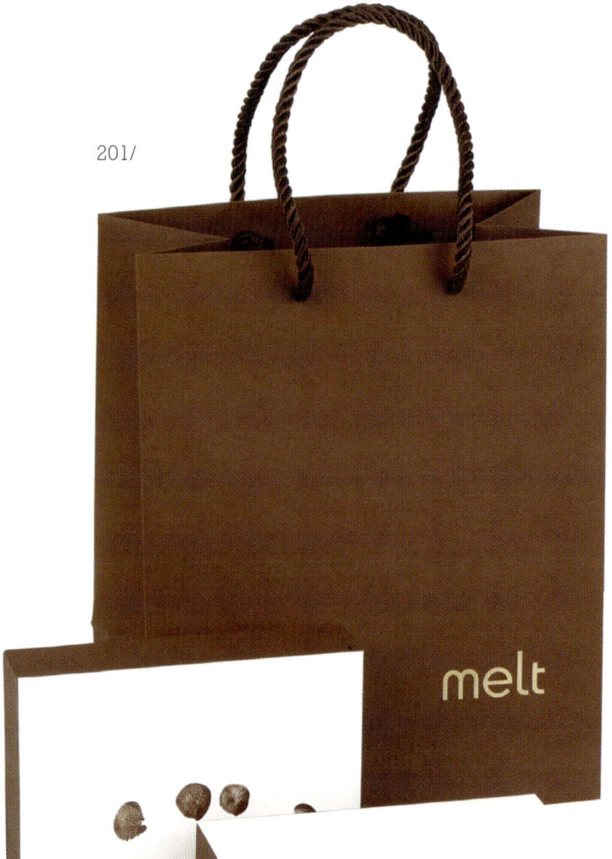

201/
JJAAKK: Jesse
Kirsch Design

202/

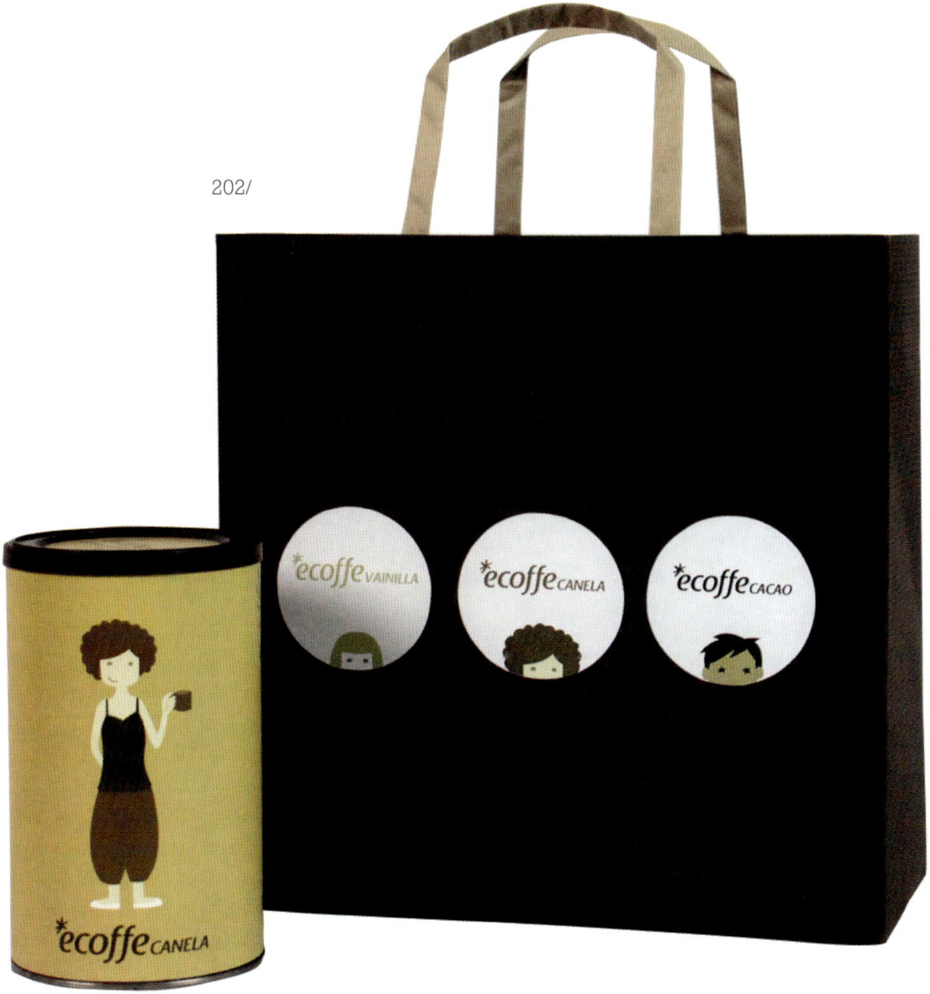

202/
Elisa Talens

203/

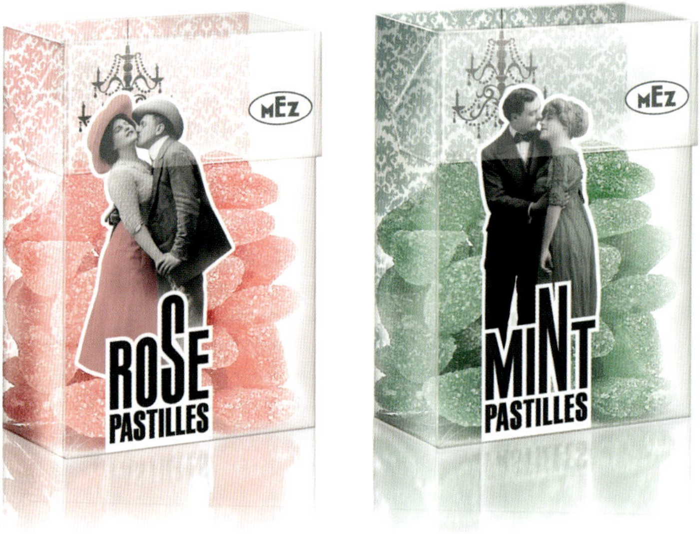

204/

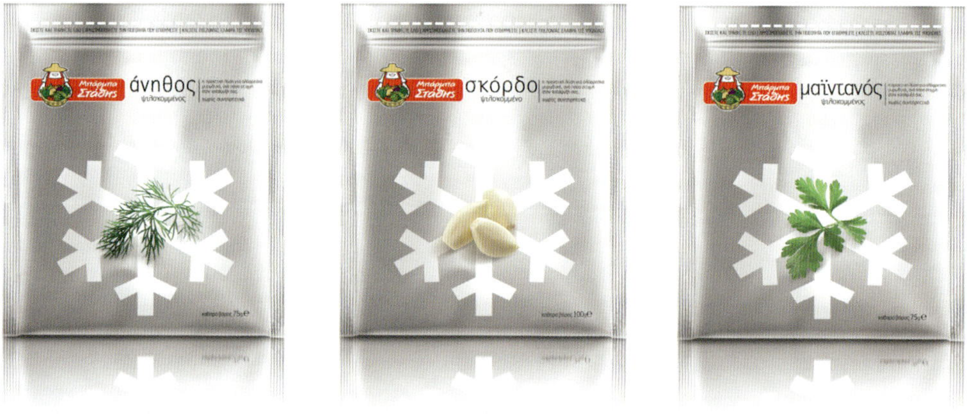

203/
MOUSE GRAPHICS

204/
MOUSE GRAPHICS

205/

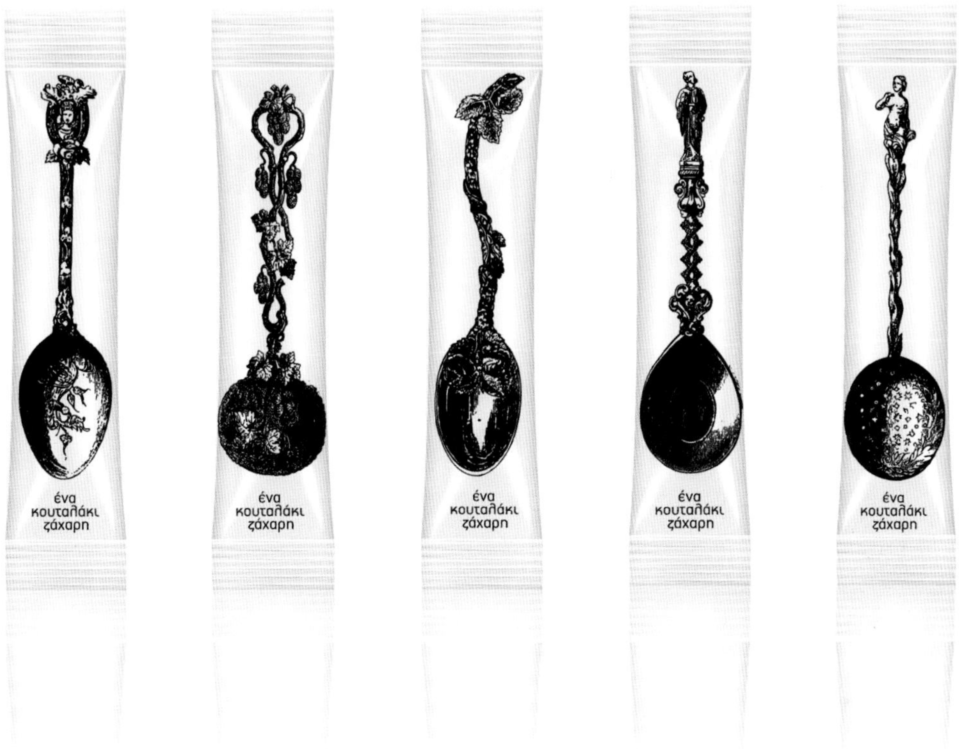

205/
MOUSE GRAPHICS

206/

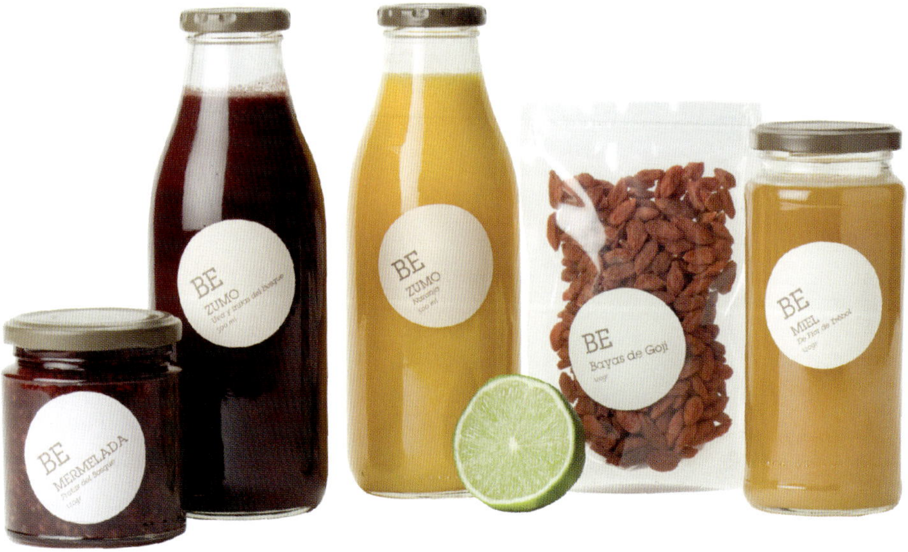

207/

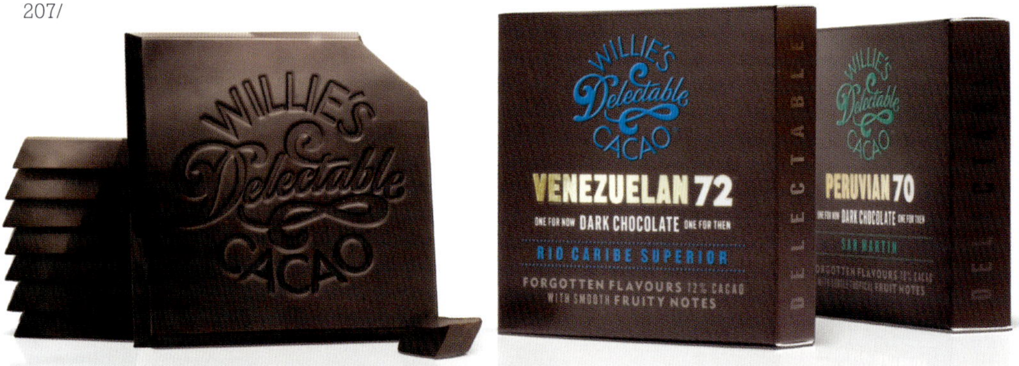

206/
PLAN B WORKS

207/
Taxi Studio

208/

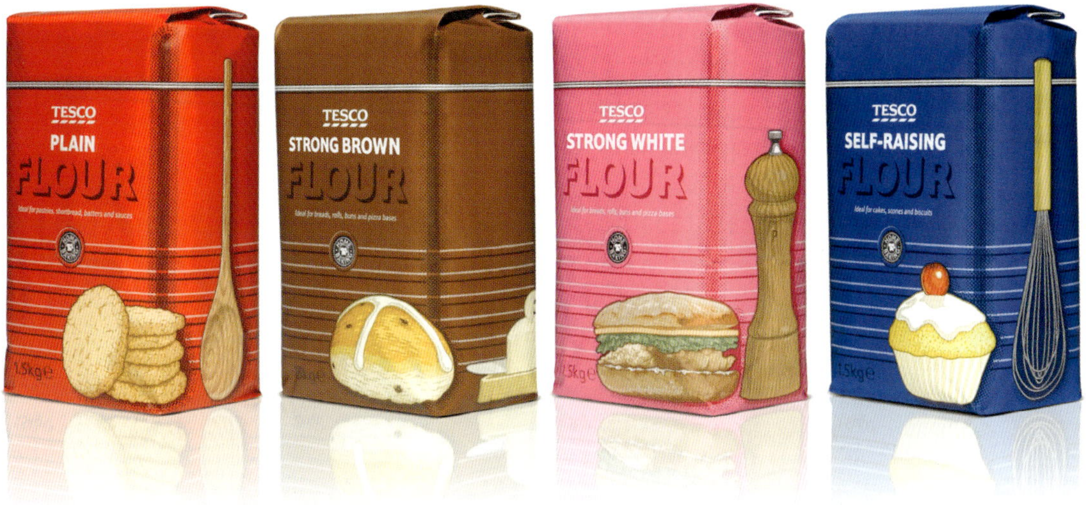

209/

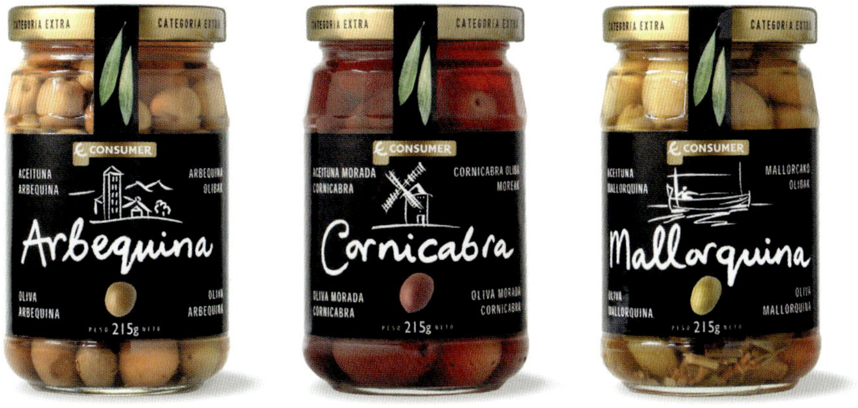

208/
Taxi Studio

209/
Neil Cutler Design

210/

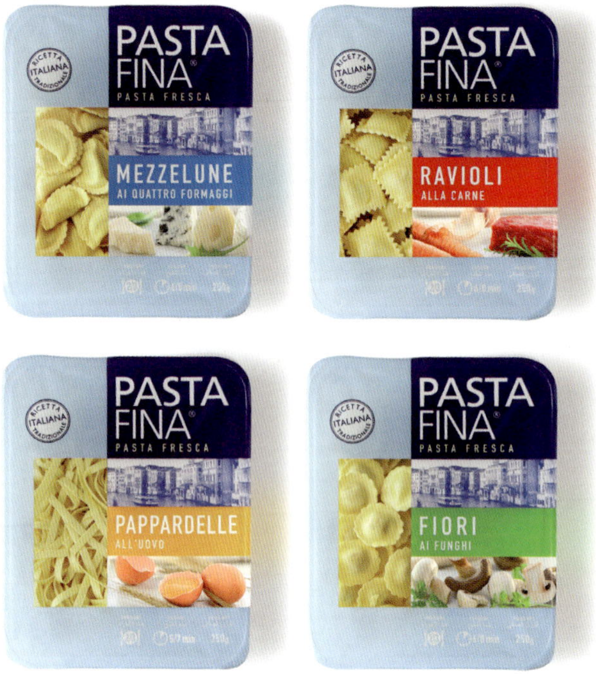

211/

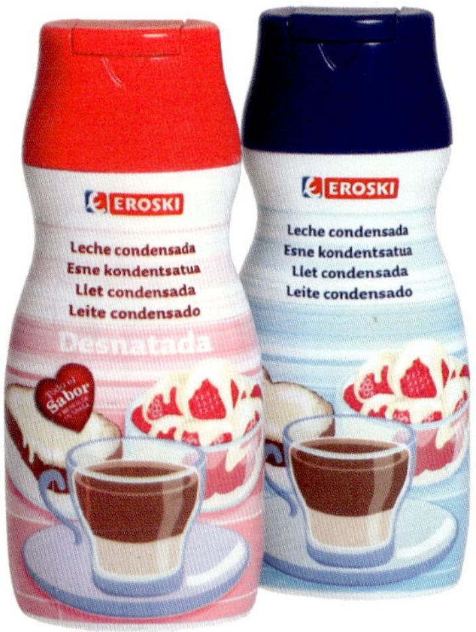

210/
Neil Cutler Design

211/
La machine

212/

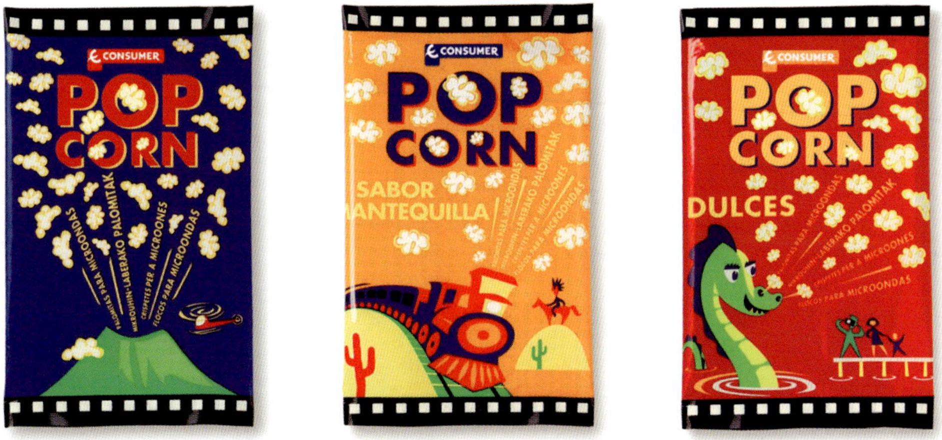

213/

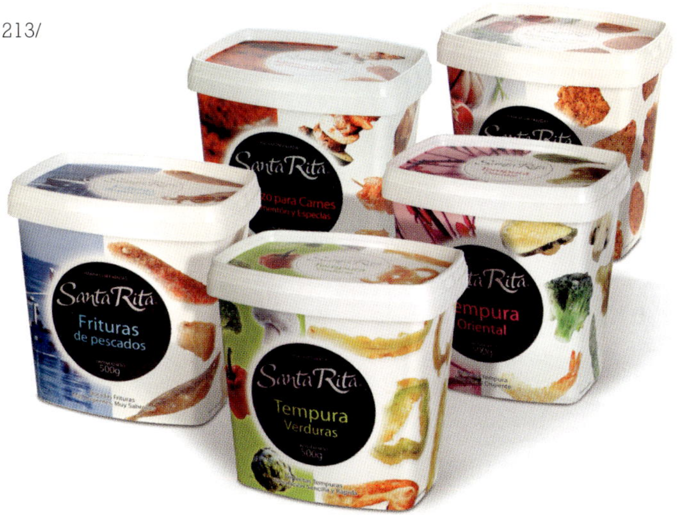

212/
Neil Cutler Design

213/
LA CIA. DE
BRANDING &
PACKAGING

214/

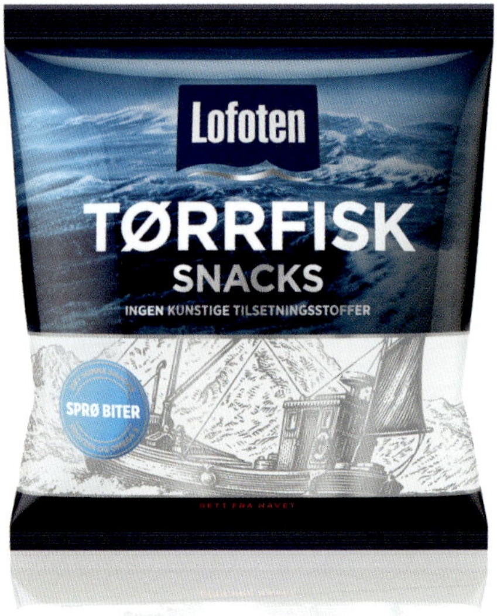

215/

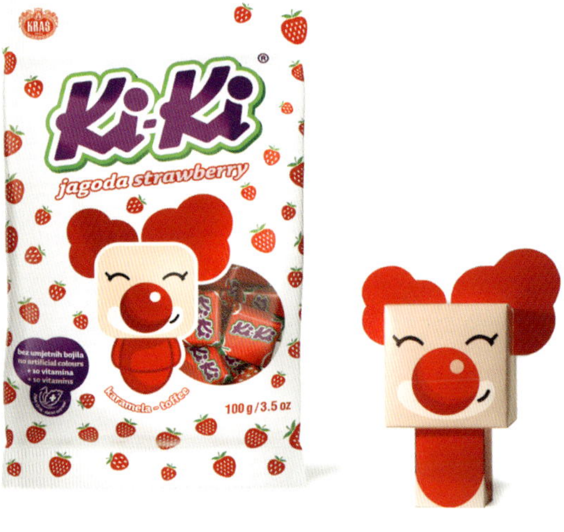

214/
Strømme
Throndsen Design

215/
Bruketa & Zinic
OM

216/

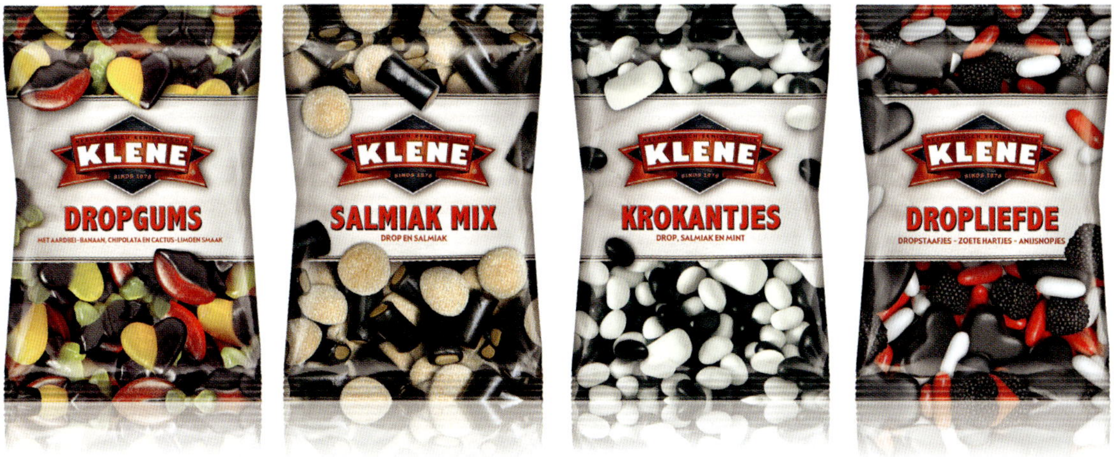

216/
SOGOOD

217/

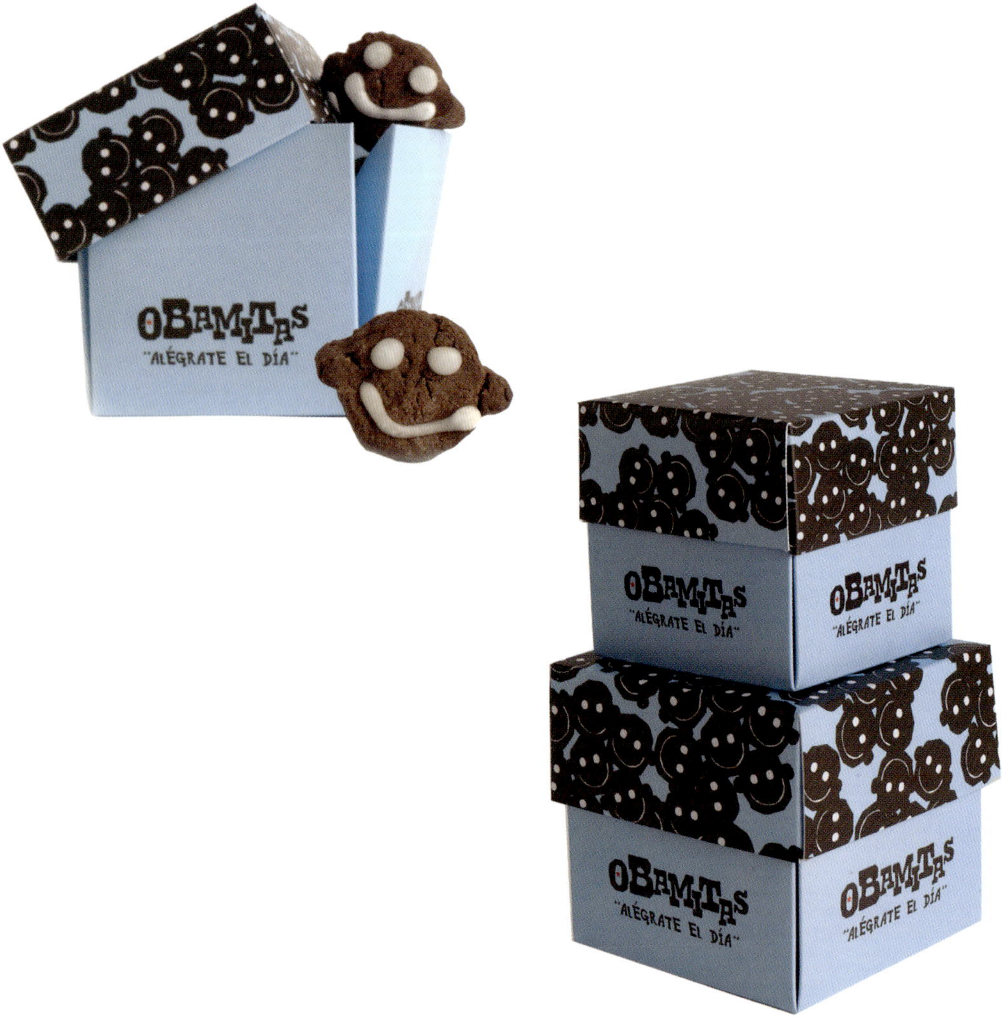

217/
Neosbrand

218/

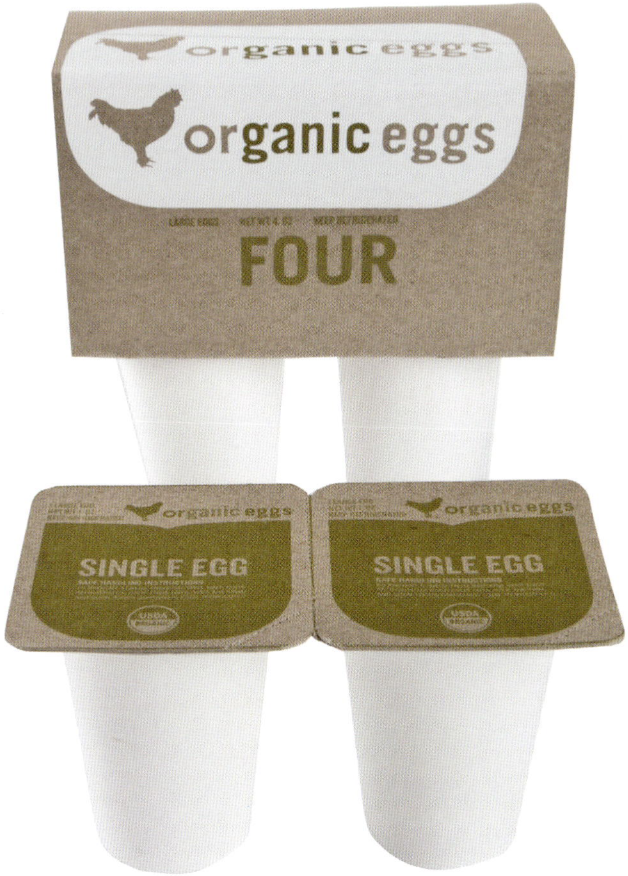

218/
Lindsey Faye
Designs

219/

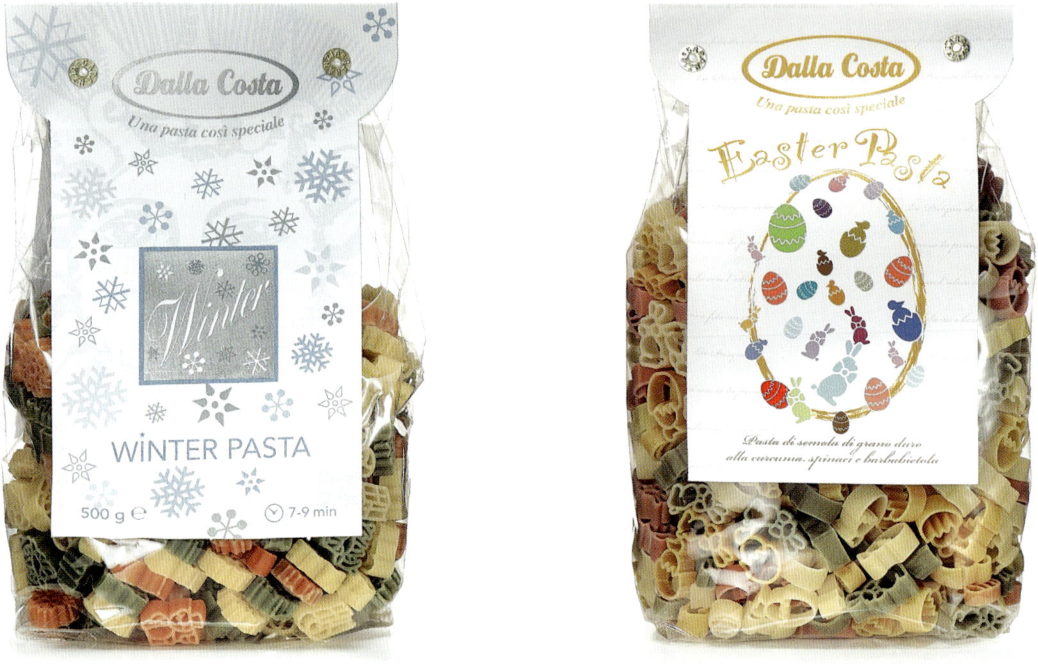

219/
FK Design srl

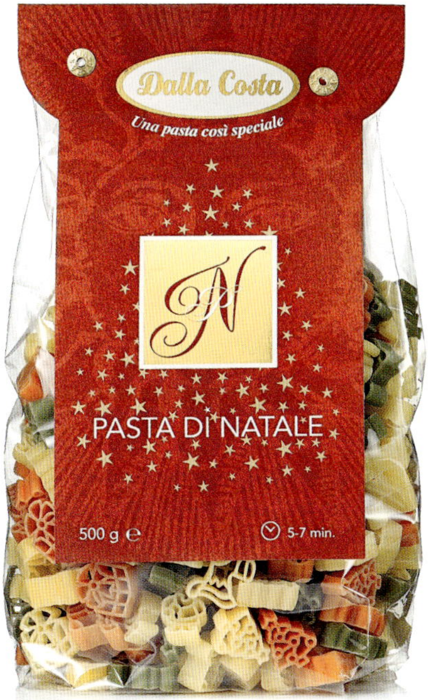
Dalla Costa
Una pasta così speciale
PASTA DI NATALE
500 g ℮
5-7 min.

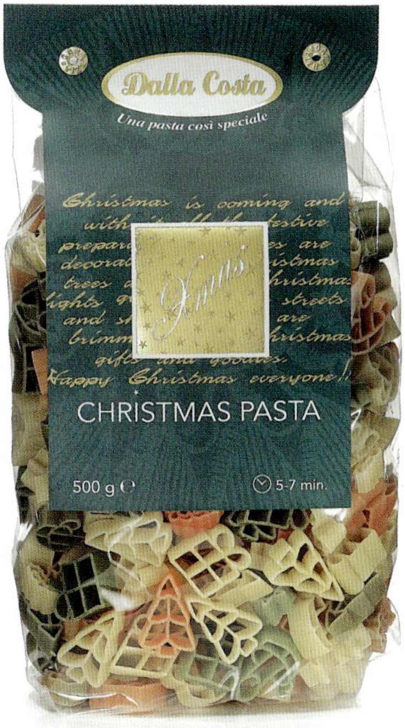
Dalla Costa
Una pasta così speciale
Happy Christmas everyone!!
CHRISTMAS PASTA
500 g ℮
5-7 min.

220/

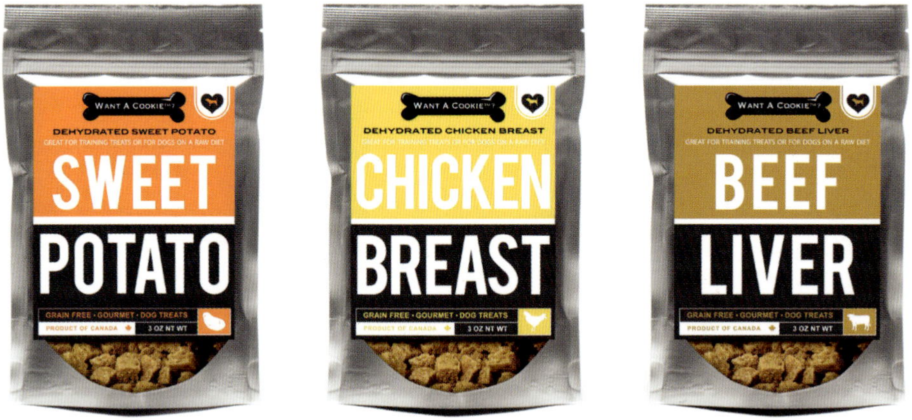

221/

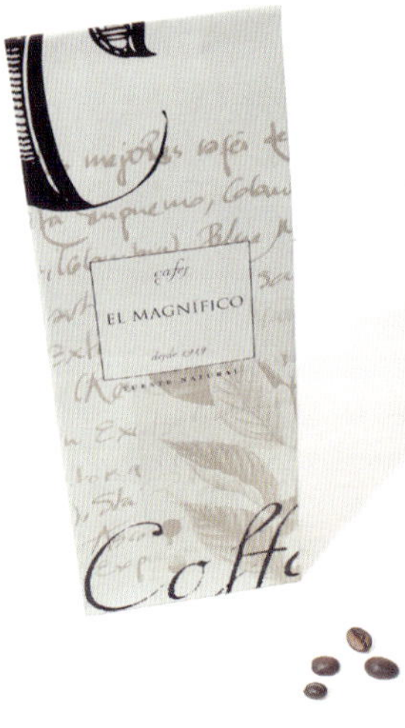

222/

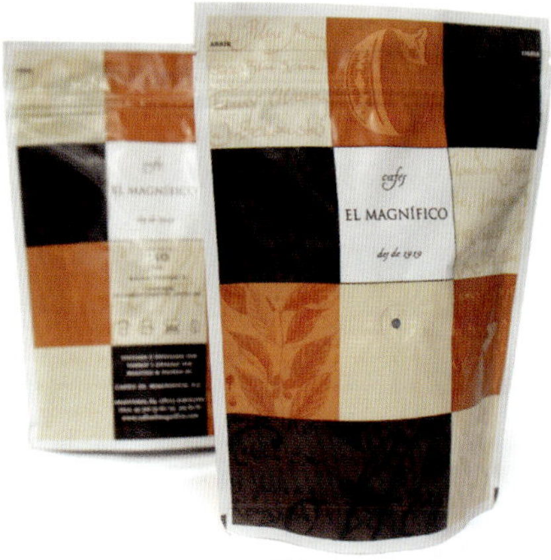

220/
Lindsey Faye Designs

221/
Sonsoles Llorens

222/
Sonsoles Llorens

223/

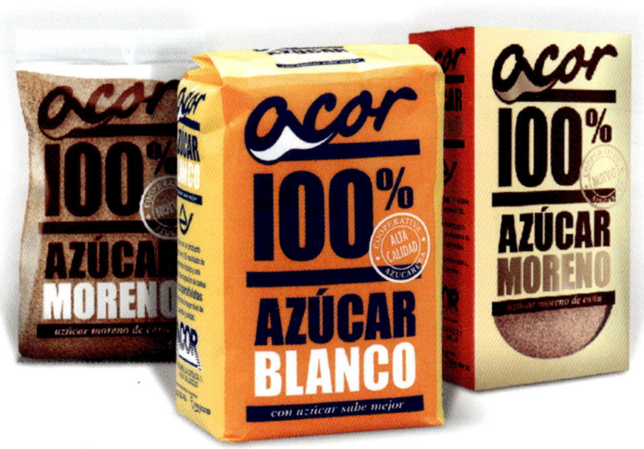

224/

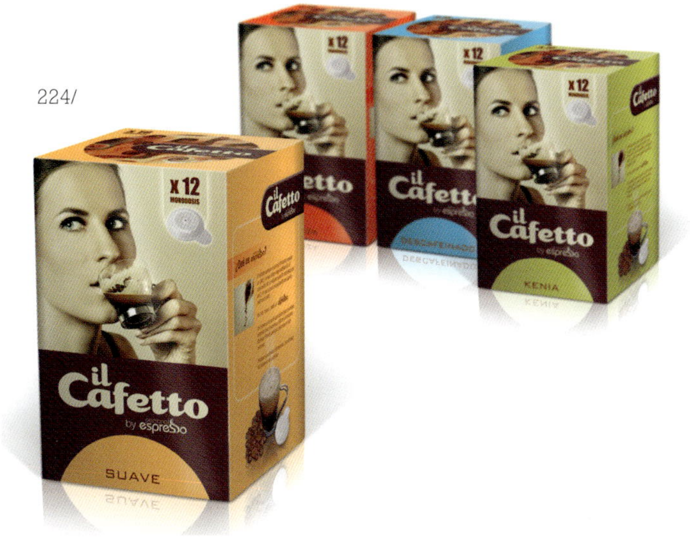

223/
LA CIA. DE
BRANDING &
PACKAGING

224/
LA CIA. DE
BRANDING &
PACKAGING

225/

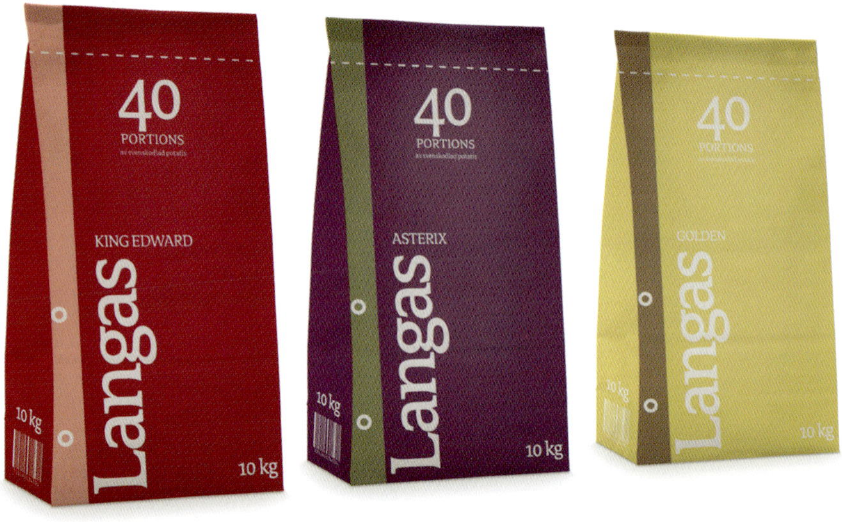

225/
Colm Keller

226/

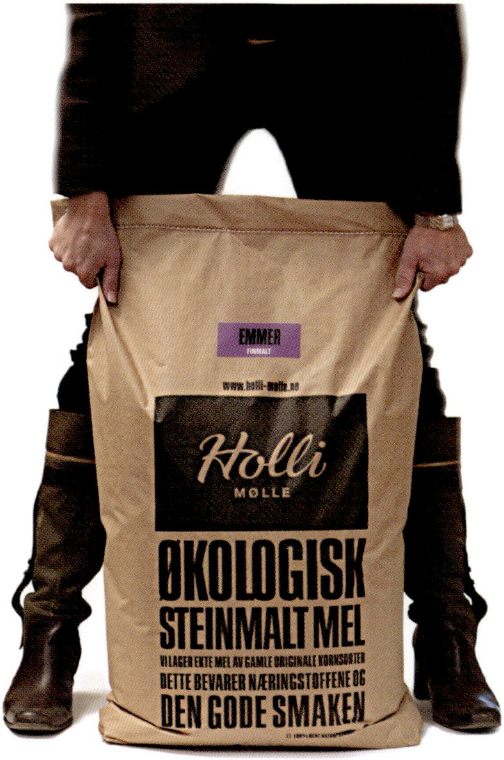

226/
Strømme
Throndsen Design

227/

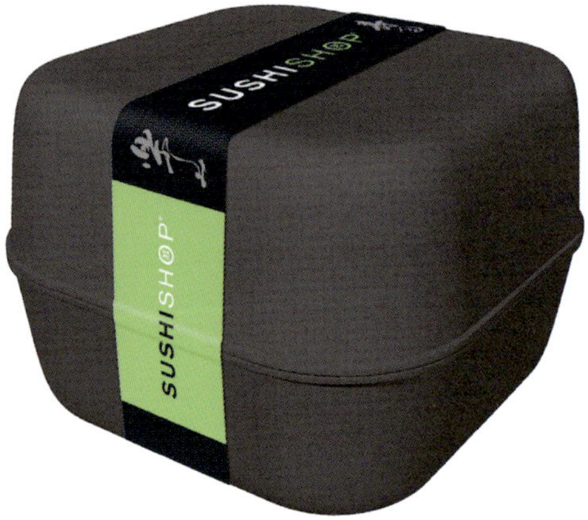

228/

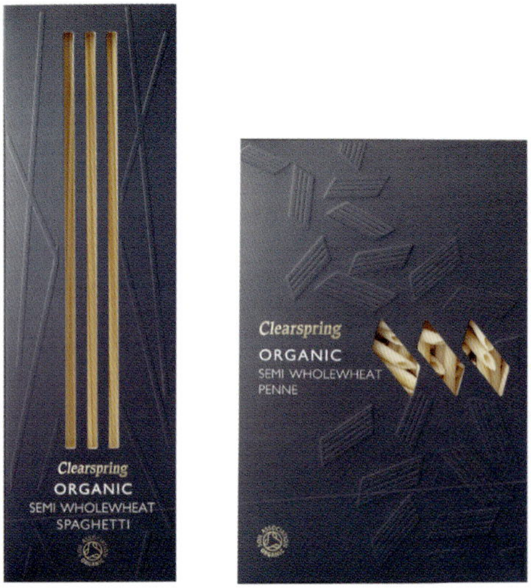

227/
Binomi

228/
Mayday

229/

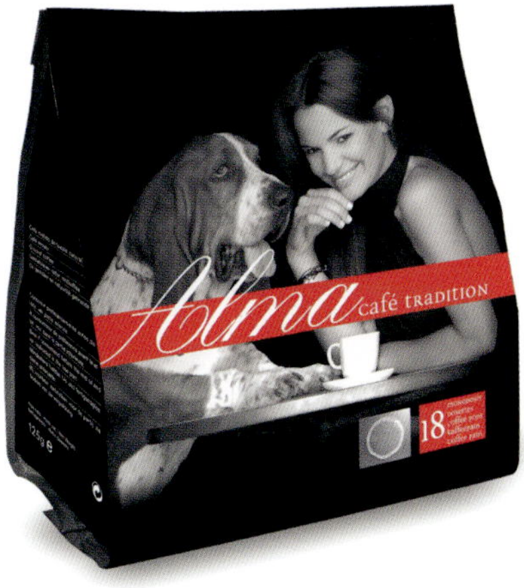

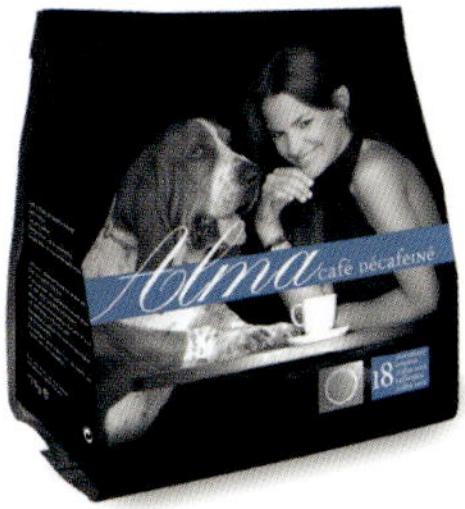

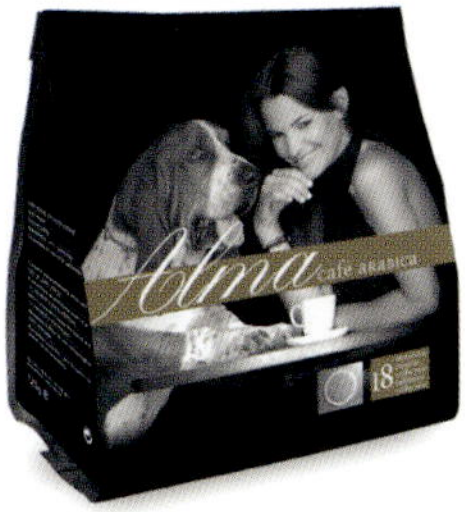

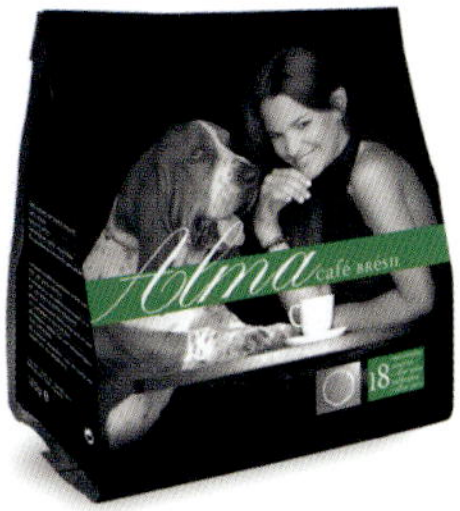

229/
Artima˜a

230/

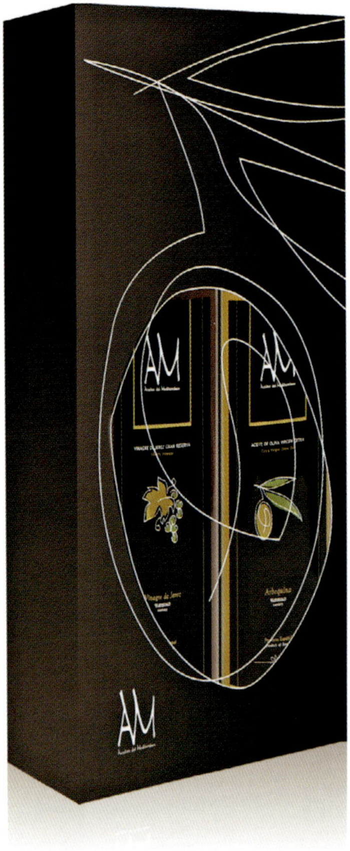

230/
Lebranders, S.L.

231/

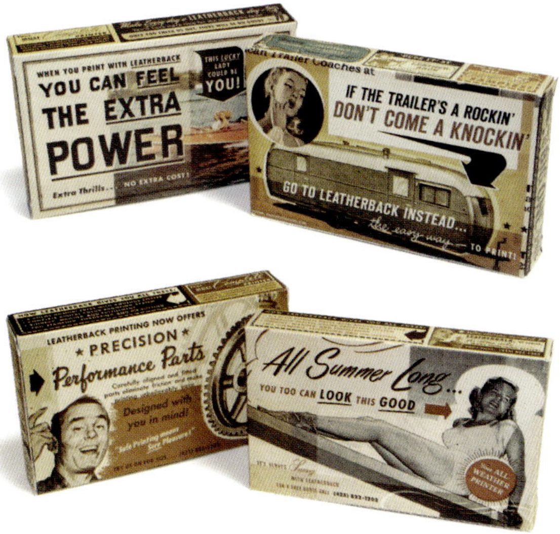

232/

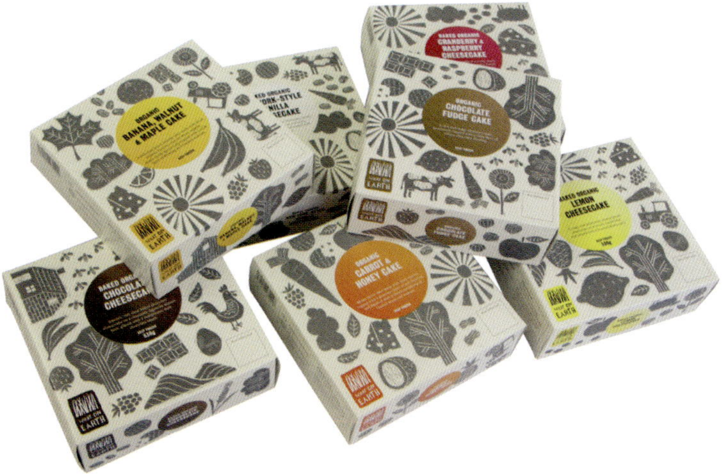

231/
Niedermeier
Design

232/
Mind Design

233/

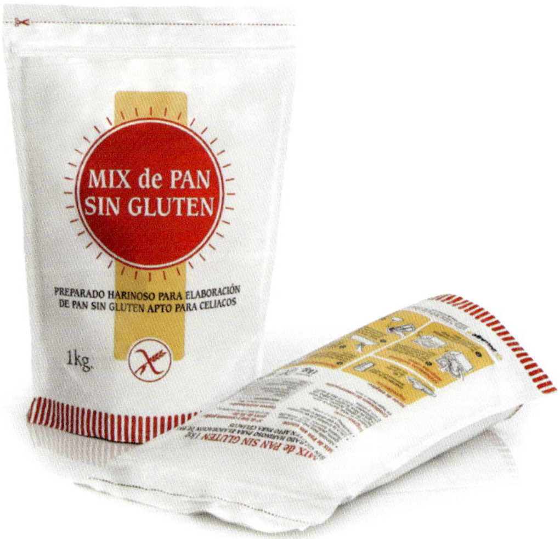

234/

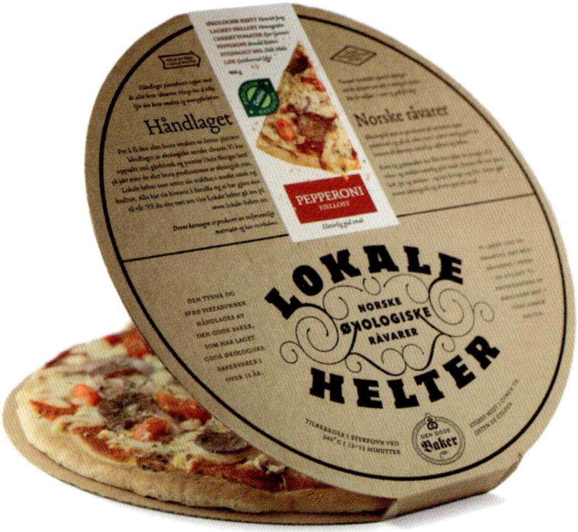

235/

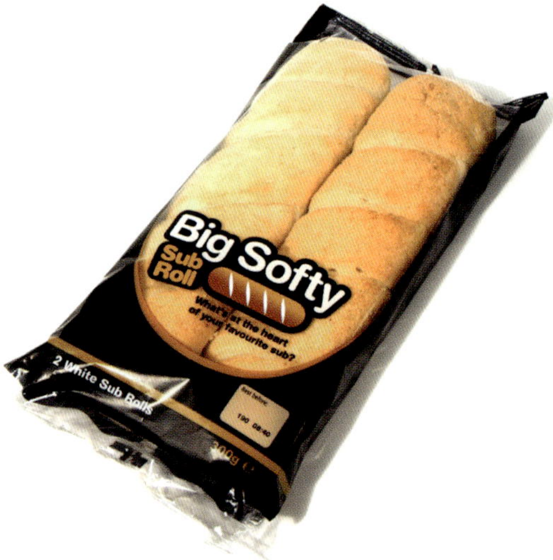

233/
Santi Sallés

234/
Strømme
Throndsen Design

235/
Richard Baird Ltd

236/

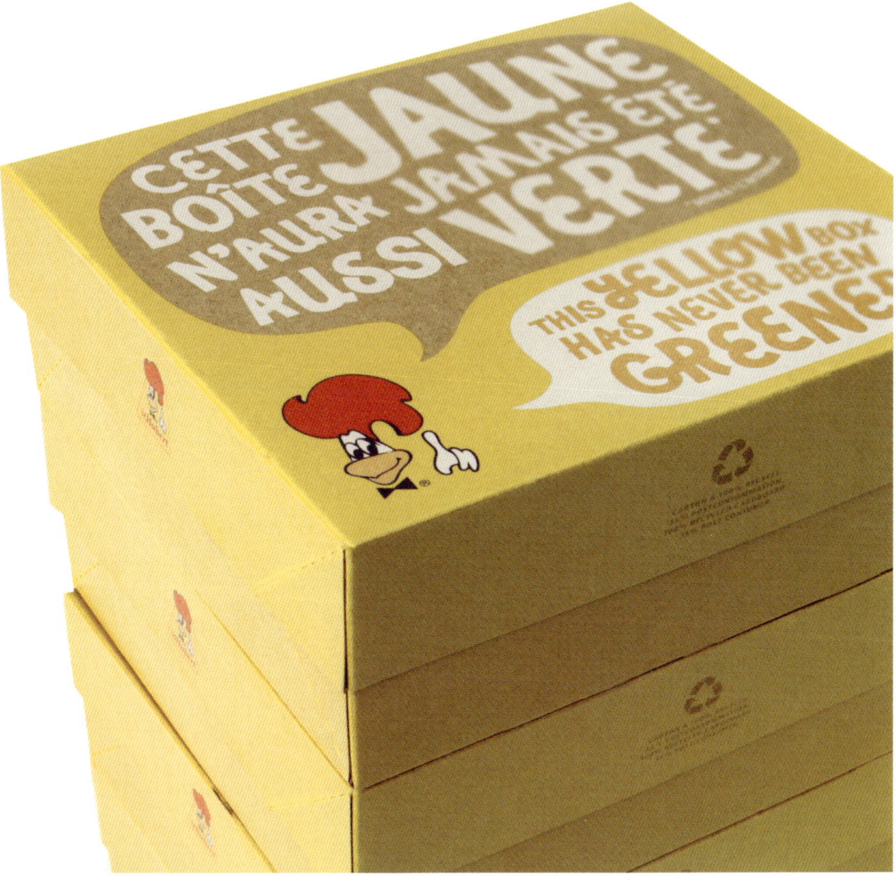

236/
lg2boutique

237/

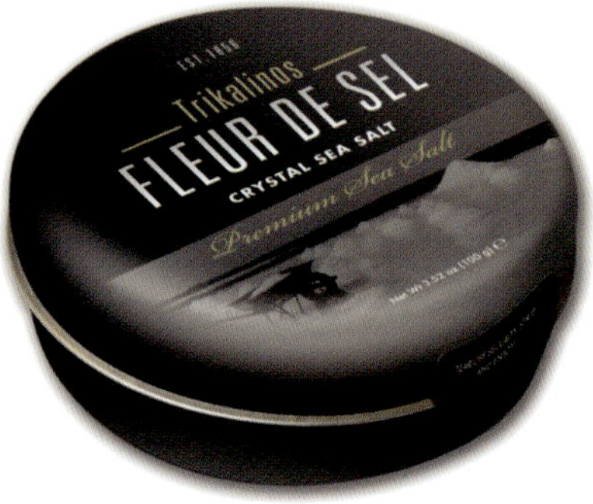

238/

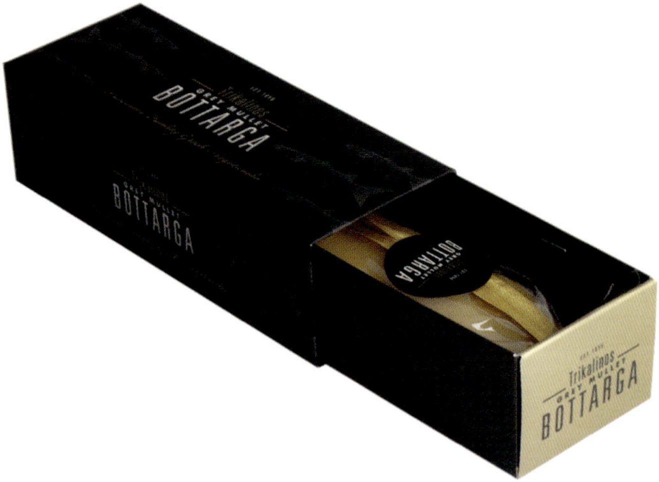

237/
OFFICE
COMMUNICATION
CONSULTANTS

238/
OFFICE
COMMUNICATION
CONSULTANTS

239/

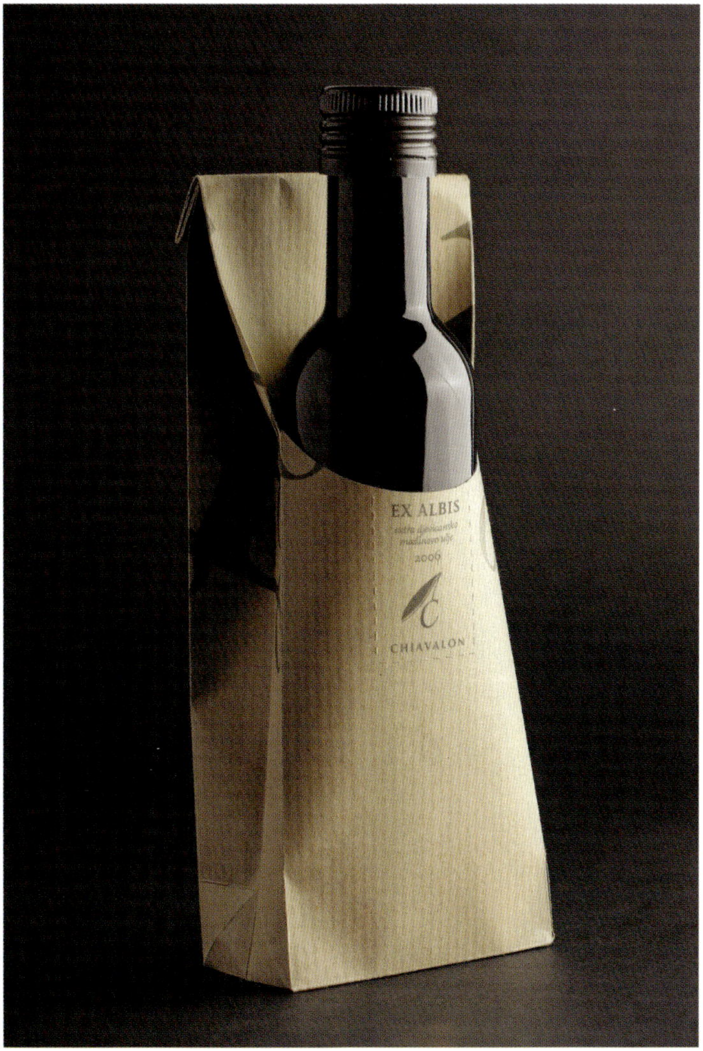

239/
Bruketa & Zinic
OM

240/

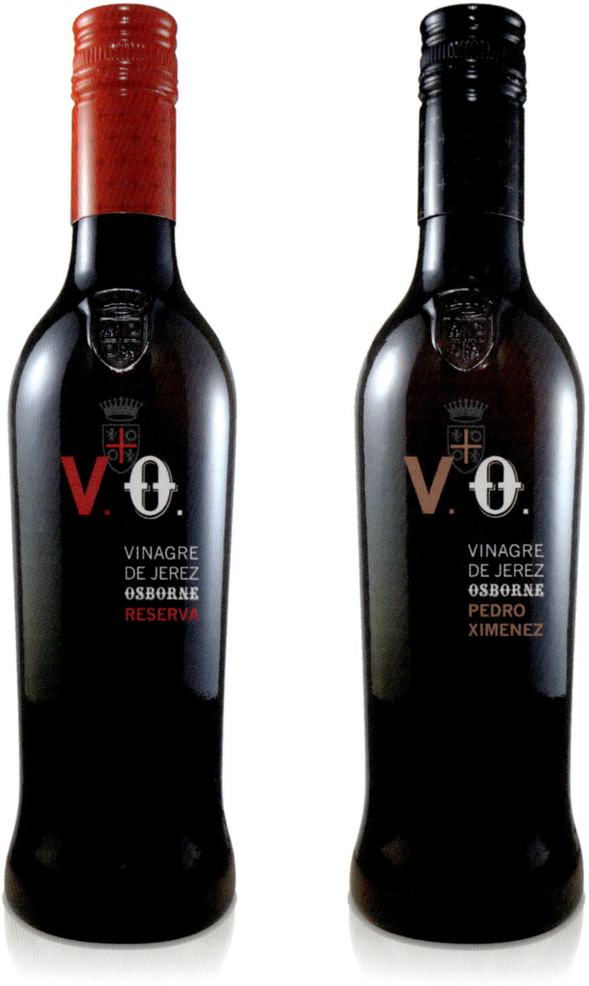

240/
ODM oficina de
diseño y marketing

241/

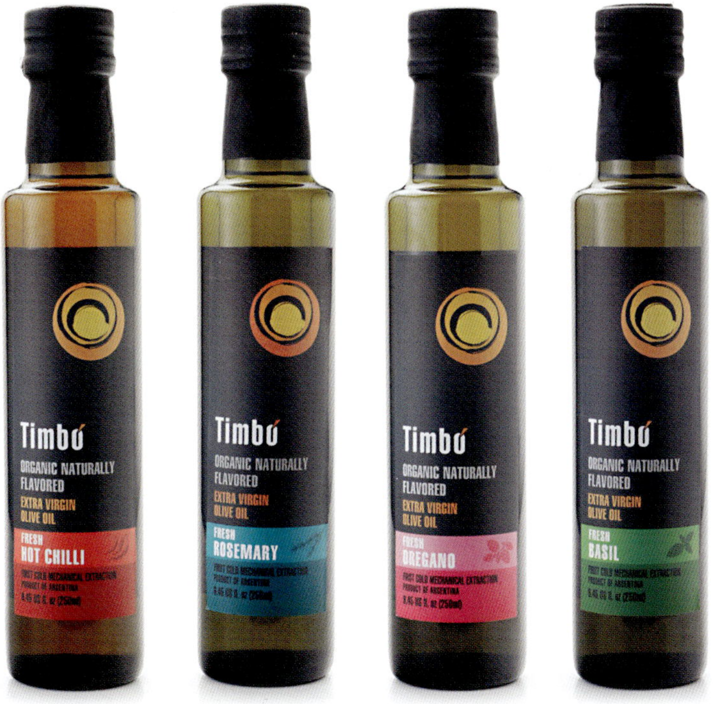

241/
sure brandesign

242/

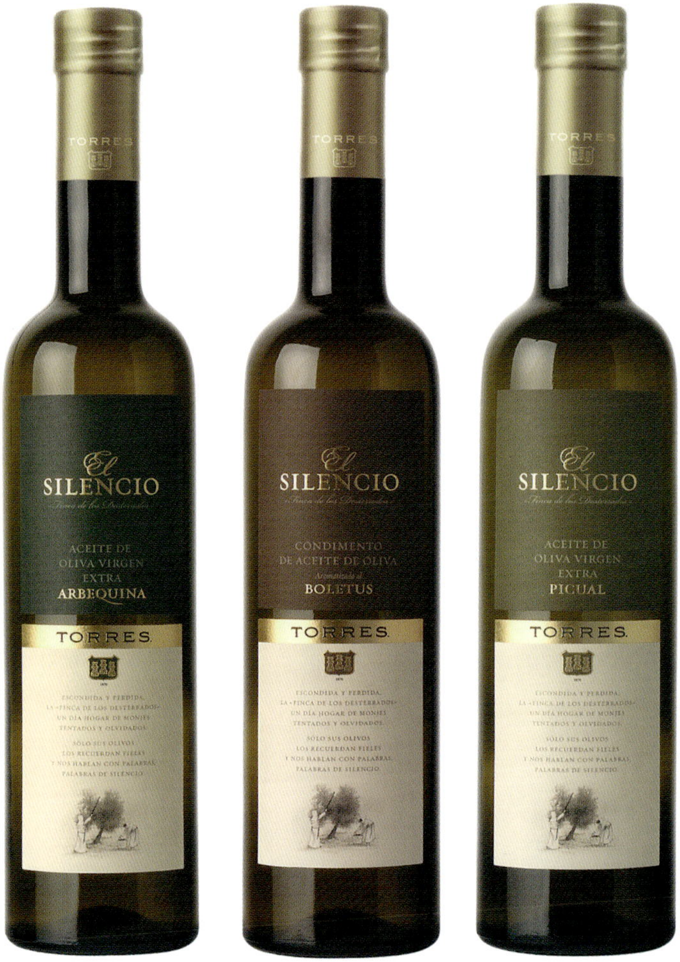

242/
extra!

243/

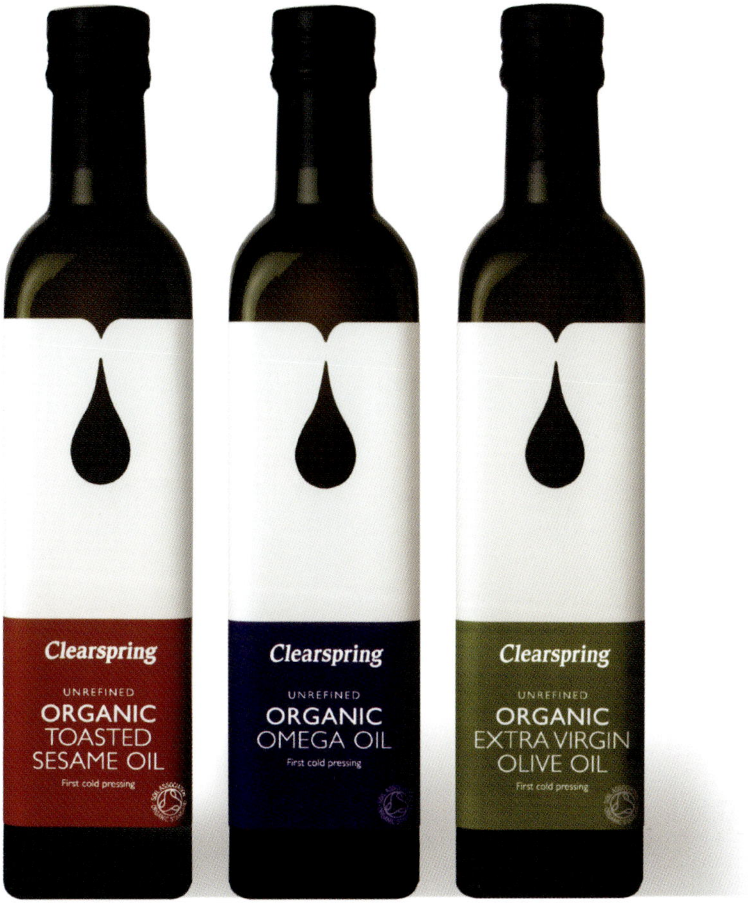

243/
Mayday

244/

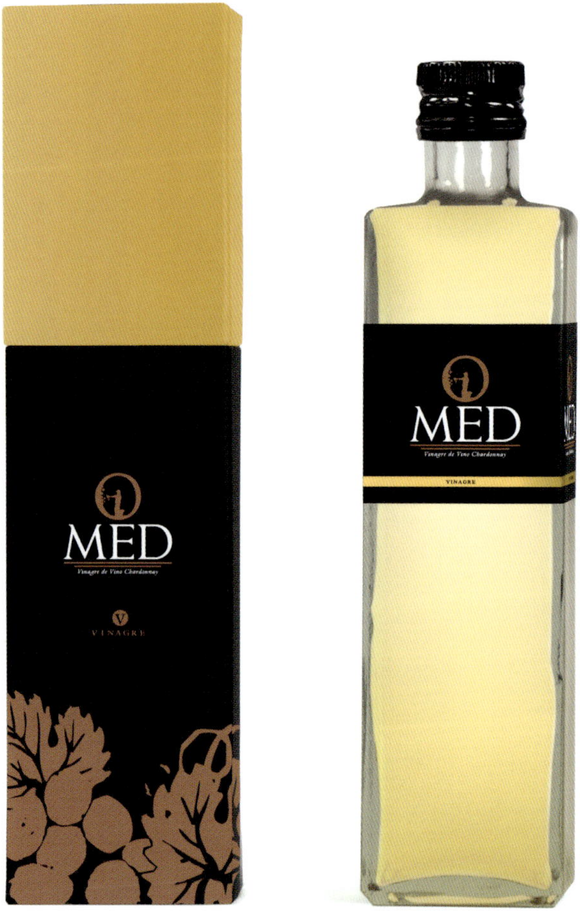

244/
Lebranders, S.L.

245/

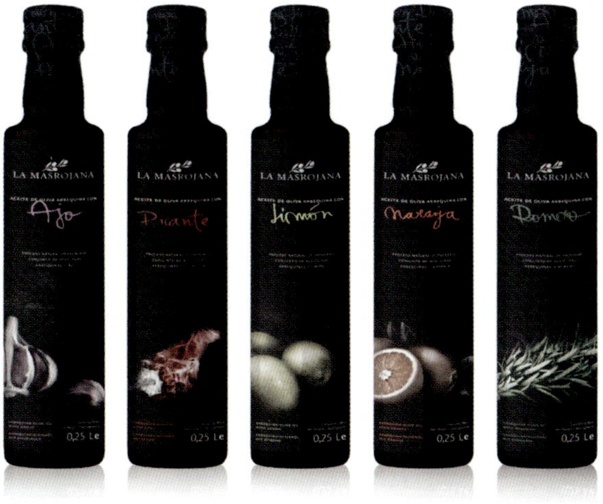

246/

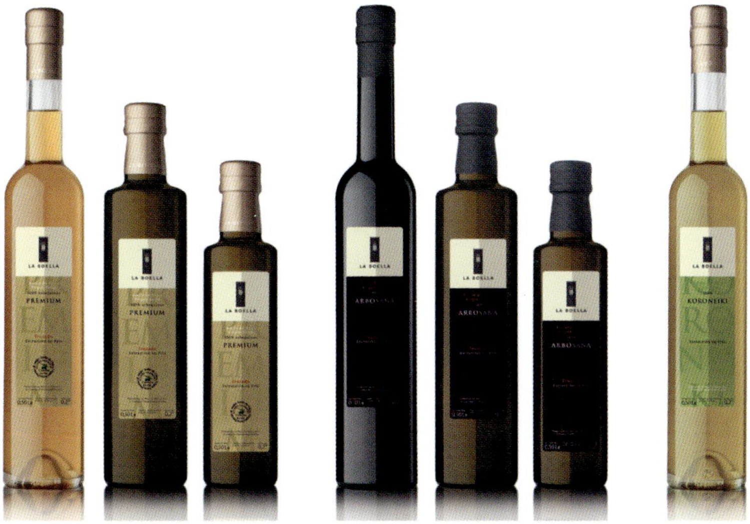

245/
ATIPUS, S.L.

246/
ATIPUS, S.L

247/

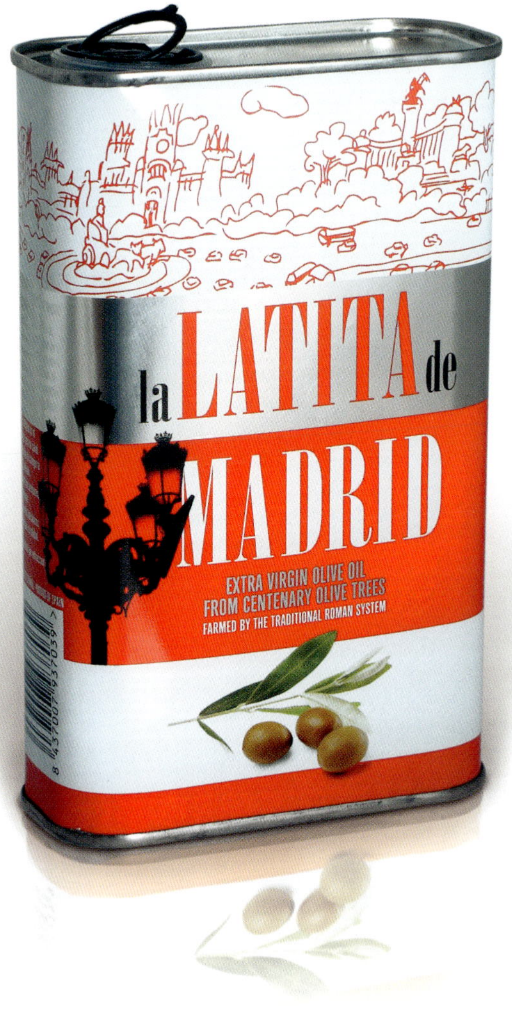

247/
LA CIA. DE
BRANDING &
PACKAGING

248/

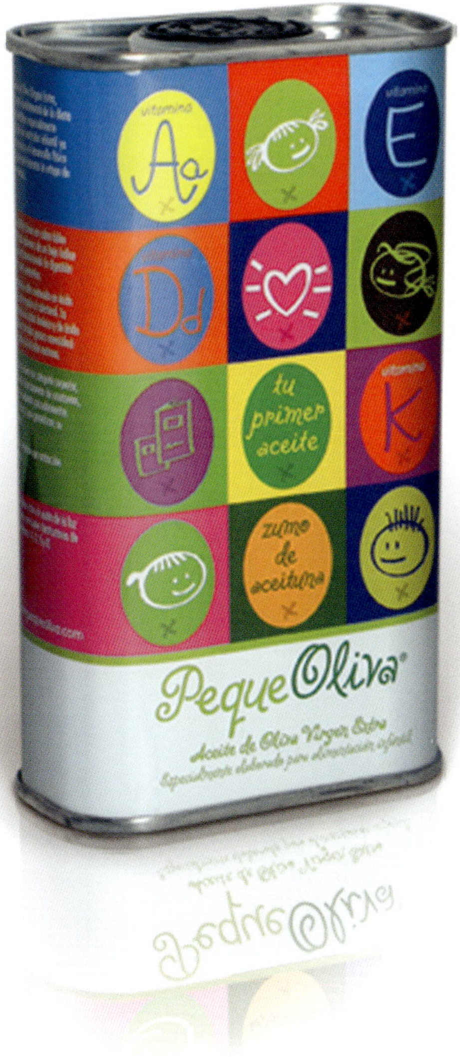

248/
LA CIA. DE
BRANDING &
PACKAGING.

249/

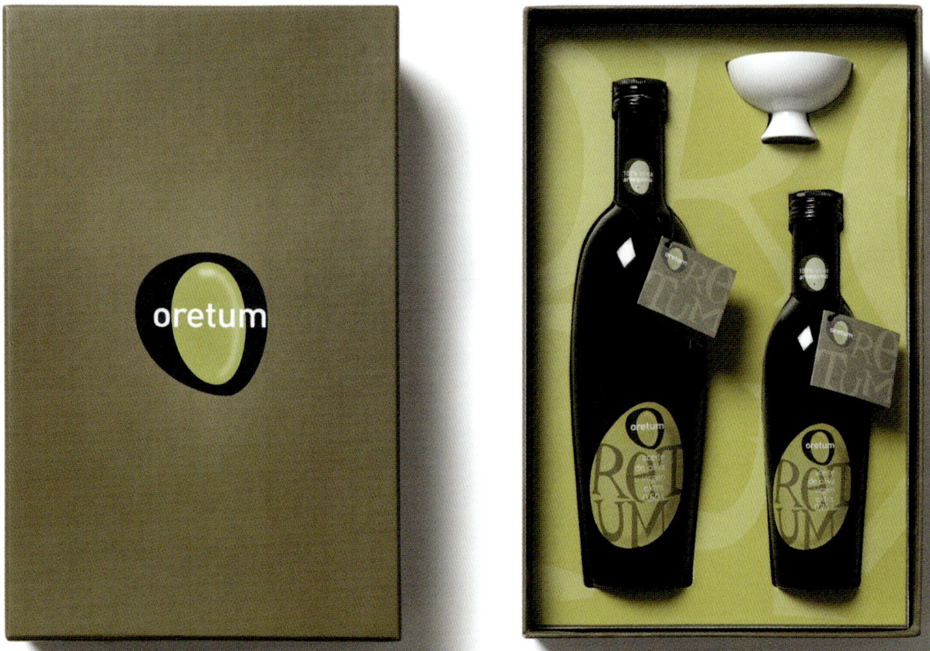

249/
ODM oficina de
diseño y marketing

250/

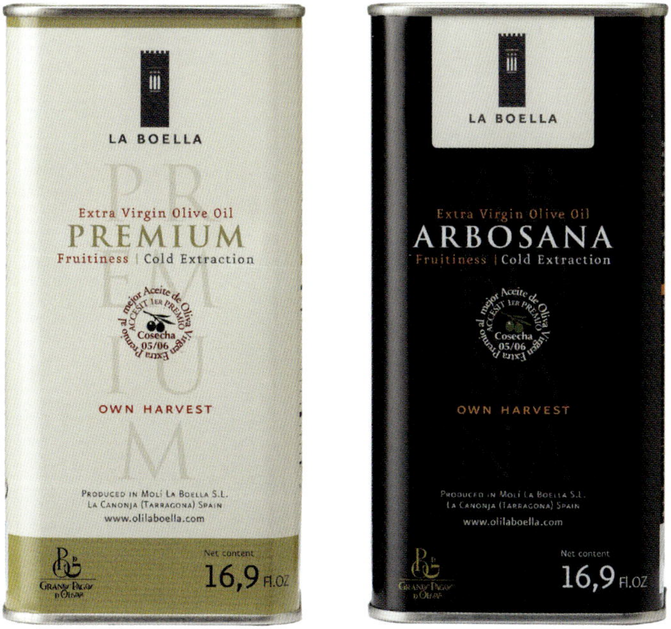

250/
ATIPUS, S.L.

251/

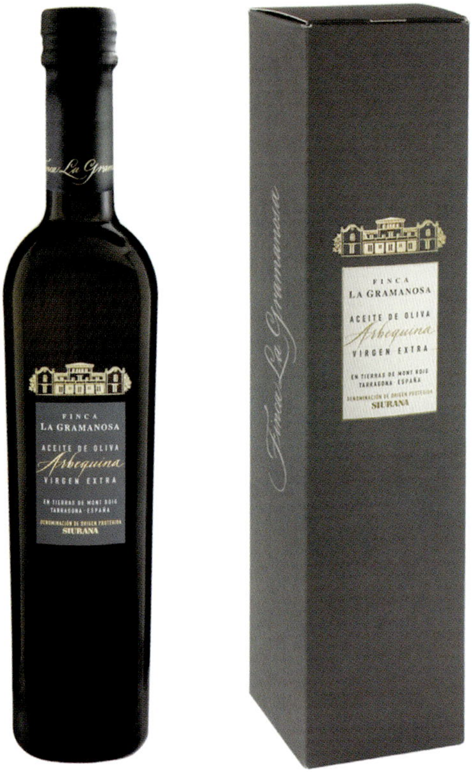

251/
Neil Cutler Design

252/

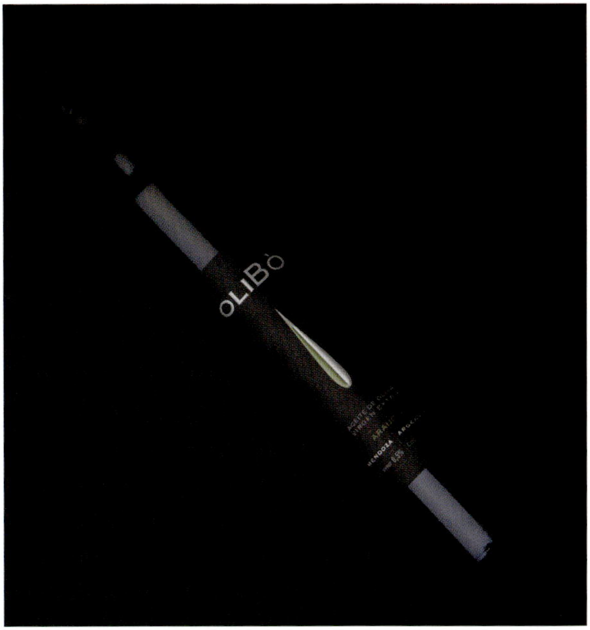

253/

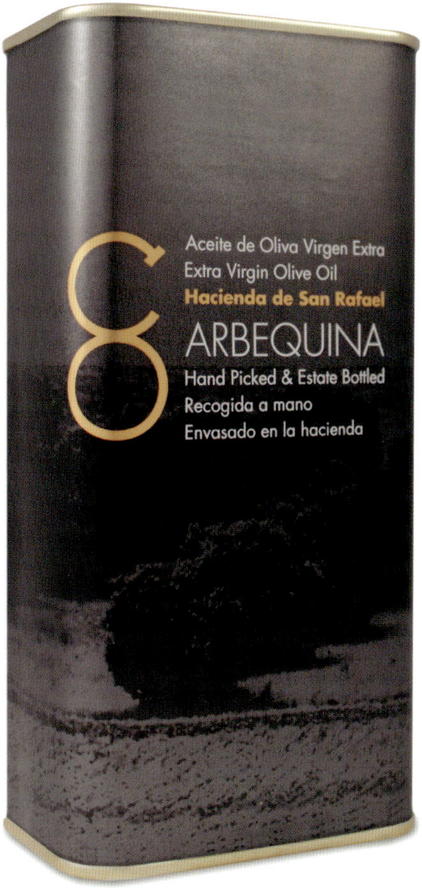

252/
Dizen

253/
ODM oficina de
diseño y marketing

254/

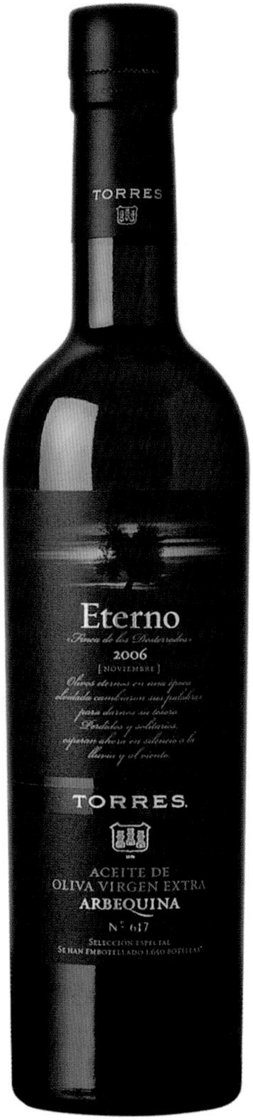

254/
extra!

255/

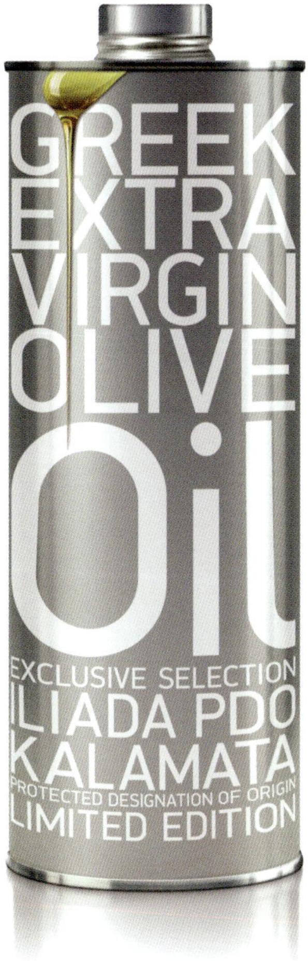

255/
MOUSE GRAPHICS

256/

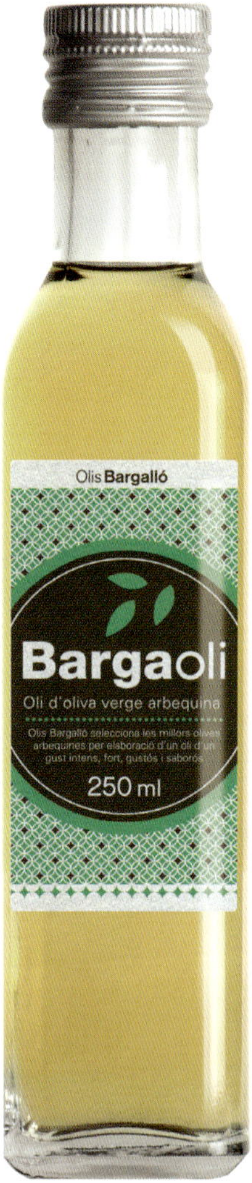

256/
brand attack

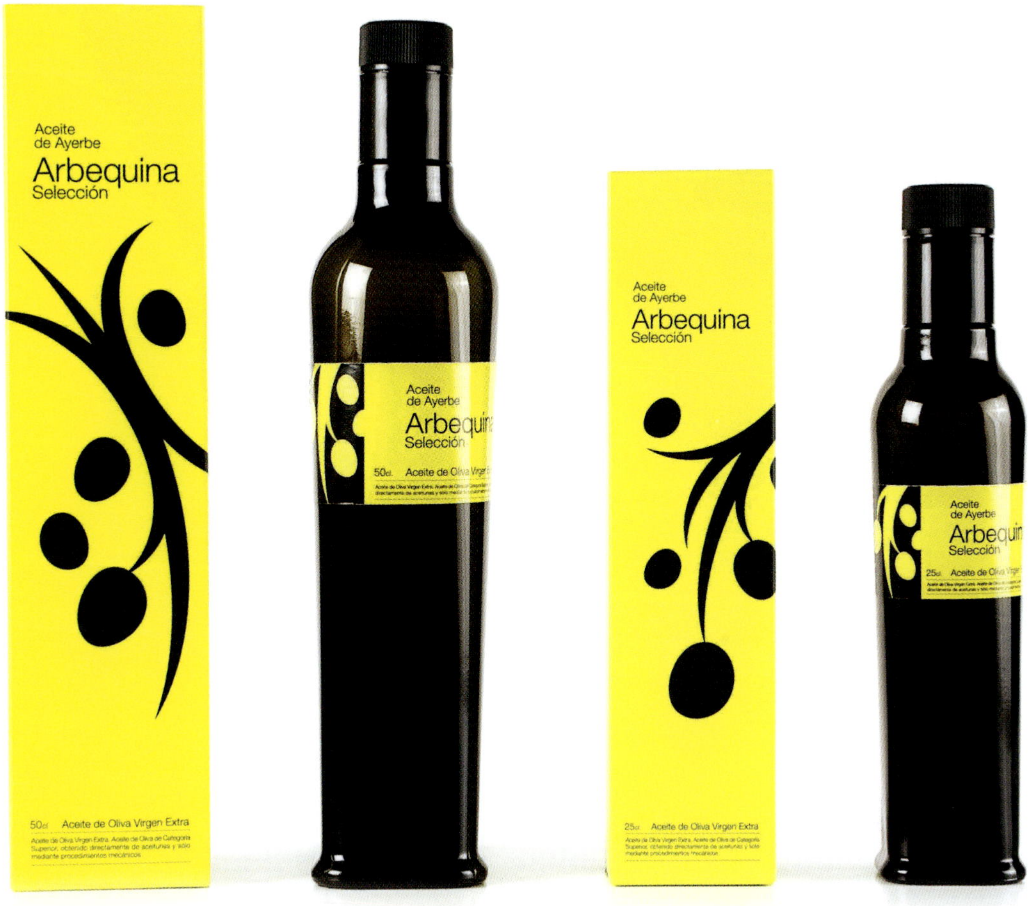
Aceite
de Ayerbe
Arbequina
Selección
50cl Aceite de Oliva Virgen Extra
Aceite
de Ayerbe
Arbequina
Selección
50cl Aceite de Oliva Virgen
Aceite
de Ayerbe
Arbequina
Selección
25cl Aceite de Oliva Virgen Extra
Aceite
de Ayerbe
Arbequin
Selección
25cl Aceite de Oliva

257/
IGUACEN

002/ - Packaging number
Hampus Jageland - Studio name
Gallucci - Client name
Australia - Country

152/
Jorge Lorenzo Diseño y Comunicación Visual S.L.
Adpan S.L.
Spain

153/
Deernsundjungs Design
Lydia Rahaus
Germany

154/
ATIPUS, S.L.
La Boella Celler-Botiga
Spain

155/
Signum Comunicación y Diseño, S.L.
Miguel Sierra
Spain

156/
Whitenoise Design Limited
Baxter Murray
United Kingdom

157/
Raquel Quevedo
Herbarium
Spain

158/
Raquel Quevedo
Herbarium
Spain

159/
Signum Comunicación y Diseño, S.L.
Miguel Sierra
Spain

160/
Sistema Diseño
Porto Muiños
Spain

161/
Sistema Diseño
Porto Muiños
Spain

162/
Bífid
Chocovic
Spain

163/
Objective
Best Friends Pet Products
United Kingdom

164/
Marnich Associates
La Sirena
Spain

165/
Marnich Associates
La Sirena
Spain

166/
Peter Gregson Studio
Aroma Food
Serbia

167/
Sistema Diseño
Porto Muiños
Spain

168/
Tasty Concepts
Persicco Helados
Argentine / Spain

169/
Mayday
Clearspring
United Kingdom

170/
Whitenoise Design Limited
Aldens in the City
United Kingdom

171/
Martijn Oostra
(Adrian & Dominic) O'Meara Pet Foods
Netherlands

172/
Objective
Best Friends Pet Products
United Kingdom

173/
undercast
Antrex Shipping NV
Belgium

174/
SOGOOD
United Biscuits
Netherlands

175/
Strømme Throndsen Design
Brynildsen
Norway

176/
Sonsoles Llorens
Sans&Sans Fine Tea Merchants
Spain

177/
Whitenoise Design Limited
Simply Fruit
United Kingdom

178/
Marnich Associates
La Sirena
Spain

179/
ODM oficina de diseño y marketing
Finca Arcadia
Spain

180/
Mary Hutchison Design LLC
Innovative Beverage Concepts, Inc.
United States

181/
Mary Hutchison Design LLC
WOW Baking Company
United States

182/
Sonsoles Llorens
Sans&Sans Fine Tea Merchants
Spain

183/
Sonsoles Llorens
Deltasal
Spain

184/
Lebranders, S.L.
Biznaga Spanish Delights, S.L.
Spain

185/
Funnel : The Fine Commercial Art Practice of Eric Kass
Maddy's Organic Meals
United States

186/
ODM oficina de diseño y marketing
Carmen Aguirre
Spain

187/
SOGOOD
Huize van Wely
Netherlands

188/
Ten26 Design Group, Inc.
Anna Shea Chocolates & Lounge
United States

189/
Orange bcn
Pastelería Escribà
Spain

190/
Sonsoles Llorens
Sans&Sans Fine Tea Merchants
Spain

191/
Sonsoles Llorens
Sans&Sans Fine Tea Merchants
Spain

192/
Niedermeier Design
Queen Mary Tea
United States

193/
Neil Cutler Design
Grupo Eroski
Spain

194/
Neil Cutler Design
Grupo Eroski
Spain

195/
Sistema Diseño
Porto Muiños
Spain

196/
NODOGRÁFICO
Chocolates de la abuela - El capricho del Pirineo
Spain

197/
Taxi Studio
Tesco
United Kingdom

198/
Pupila Estudio
Jaguares del Kamuk
Costa Rica

199/
VERTIGO GRAPHIX
Ms Grup Cliente final: Agüera
Spain

200/
VERTIGO GRAPHIX
Ms Grup Cliente final: Agüera
Spain

201/
JJAAKK: Jesse Kirsch Design
Melt
United States

202/
Elisa Talens
Ecoffe
Spain

203/
MOUSE GRAPHICS
Lavdas SA
Greece

204/
MOUSE GRAPHICS
Uncle Statis
Greece

205/
MOUSE GRAPHICS
Sugarillos SA
Greece

206/
PLAN B WORKS
Be Goods
Spain

207/
Taxi Studio
Willie's World Class Cacao
United Kingdom

208/
Taxi Studio
Tesco
United Kingdom

209/
Neil Cutler Design
Pastafina
Spain

210/
Neil Cutler Design
Grupo Eroski
Spain

211/
La machine
Eroski
Spain

212/
Neil Cutler Design
Grupo Eroski
Spain

213/
LA CIA. DE BRANDING & PACKAGING
Santa Rita
Spain

214/
Strømme Throndsen Design
Lofotprodukt
Norway

215/
Bruketa & Zinic OM
Kras
Croatia

216/
SOGOOD
Perfetti Van Melle
Netherlands

217/
Neosbrand
Obamitas
Spain

218/
Lindsey Faye Designs
Organic Eggs
United States

219/
FK Design srl
Dalla Costa alimentare
Italy

220/
Lindsey Faye Designs
Want A Cookie
United States

221/
Sonsoles Llorens
Cafés El Magnífico
Spain

222/
Sonsoles Llorens
Cafés El Magnífico
Spain

223/
LA CIA. DE BRANDING & PACKAGING
Acor
Spain

224/
LA CIA. DE BRANDING & PACKAGING
Personal Expresso
Spain

225/
Colm Keller
Stiftelsen Svensk Industridesign/
Sommardesignkontoret
Sweden

226/
Strømme Throndsen Design
Holli Mølle
Norway

227/
Binomi
Sushi Shop
Spain

228/
Mayday
Clearspring
United Kingdom

229/
Artima˜a
Sys Café
Spain

230/
Lebranders, S.L.
Reina Marín, S.L. "Aceites del Mediterráneo"
Spain

231/
Niedermeier Design
Leatherback Printing
United States

232/
Mind Design
What On Earth
United Kingdom

233/
Santi Sallés
GB Plange Spain S.A.
Spain

234/
Strømme Throndsen Design
Natural
Norway

235/
Richard Baird Ltd.
S&® Sellers & Rogers the brandvertising agency
United Kingdom

236/
lg2boutique
St-Hubert
Canada

237/
OFFICE COMMUNICATION CONSULTANTS
Trikalinos
Greece

238/
OFFICE COMMUNICATION CONSULTANTS
Trikalinos
Greece

239/
Bruketa & Zinic OM
Chiavalon
Croatia

240/
ODM oficina de diseño y marketing
Osborne
Spain

241/
sure brandesign
Industrias quimicas y mineras Timbó s.a.
Argentina

242/
extra!
Bodegas Miguel Torres
Spain

243/
Mayday
Clearspring
United Kingdom

244/
Lebranders, S.L.
Venchipa, S.L.
Spain

245/
ATIPUS, S.L.
La Masrojana
Spain

246/
ATIPUS, S.L.
La Boella Molí d'Oli
Spain

247/
LA CIA. DE BRANDING & PACKAGING
Vega Carabaña
Spain

248/
LA CIA. DE BRANDING & PACKAGING
Vega Carabaña
Spain

249/
ODM oficina de diseño y marketing
Angel Rozas
Spain

250/
ATIPUS, S.L.
La Boella Molí d'Oli
Spain

251/
Neil Cutler Design
Germina Fruit SL
Spain

252/
Dizen
OliBò
Argentina

253/
ODM oficina de diseño y marketing
Hacienda de San Rafael
Spain

254/
extra!
Bodegas Miguel Torres
Spain

255/
MOUSE GRAPHICS
Agrovim SA
Greece

256/
brand attack
Olis Bargalló
Spain

257/
IGUACEN
Cooperativa del Campo Santa Leticia &
Territorio Museo
Spain

Beverage

226 - 397

258/

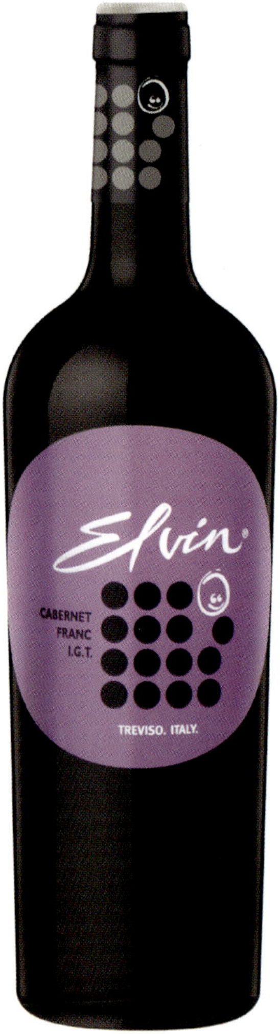

259/

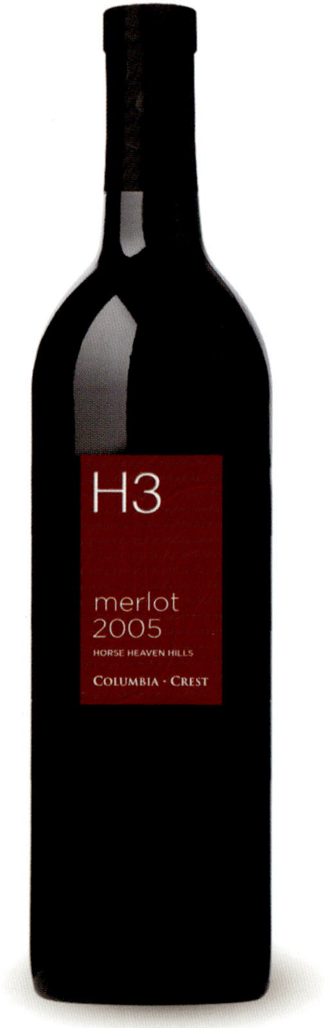

258/
Dizen

259/
Mary Hutchison
Design LLC

260/

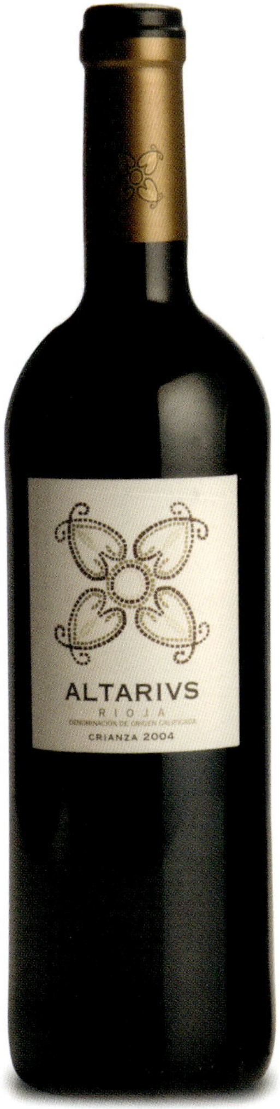

261/

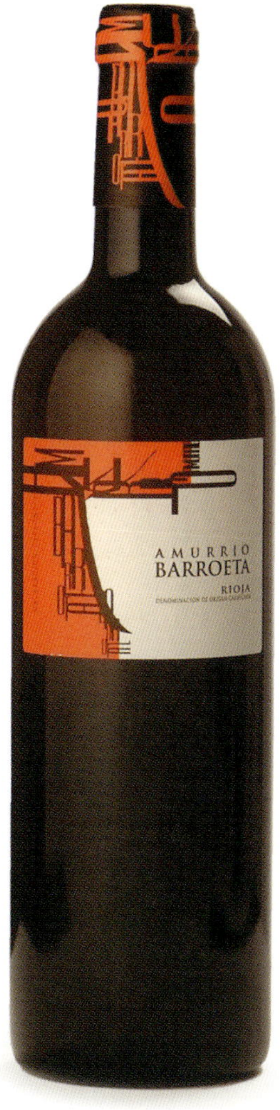

260/
Crea 3
Publicidad, s.l.

261/
Crea 3
Publicidad, s.l.

262/

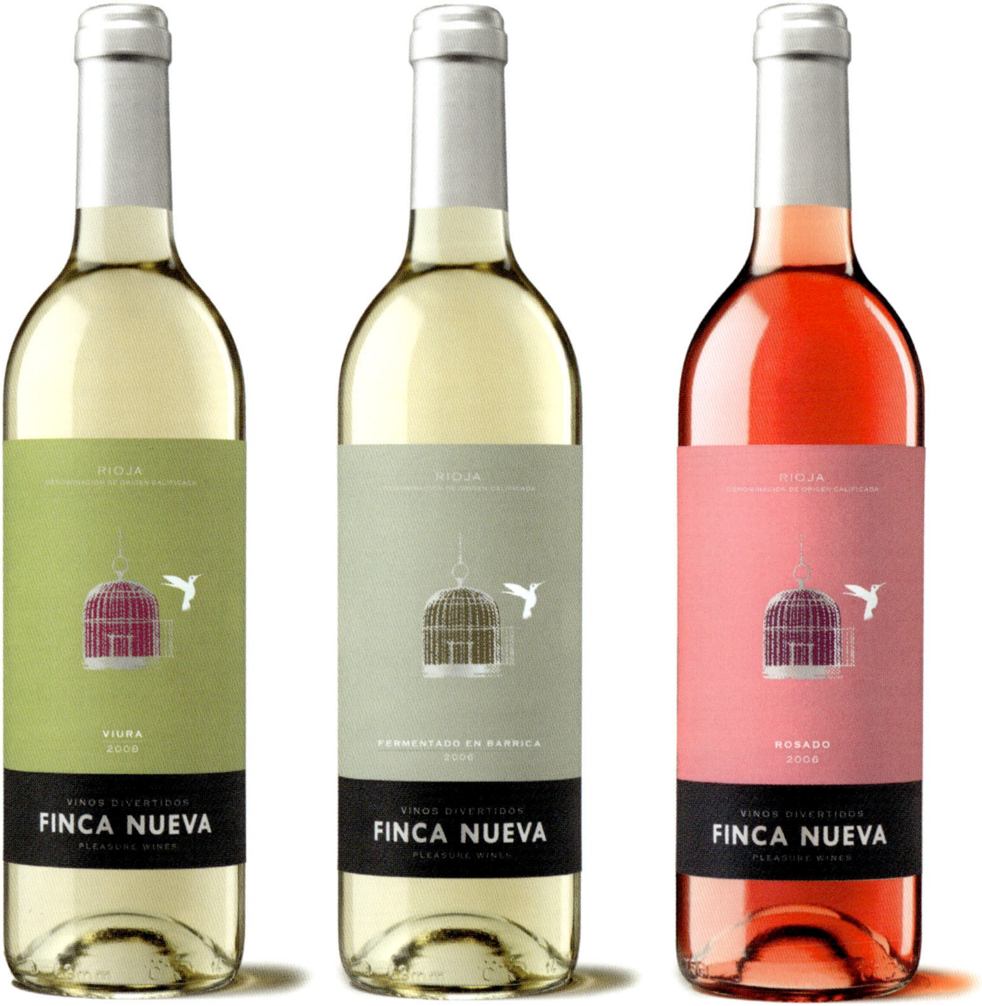

262/
(calcco)
comunicación
visual

263/

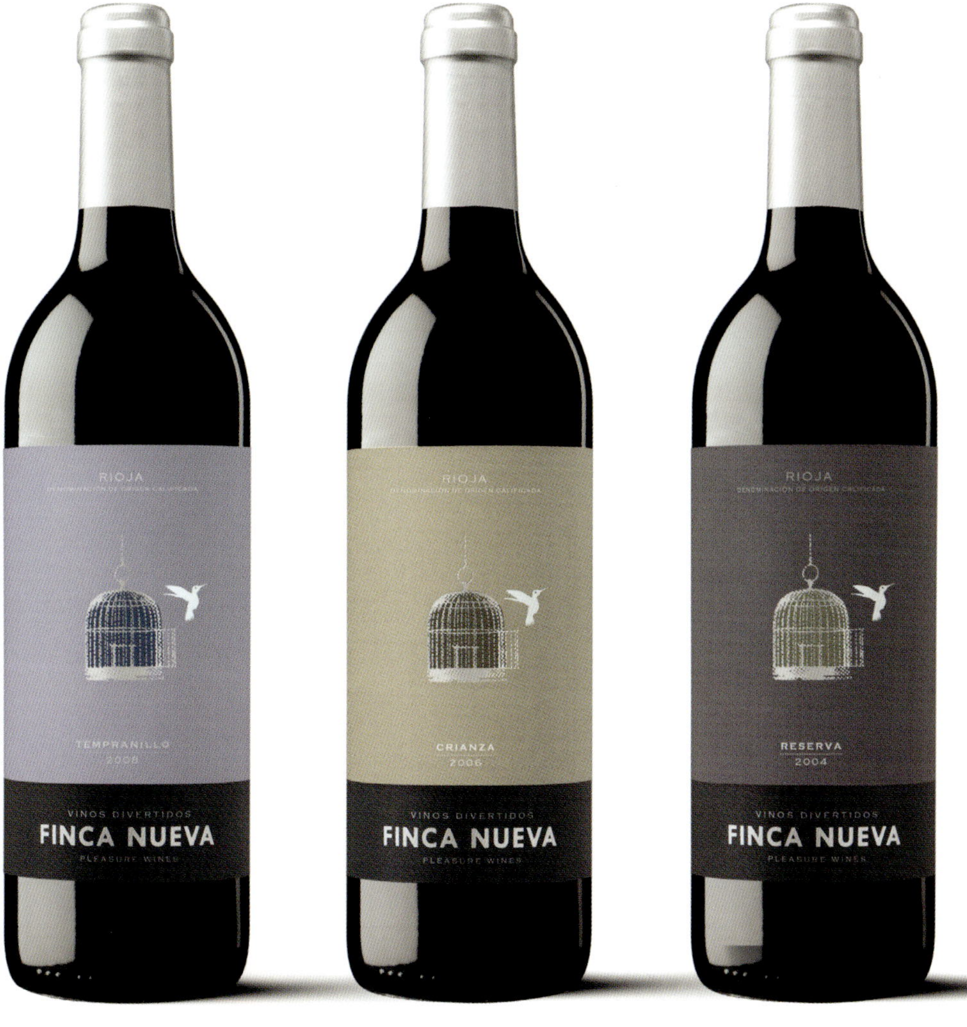

263/
(calcco)
comunicación
visual

264/

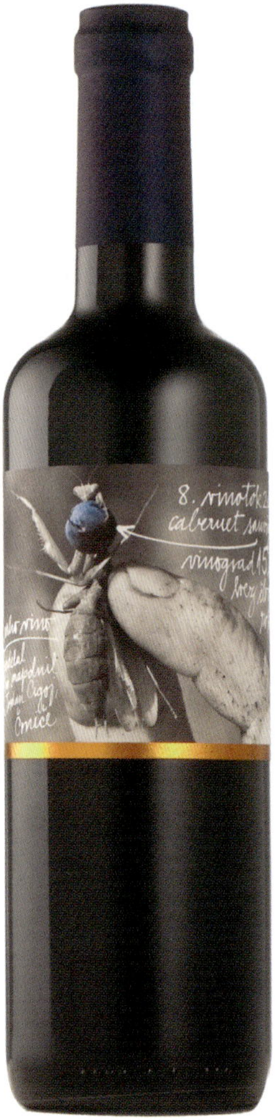

265/

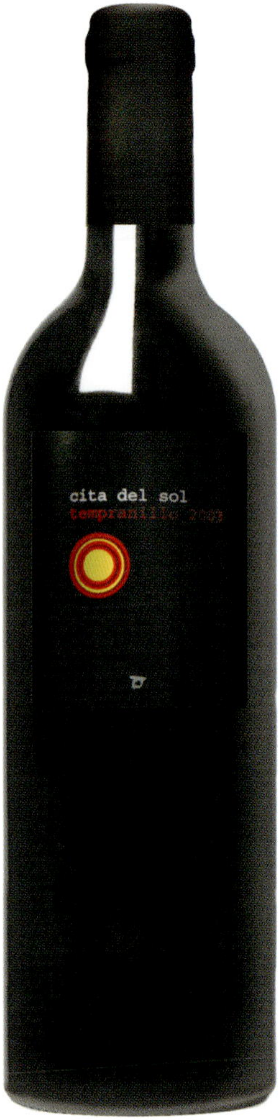

266/

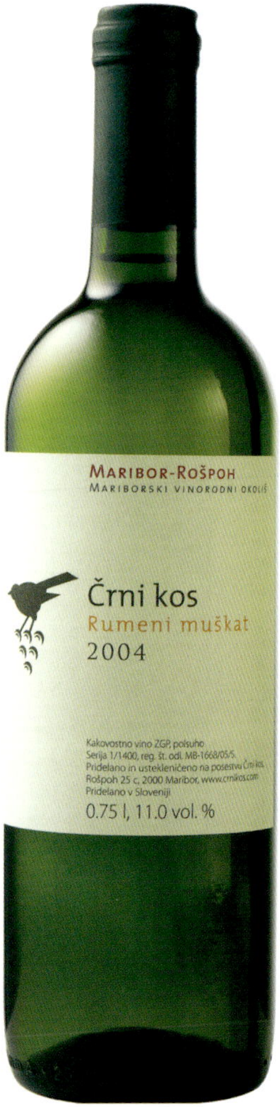

264/
Studio Ajd

265/
ODM oficina de diseño y marketing

266/
KROG

267/

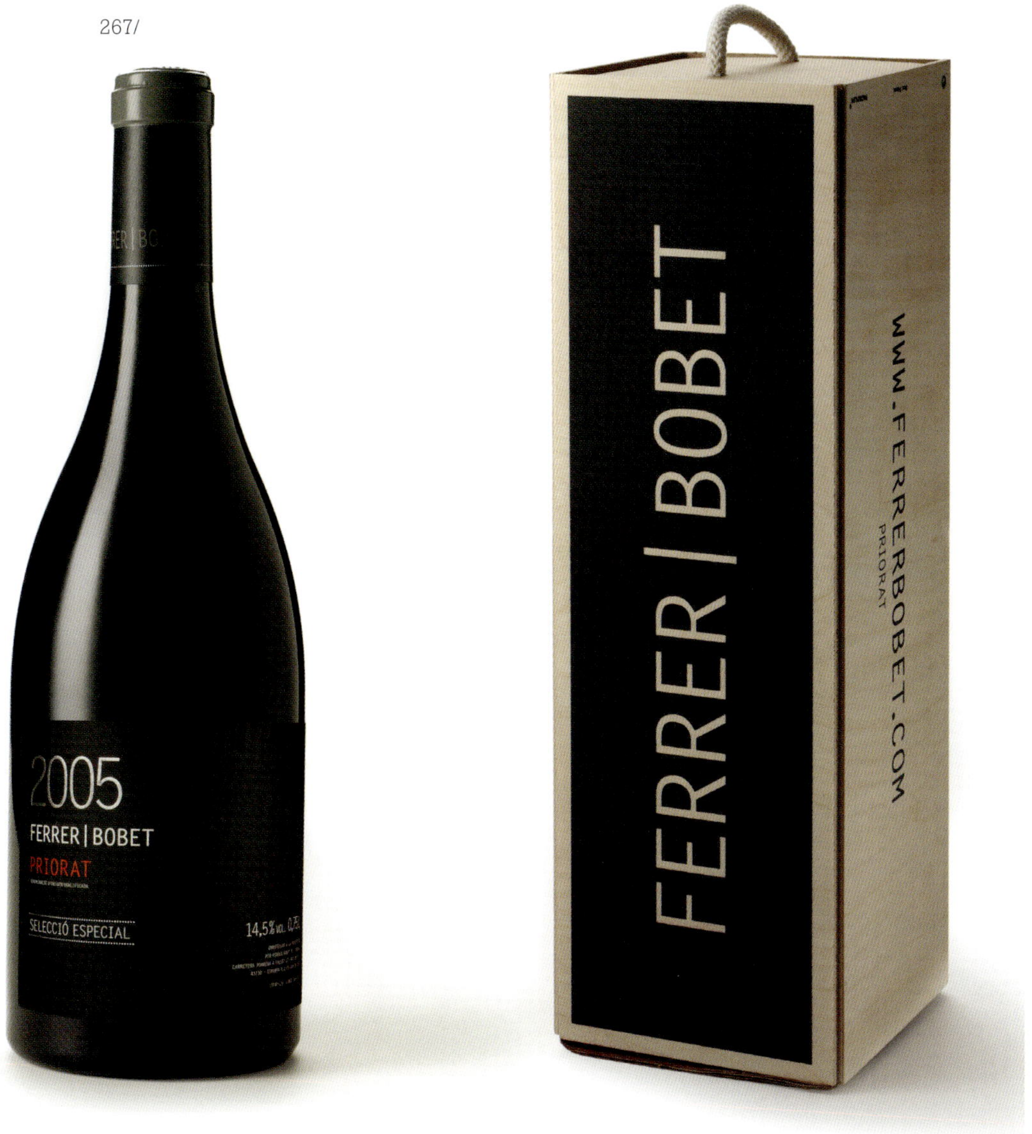

267/
talking

268/

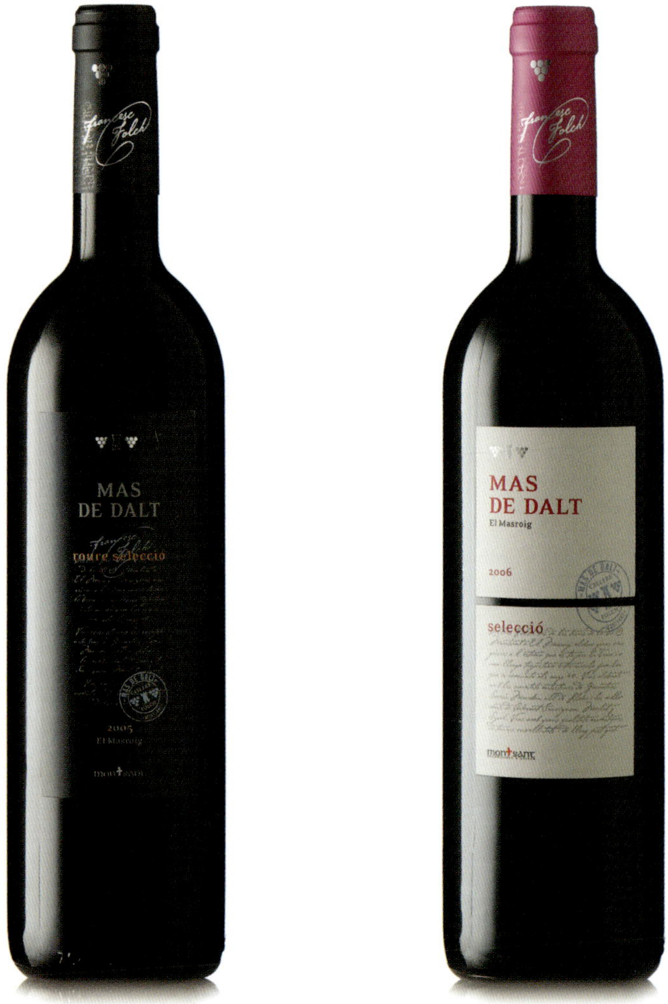

268/
ATIPUS, S.L.

269/

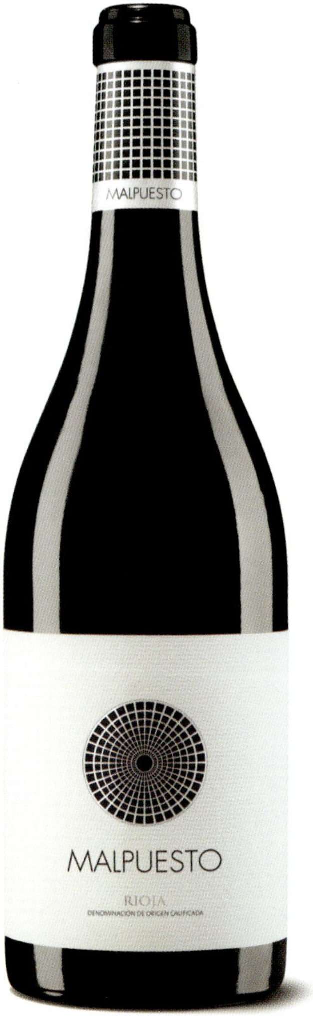

270/

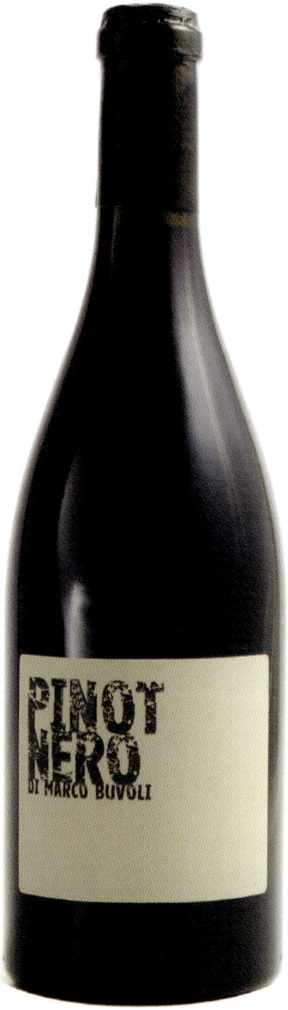

271/

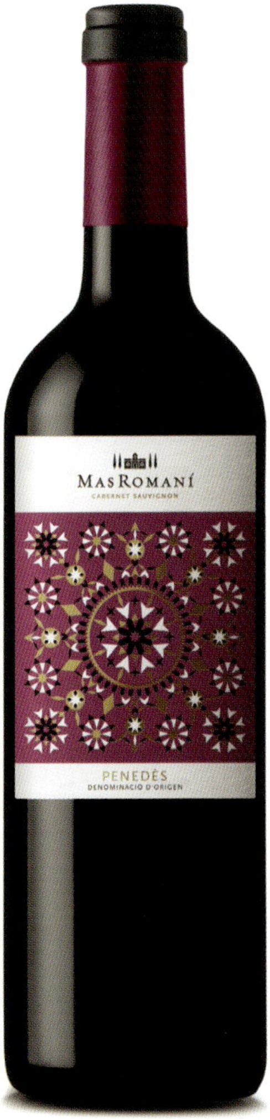

269/
(calcco)
comunicación
visual

270/
no.parking

271/
Studio Copyright

272/

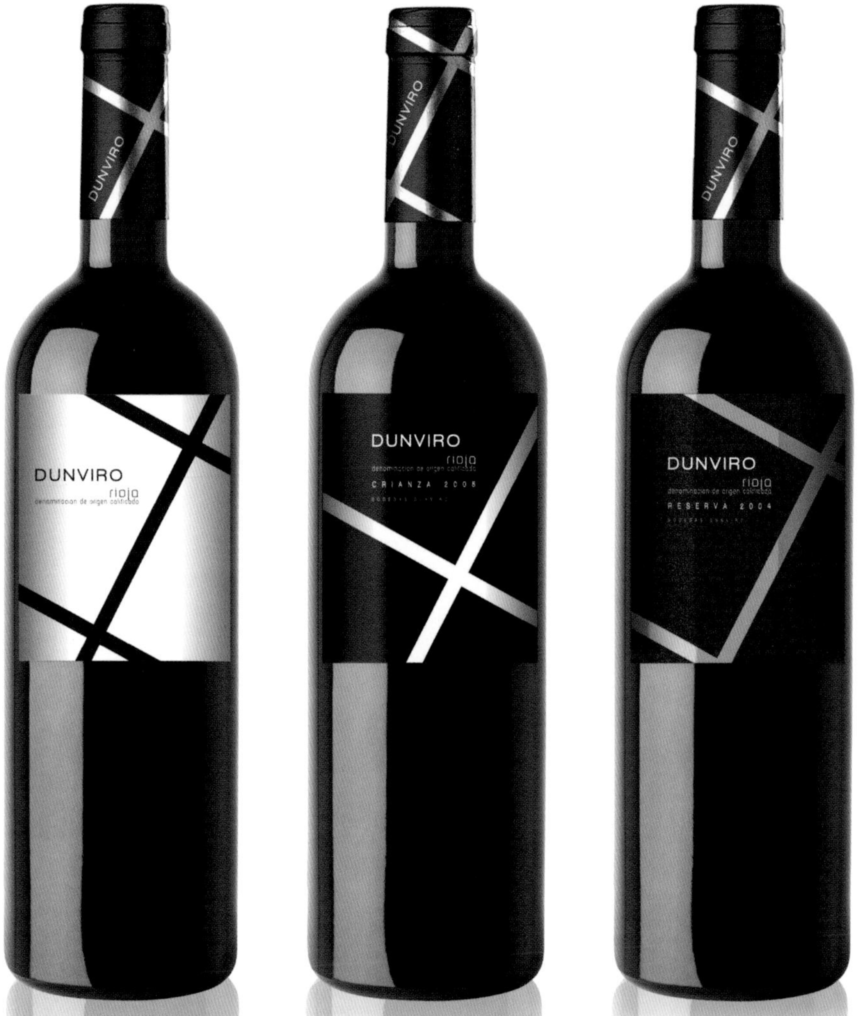

272/
Crea 3
Publicidad, s.l.

273/

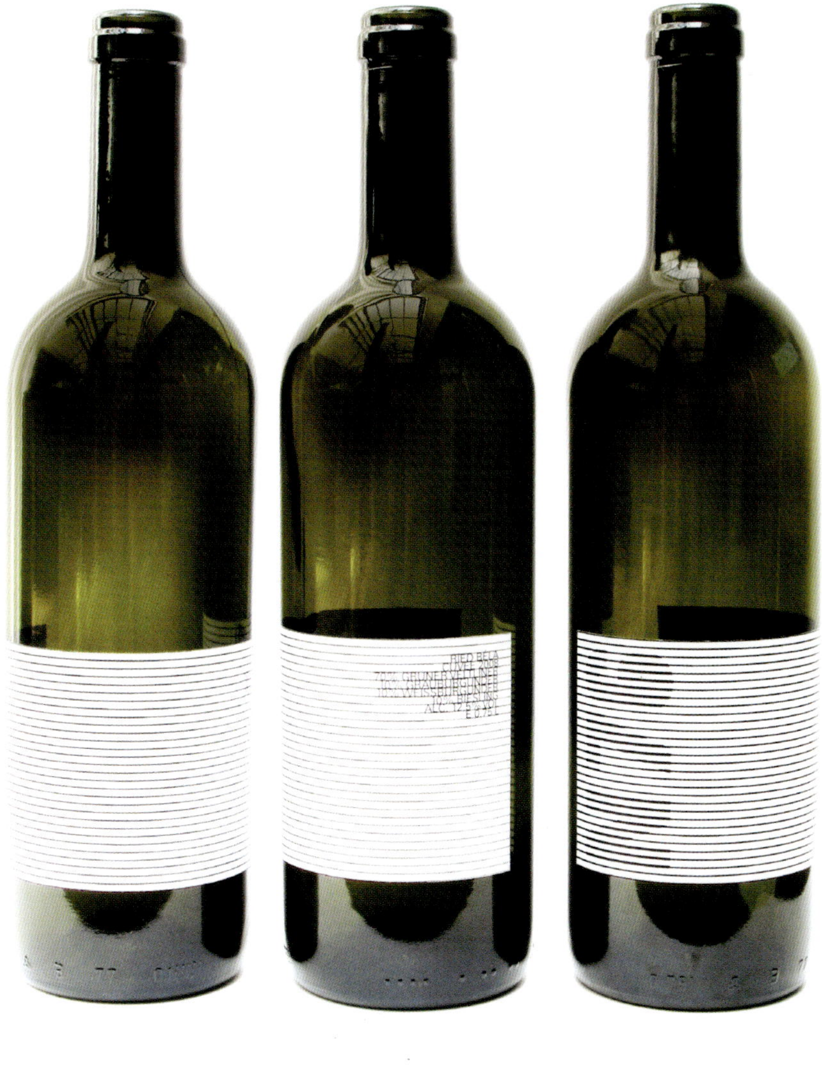

273/
Alexander Egger,
Lena Appl

274/

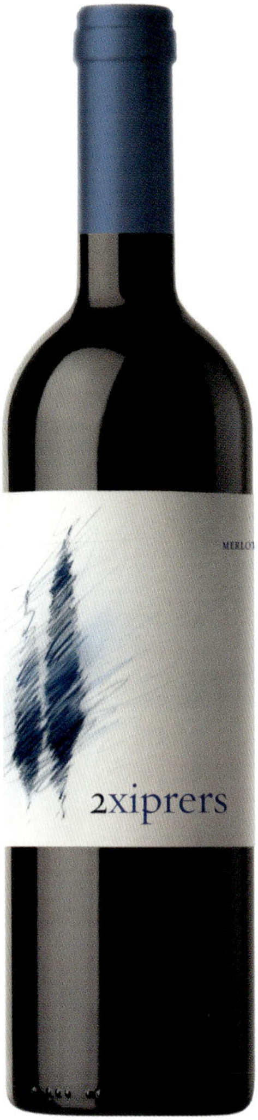

275/

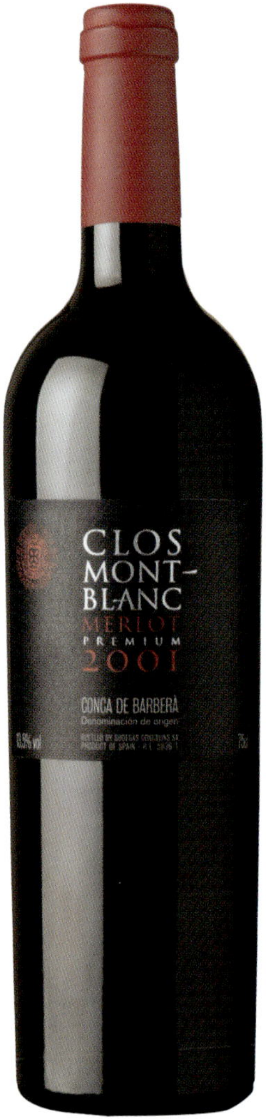

276/

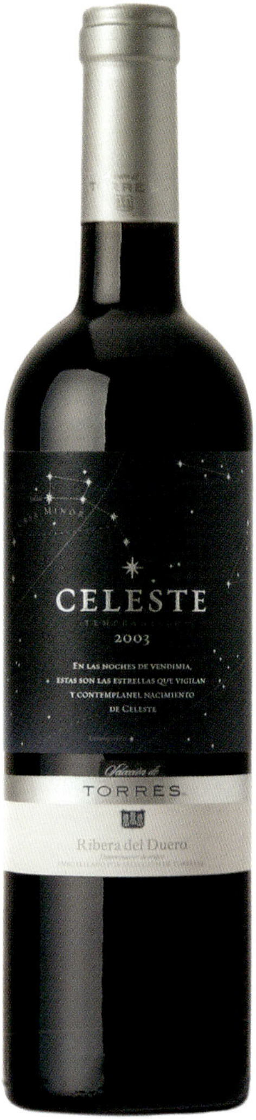

274/
extra!

275/
extra!

276/
extra!

277/

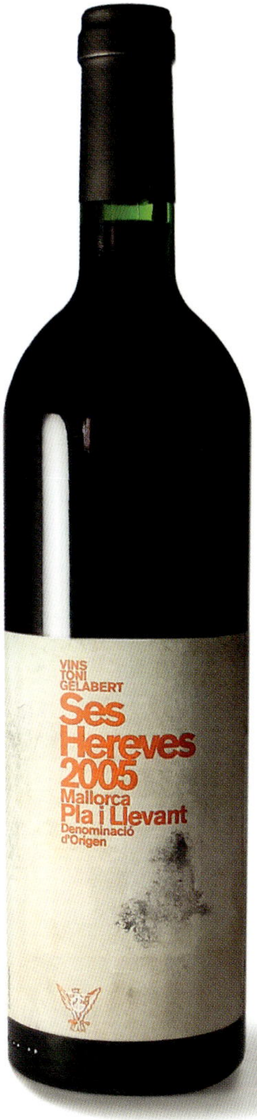

278/

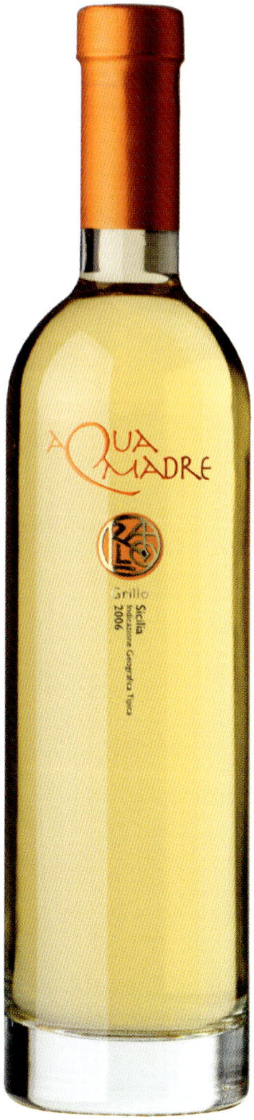

279/

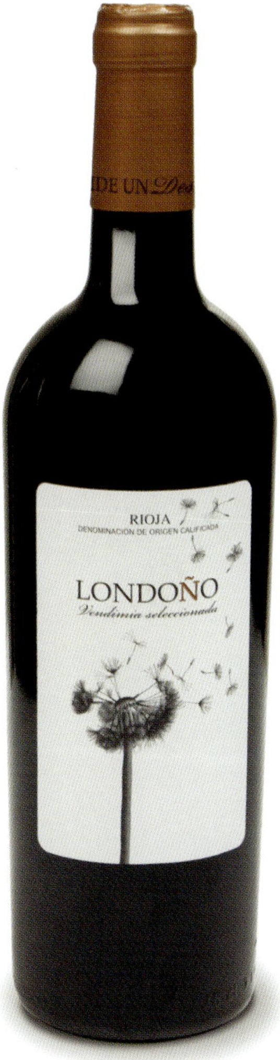

277/
Marnich Associates

278/
ad positive

279/
La Consulta
Creativa

280/

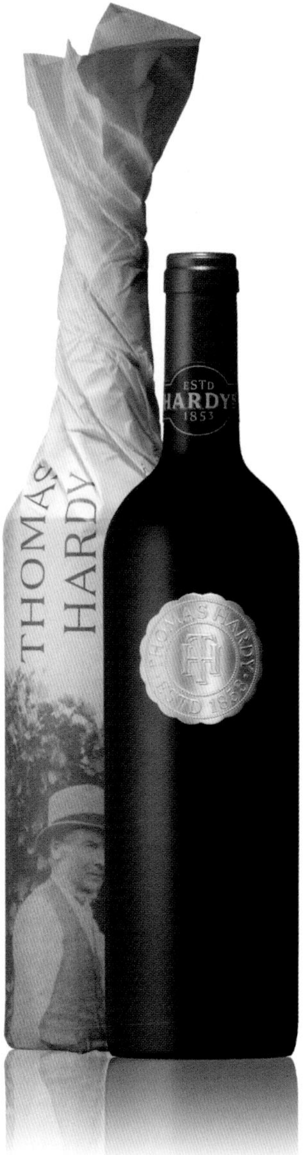

280/
Parallax Design

281/

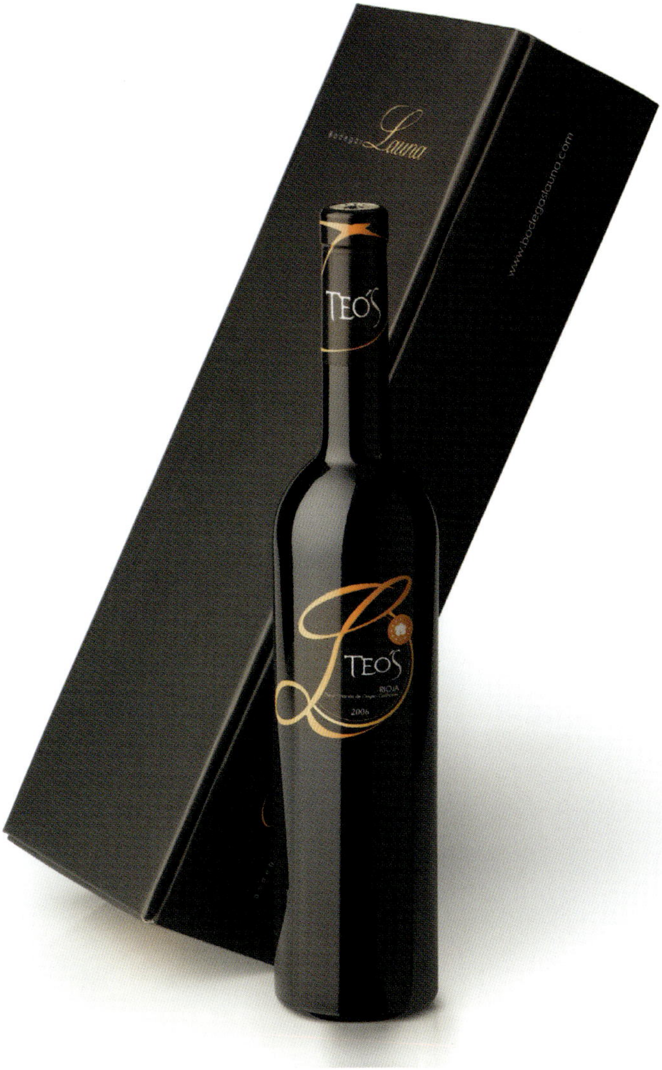

281/
DOLIWA,
WILHELM

282/

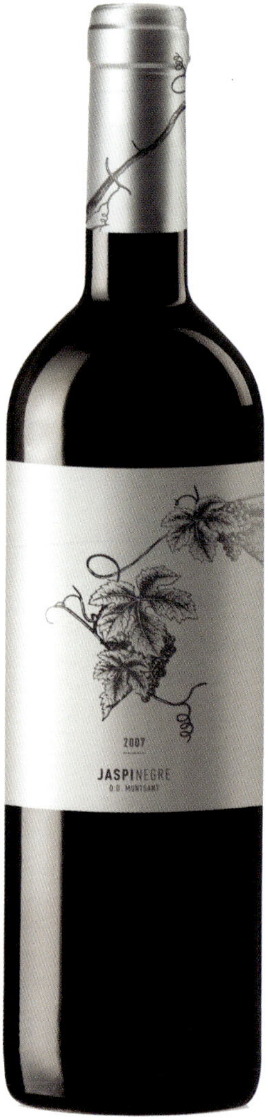

283

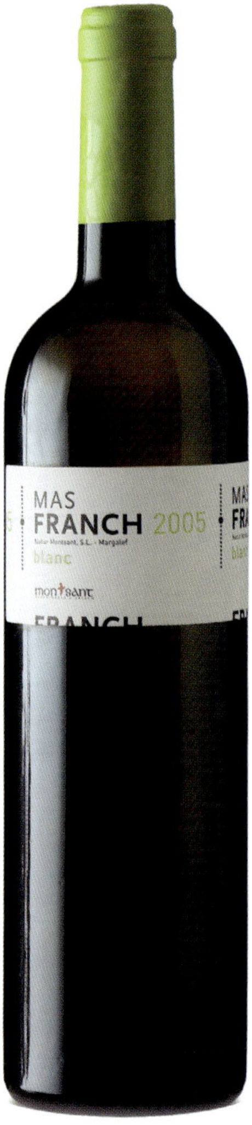

284/

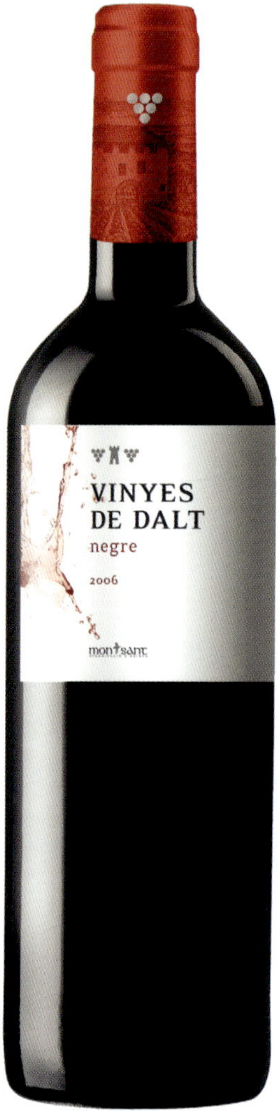

282/
ATIPUS, S.L.

283/
ATIPUS, S.L.

284/
ATIPUS, S.L.

285/

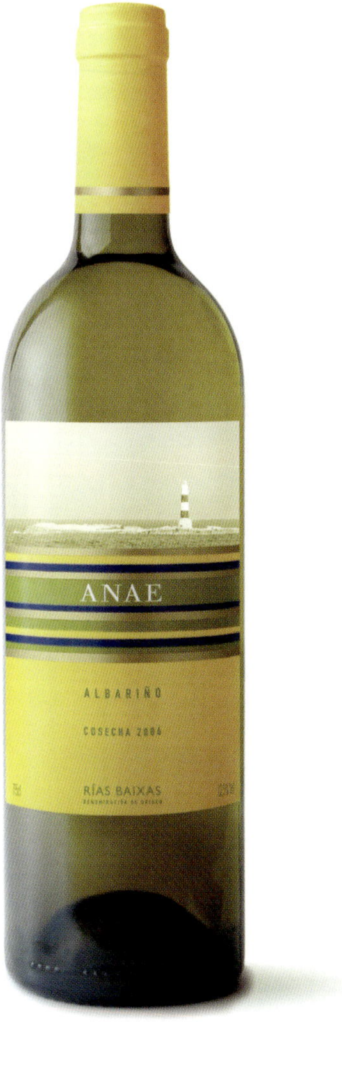

285/
Neil Cutler Design

286/

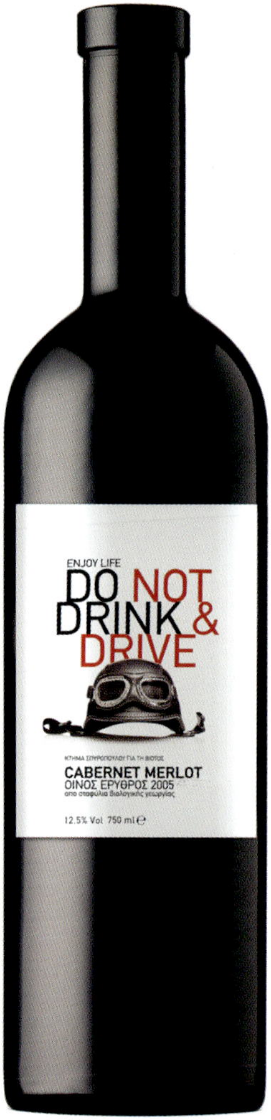

286/
MOUSE GRAPHICS

287/

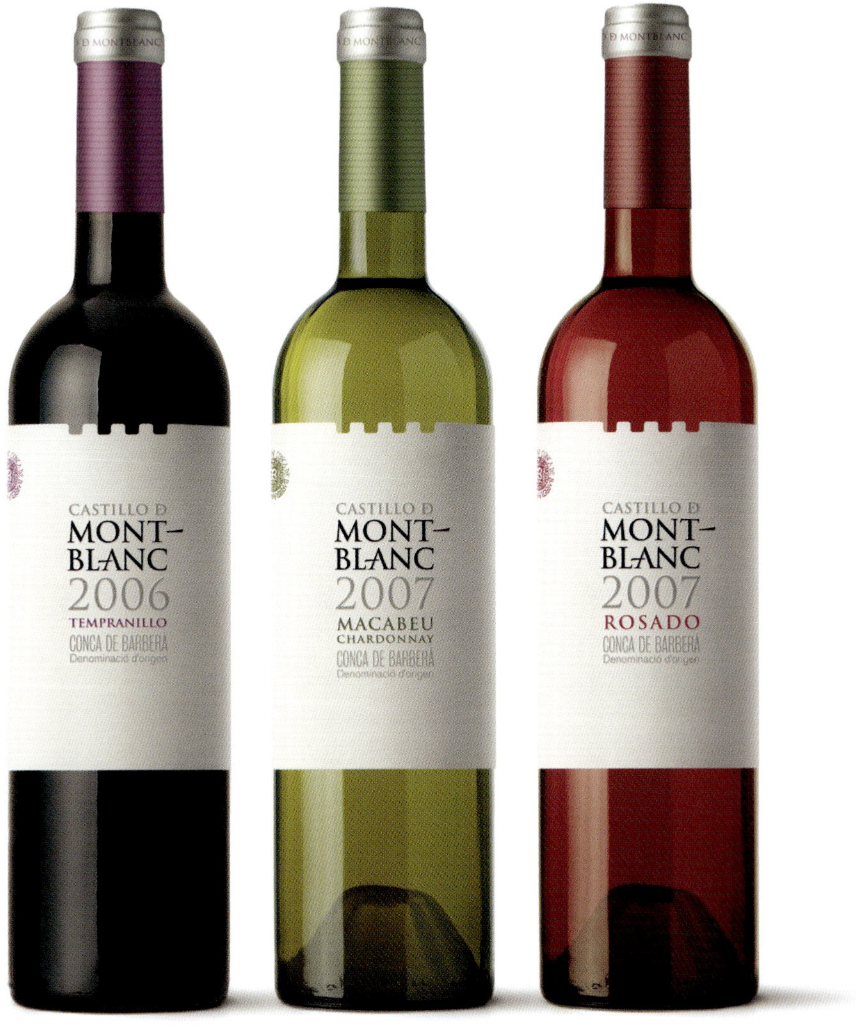

287/
extra!

288/

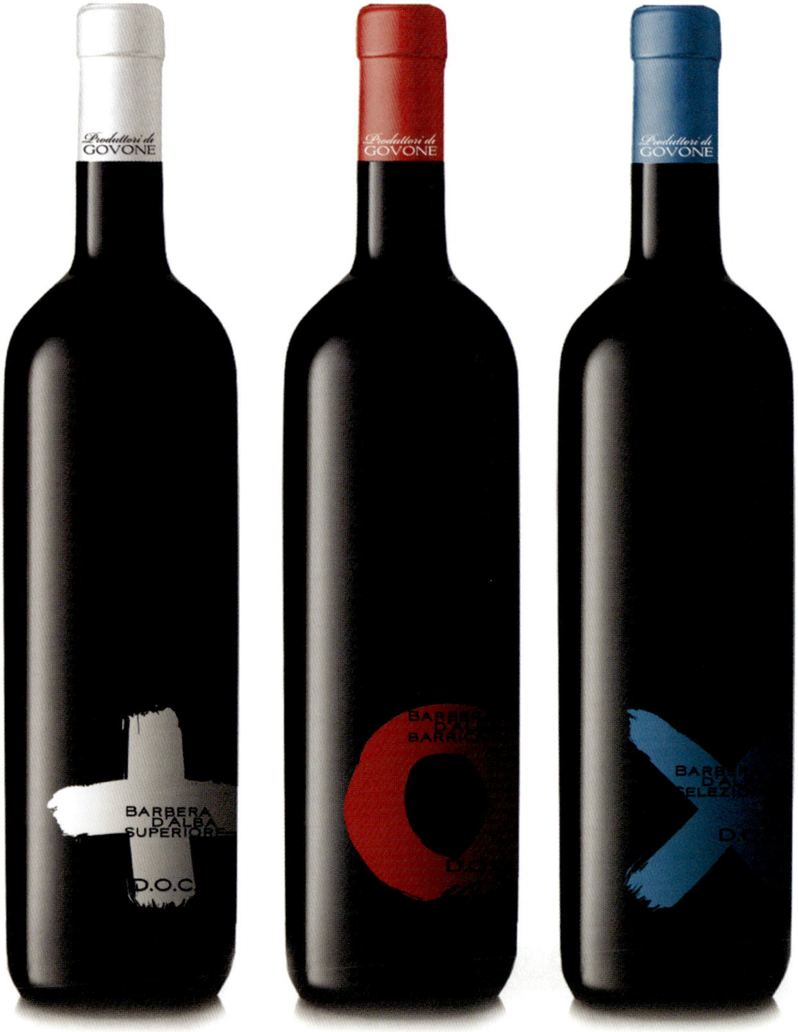

288/
DORO Design

289/

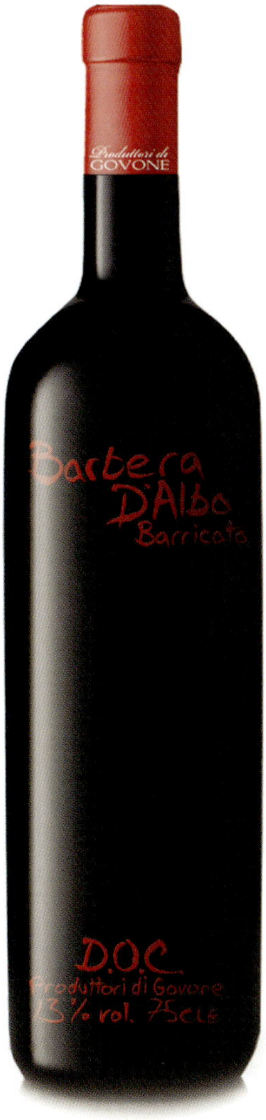

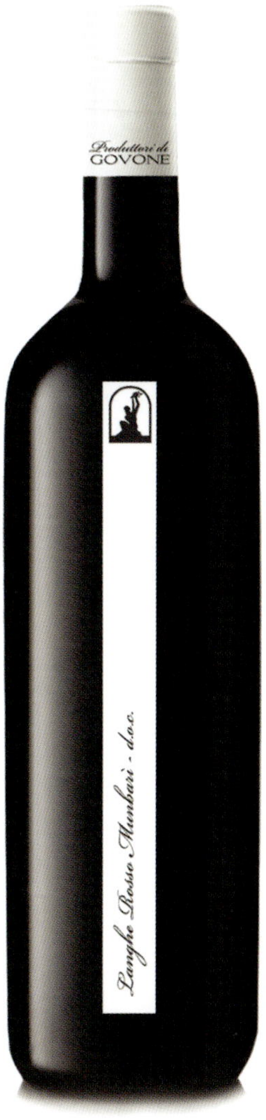

289/
DORO Design

290/

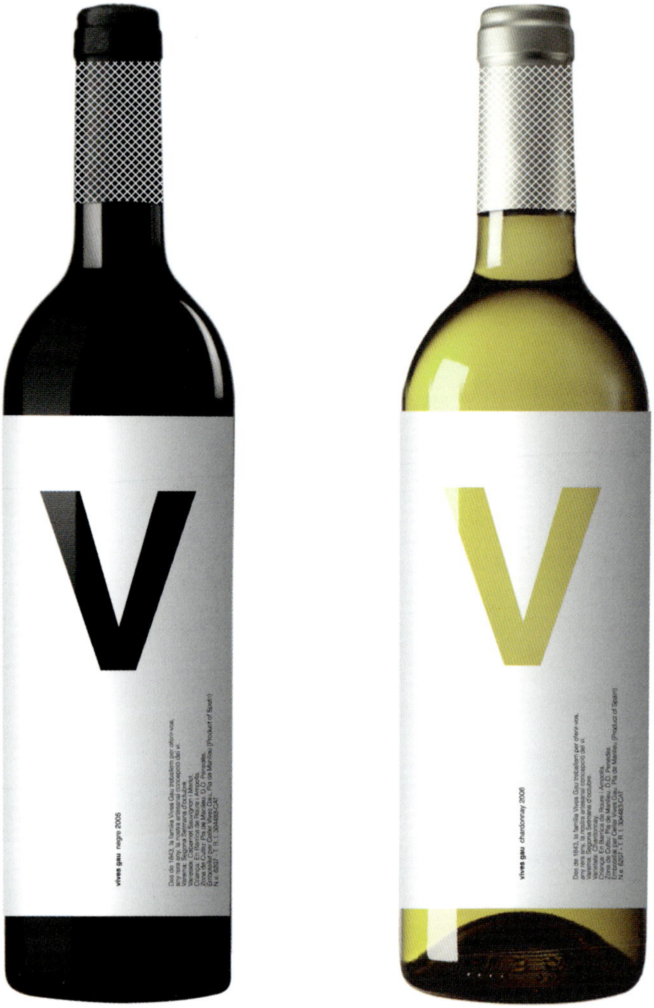

290/
espluga+
associates

291/

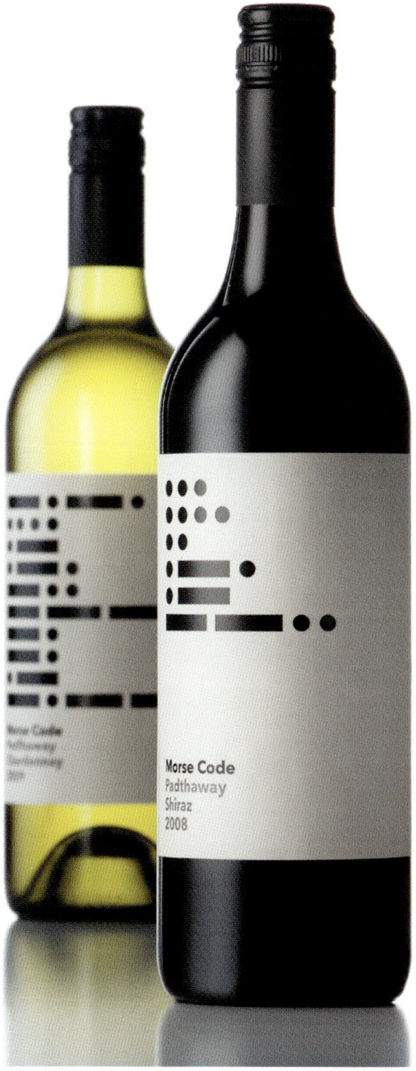

292/

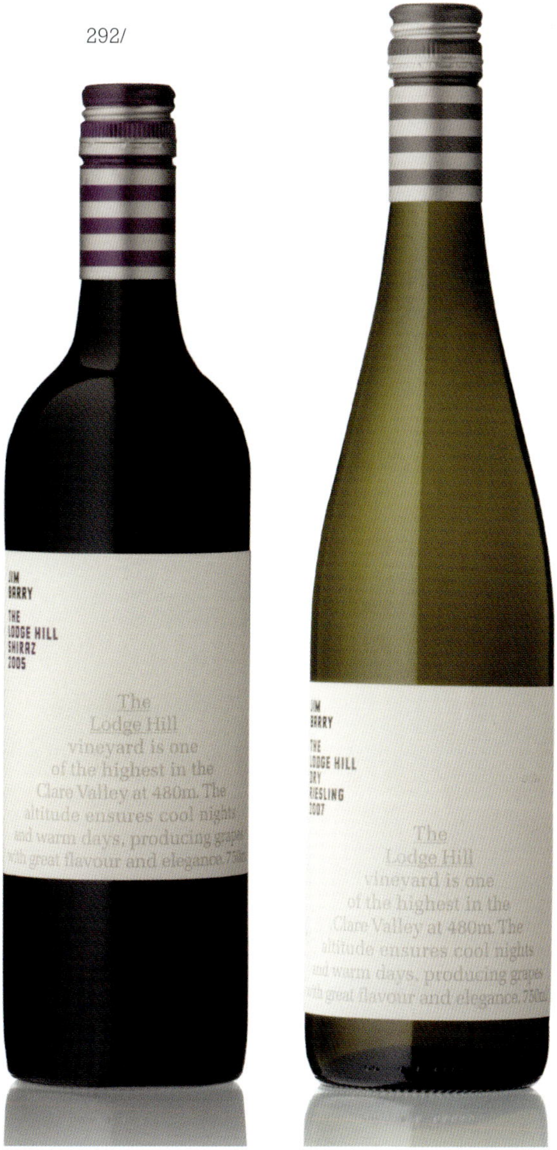

291/
Parallax Design

292/
Parallax Design

293/

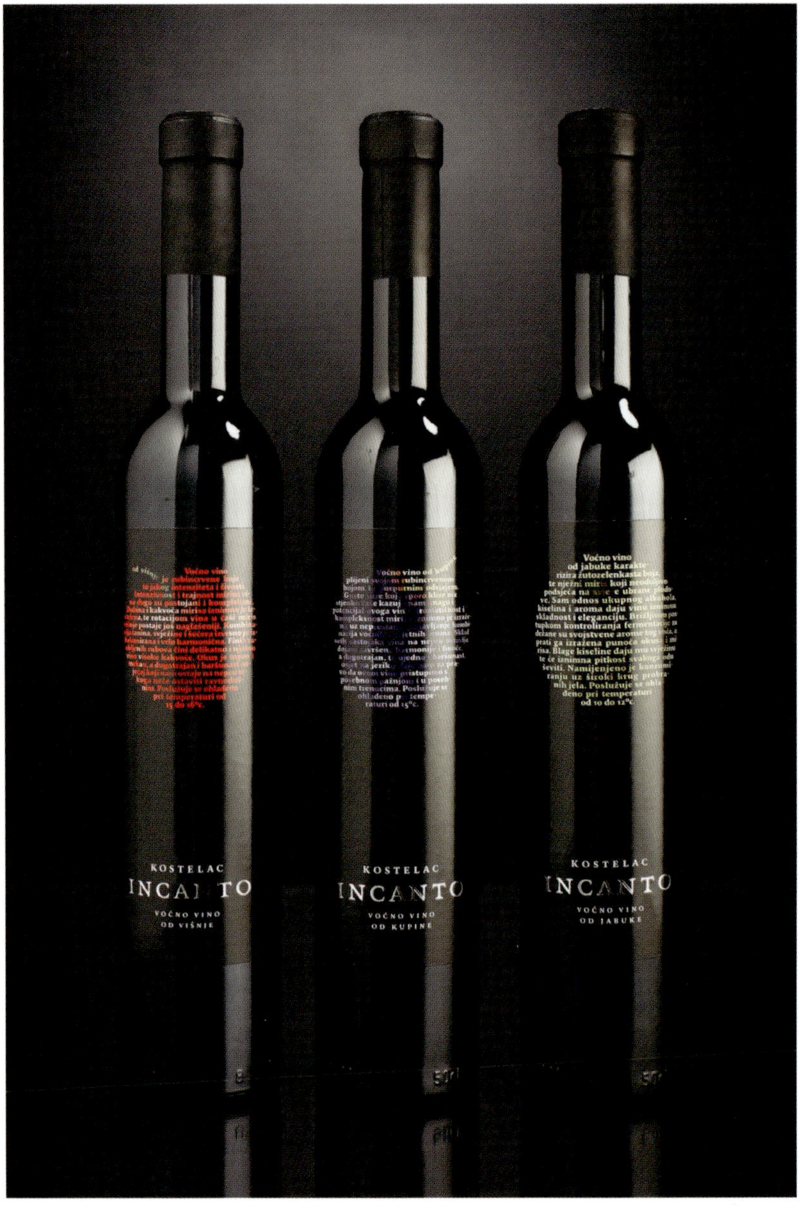

293/
Bruketa & Zinic
OM

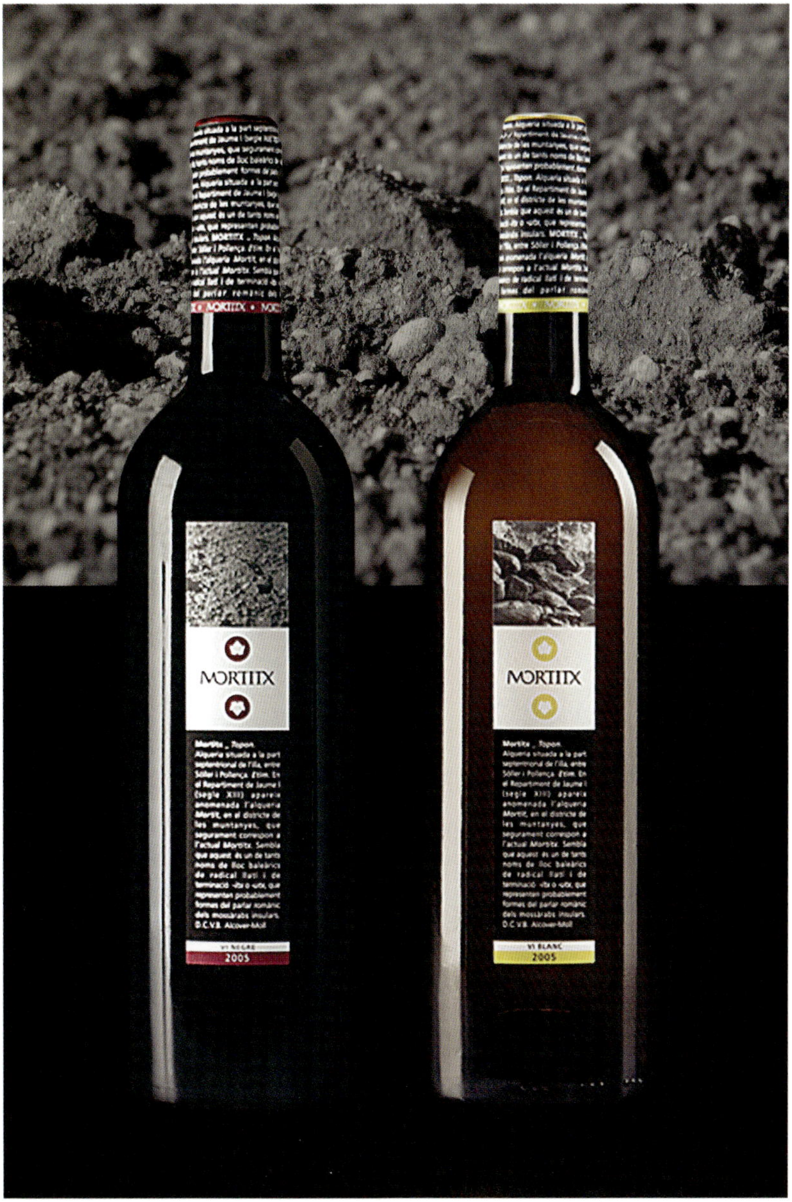

294/
Borisgrafic S.L.

295/

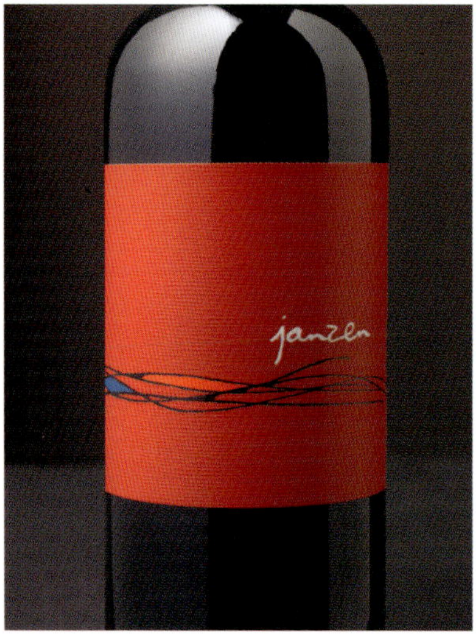

296/

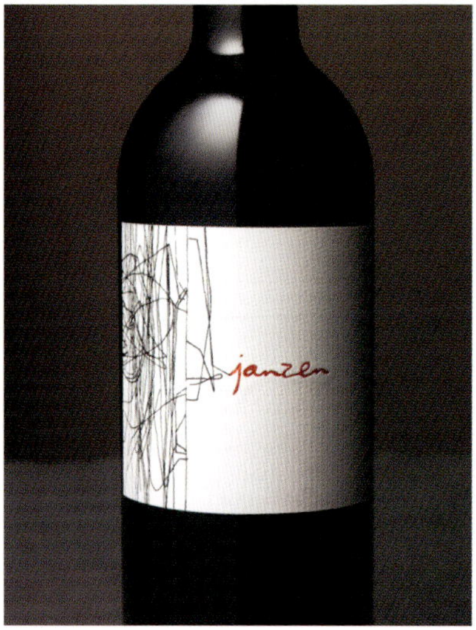

297/

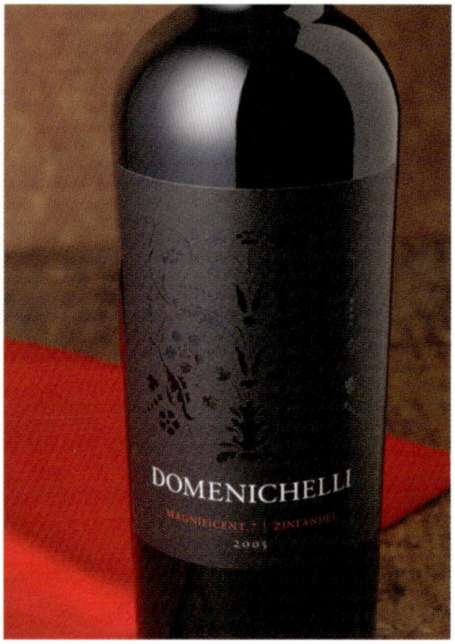

295/
CF Napa Brand Design

296/
CF Napa Brand Design

297/
CF Napa Brand Design

298/ 299 300/

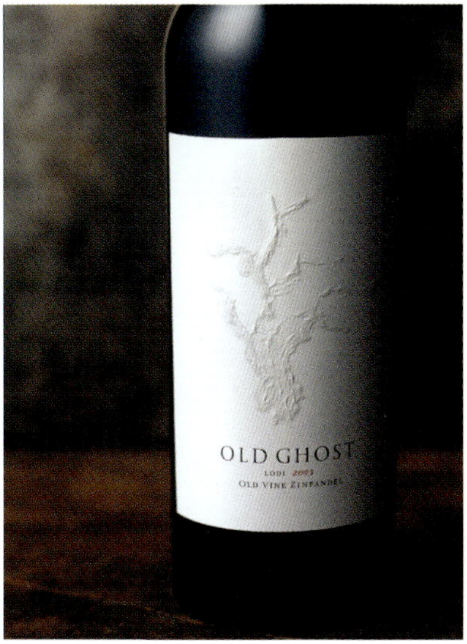

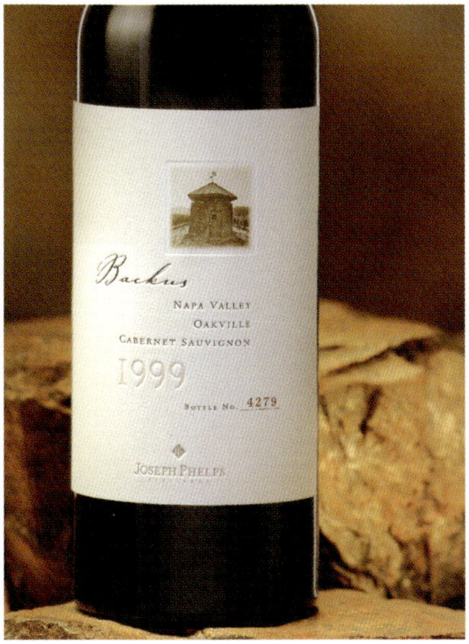

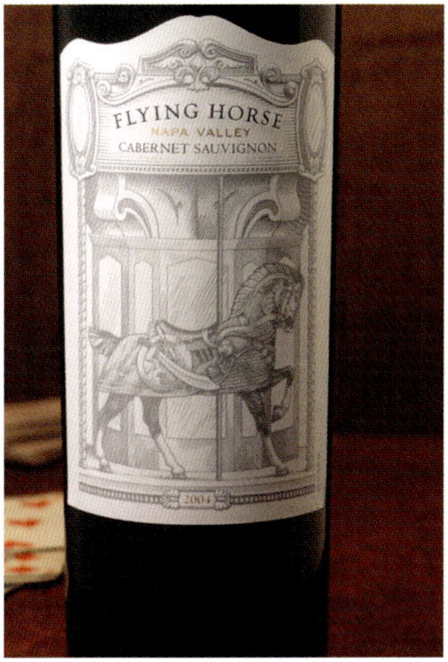

298/
CF Napa Brand Design

299/
CF Napa Brand Design

300/
CF Napa Brand Design

301/

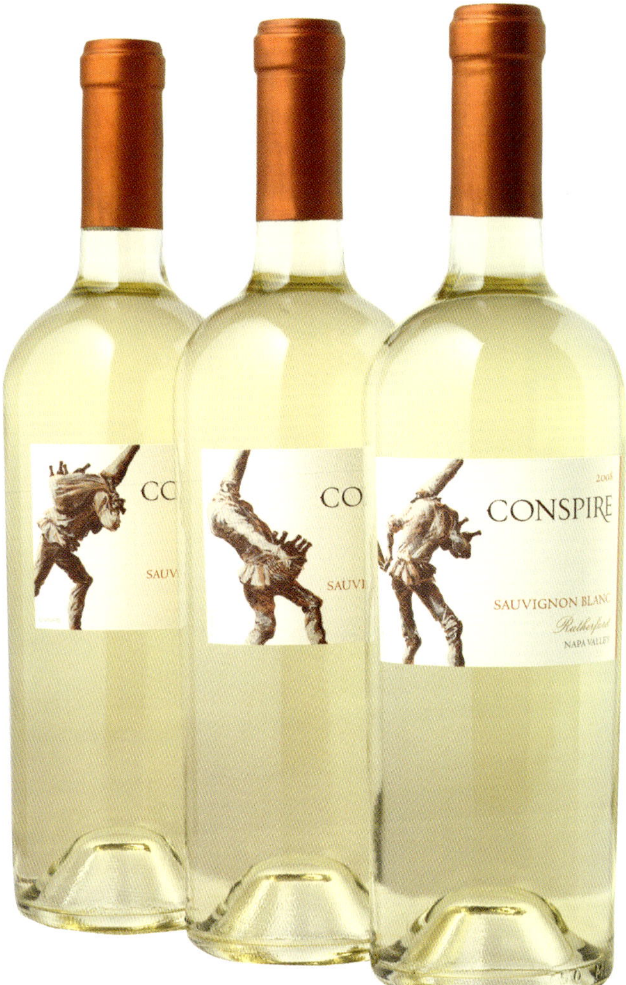

301/
CF Napa Brand Design

302/

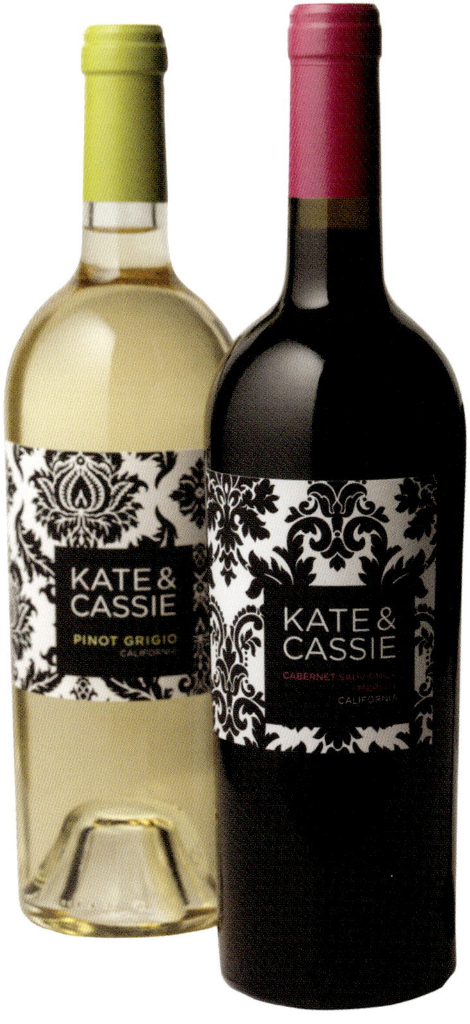

302/
CF Napa Brand
Design

303/

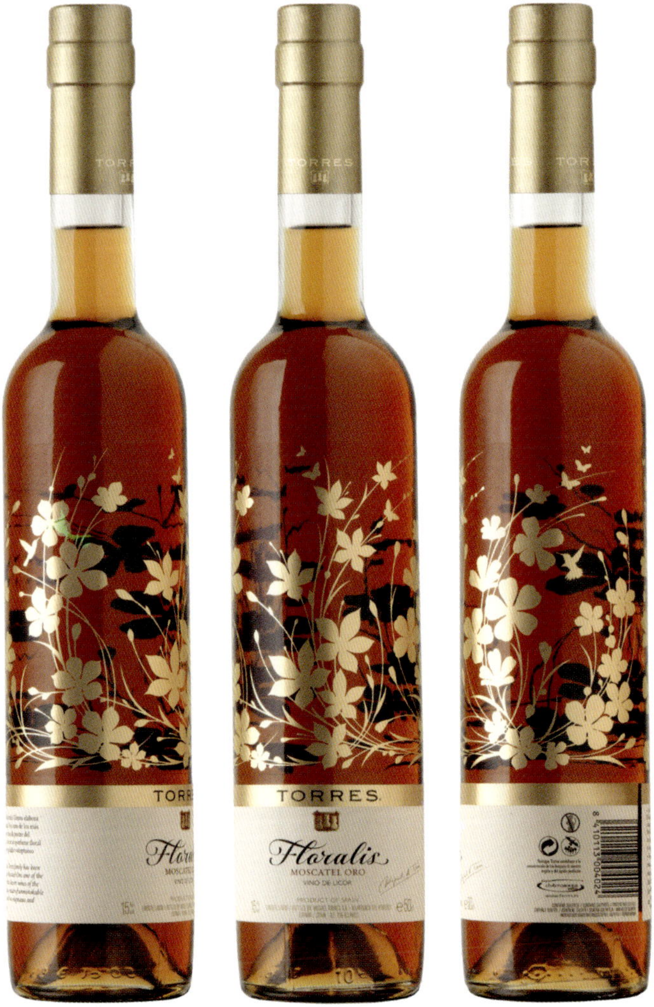

303/
extra!

304/

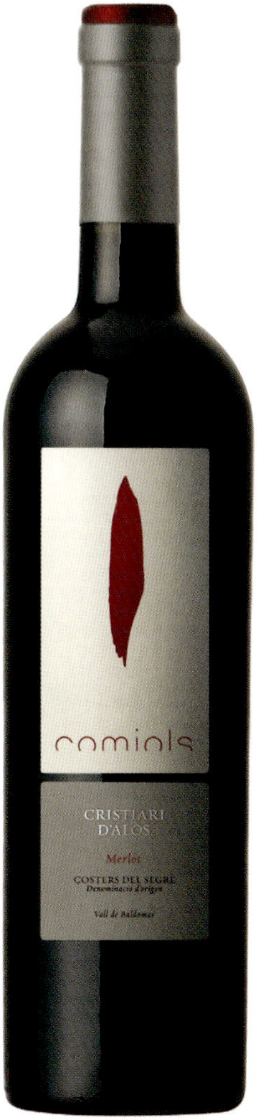

305/

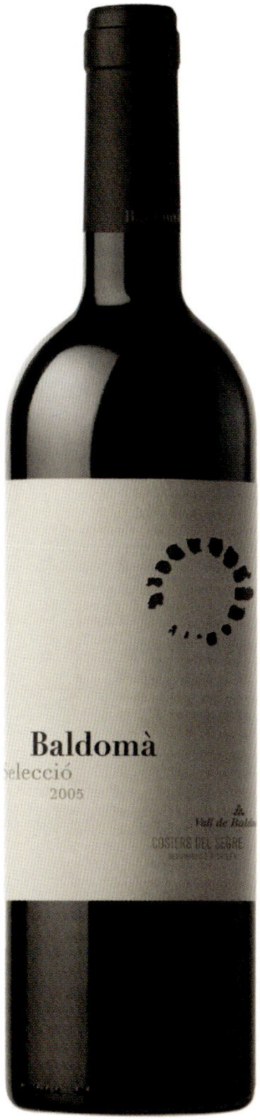

304/
extra!

305/
extra!

306/

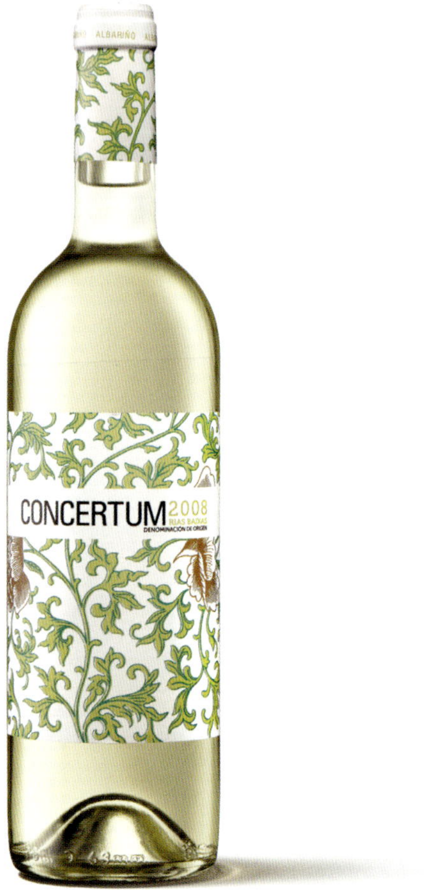

306/
(calcco)
comunicación
visual

307/

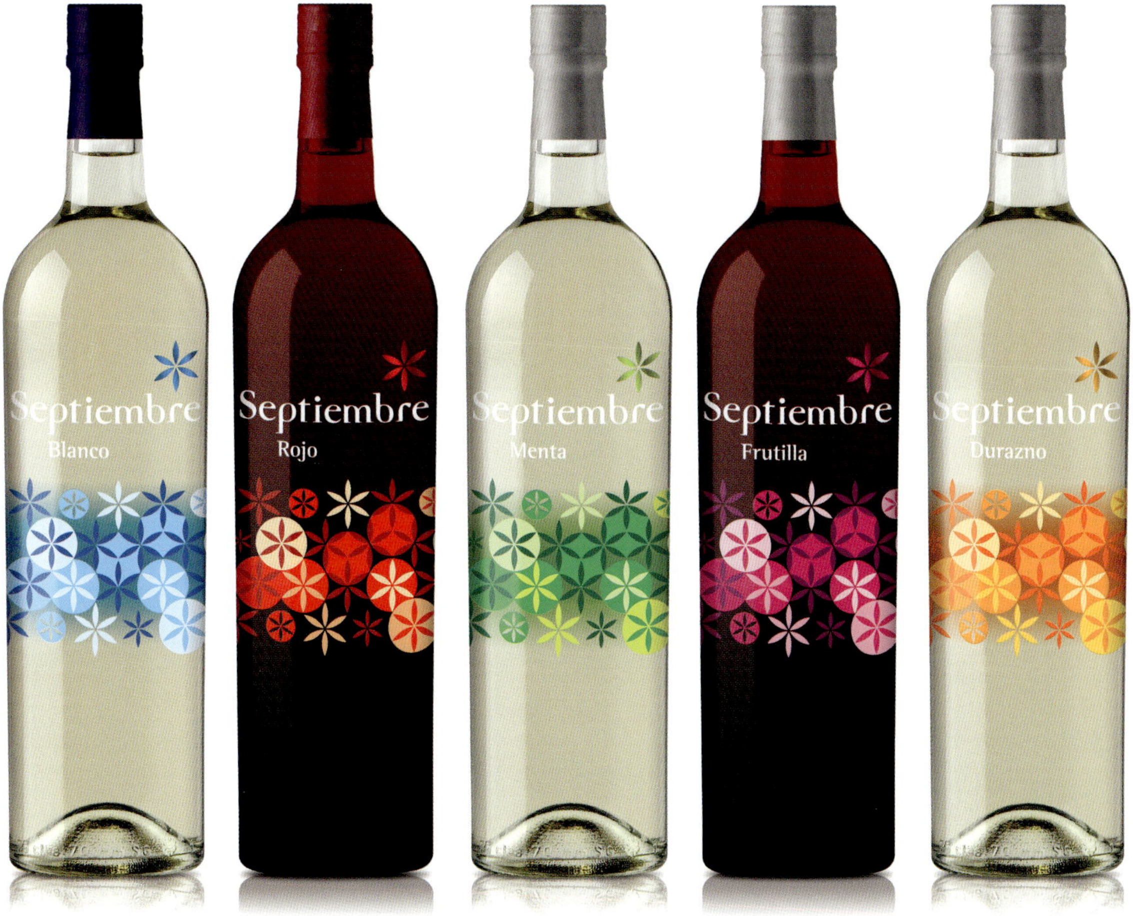

307/
tridimage

308/

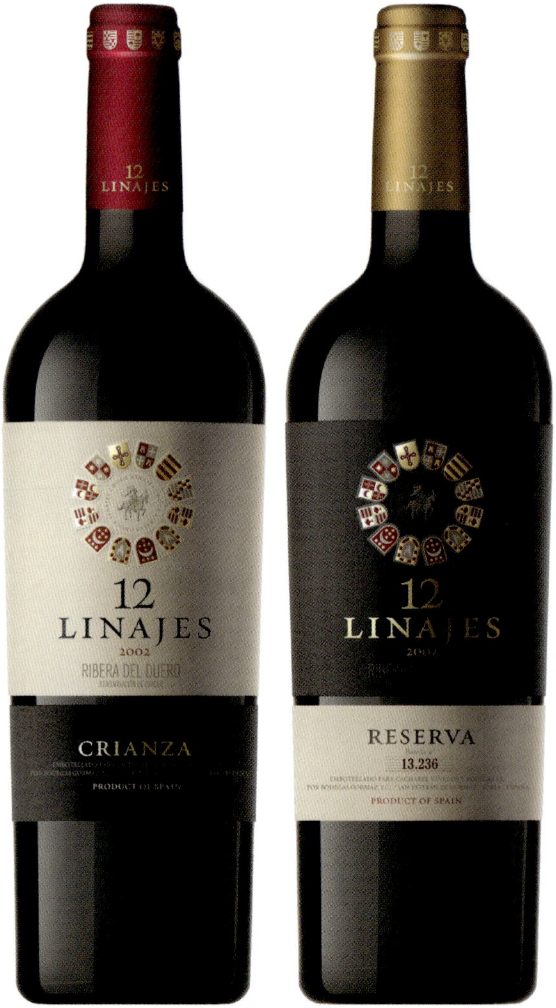

308/
extra!

309/

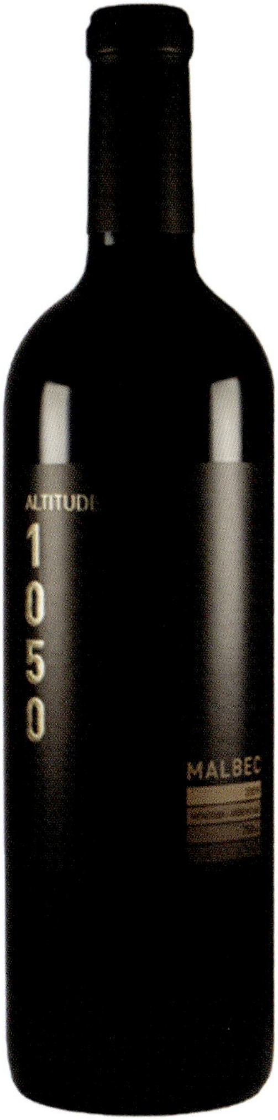

310/

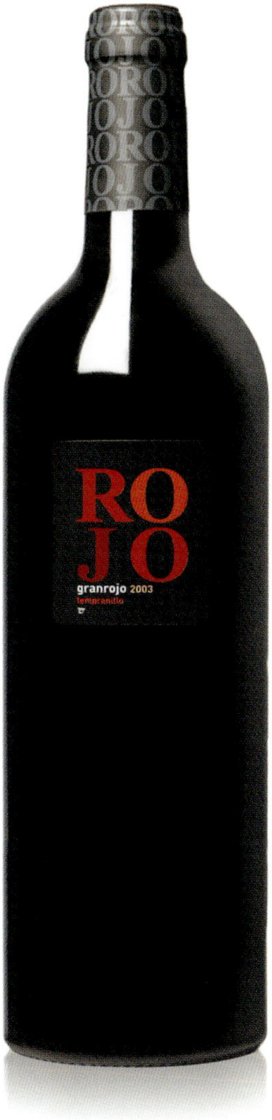

311/

309/
arbolbranding|
Estudio de Diseño

310/
ODM oficina de
diseño y marketing

311/
Crea 3
Publicidad, s.l.

312/

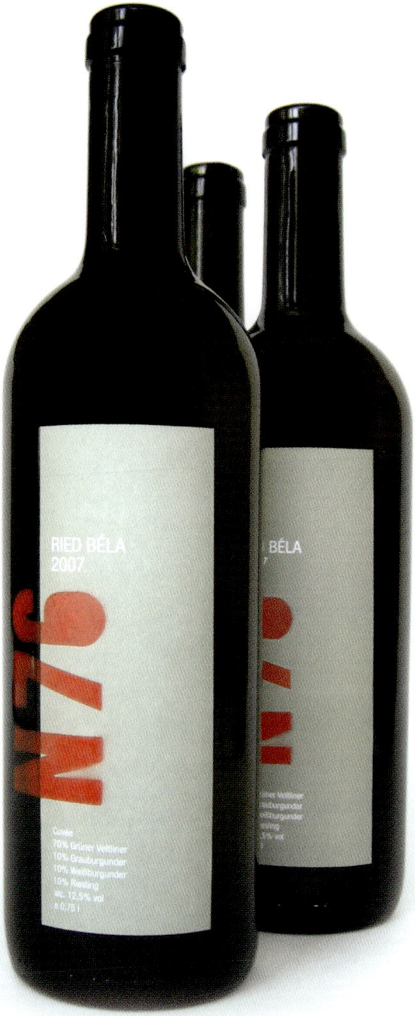

312/
Alexander Egger,
Dennis Sommer

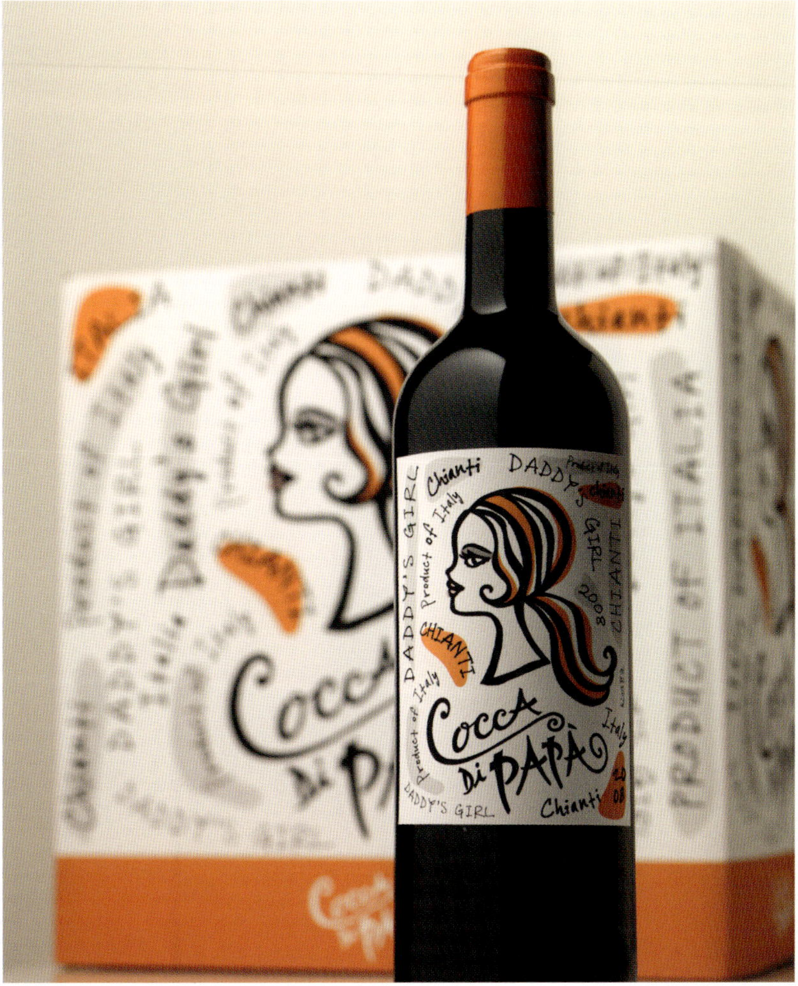

313/
CF Napa Brand Design

314/

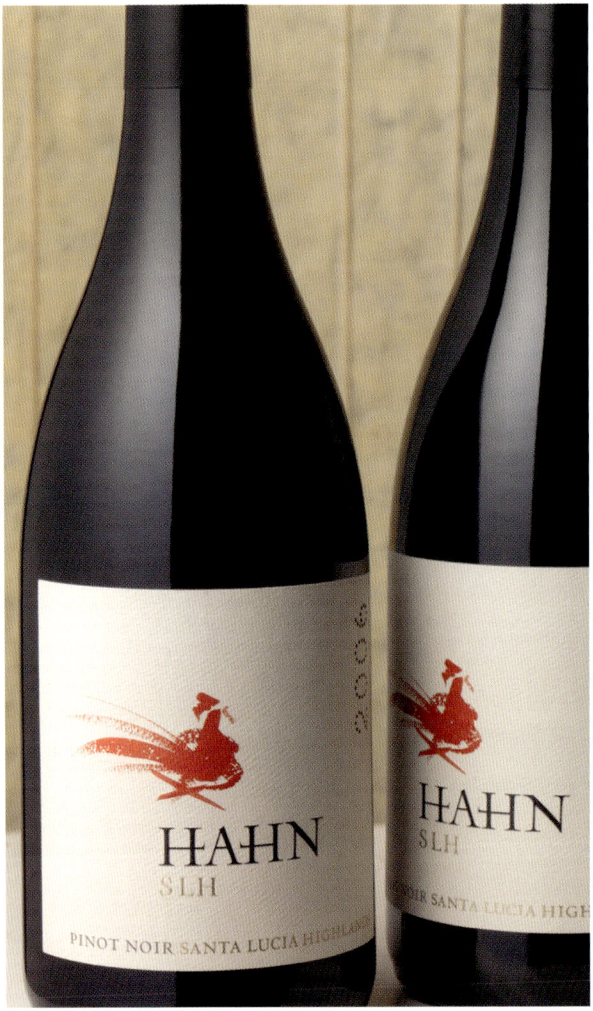

315/

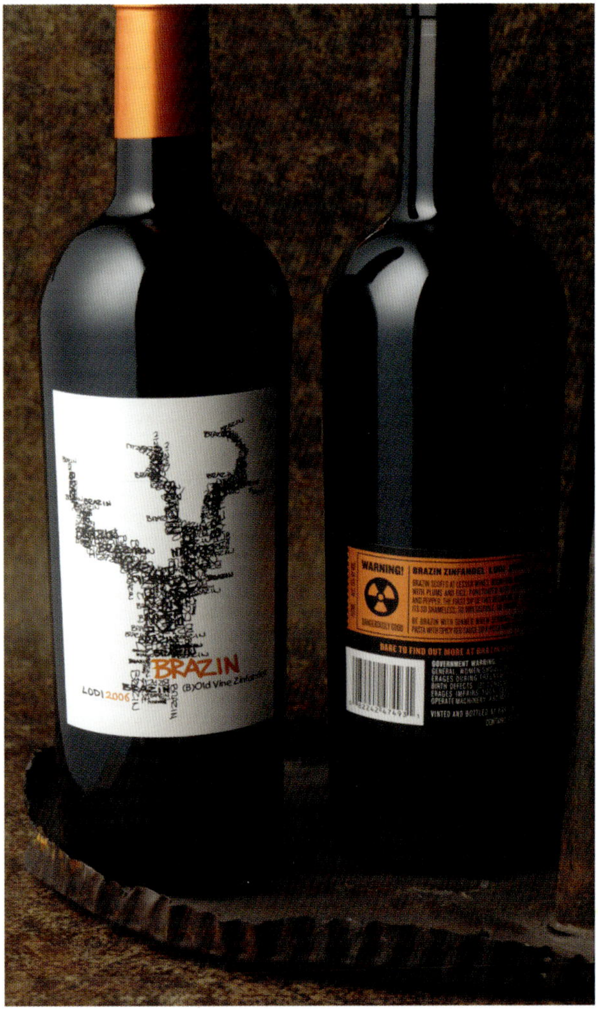

314/
CF Napa Brand Design

315/
CF Napa Brand Design

316/

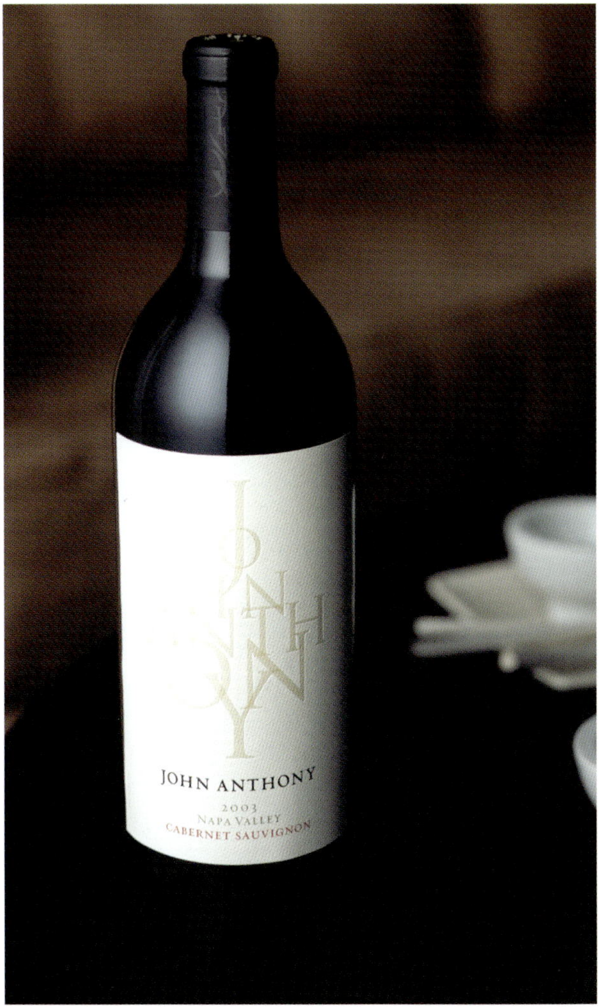

317/

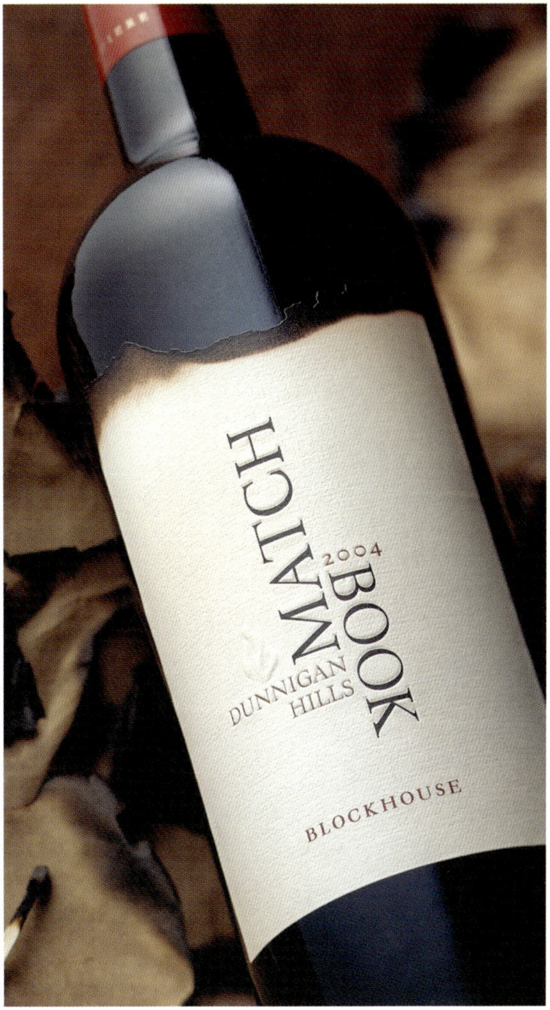

316/
CF Napa Brand Design

317/
CF Napa Brand Design

318/

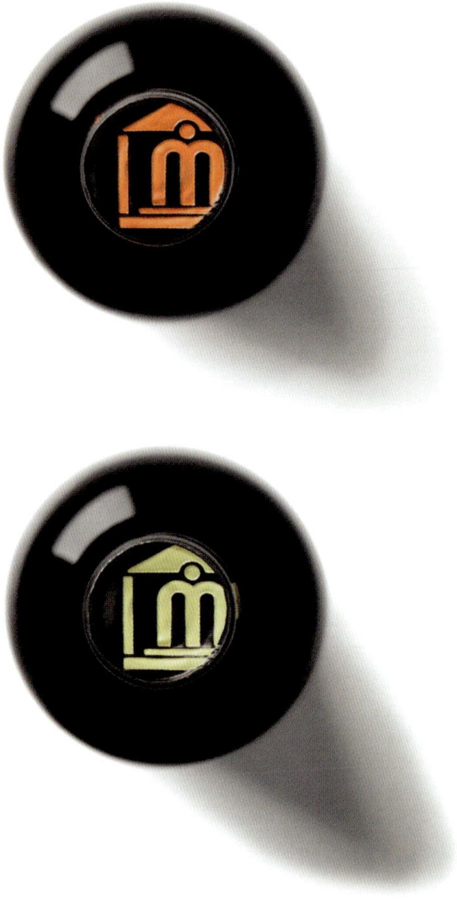

318/
Global Image
Projects S.L.

319/

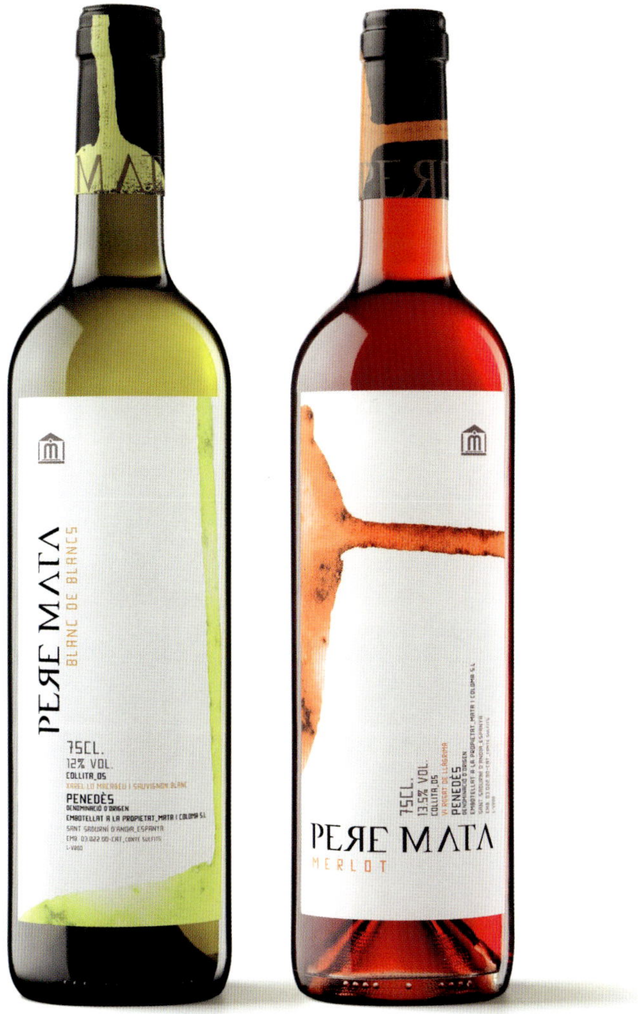

319/
Global Image
Projects S.L.

320/

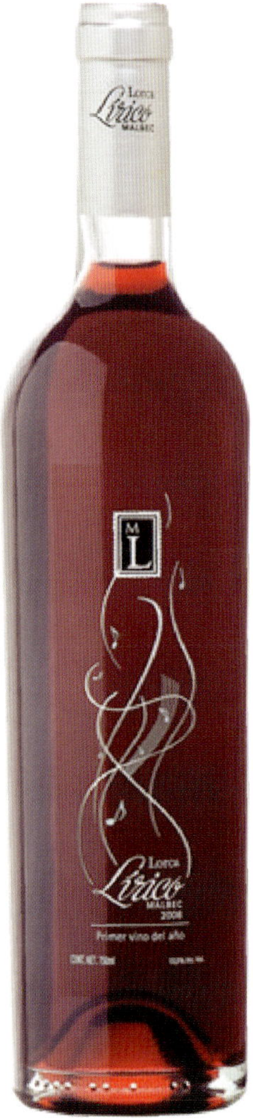

321/

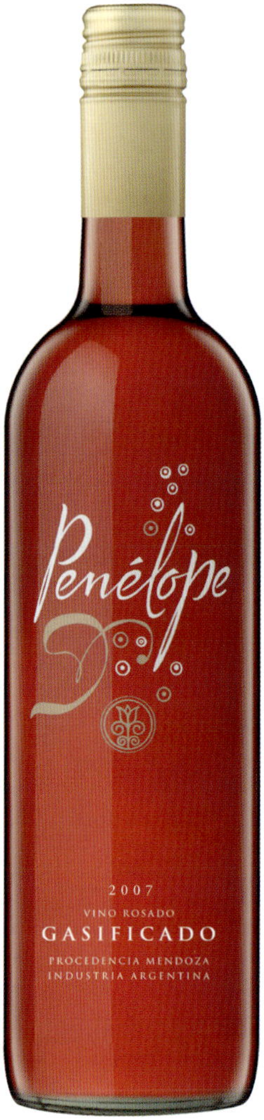

320/
arbolbranding |
Estudio de Diseño

321/
Dizen

322/

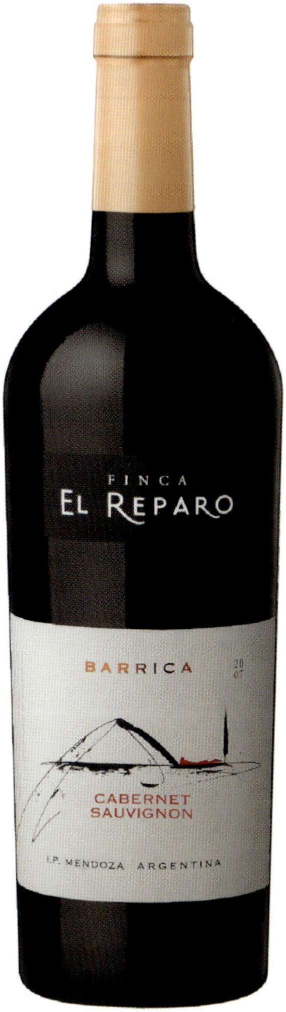

323/

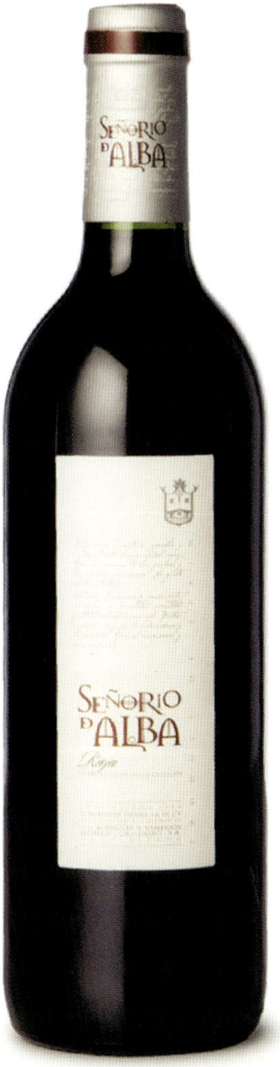

324/

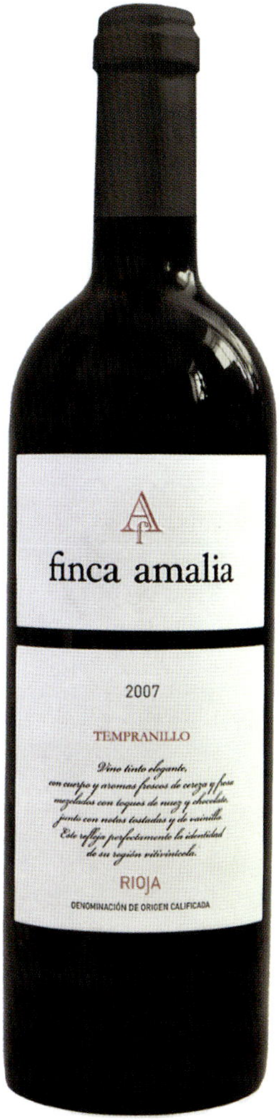

322/
Dizen

323/
Crea 3
Publicidad, s.l.

324/
Barfutura

325/

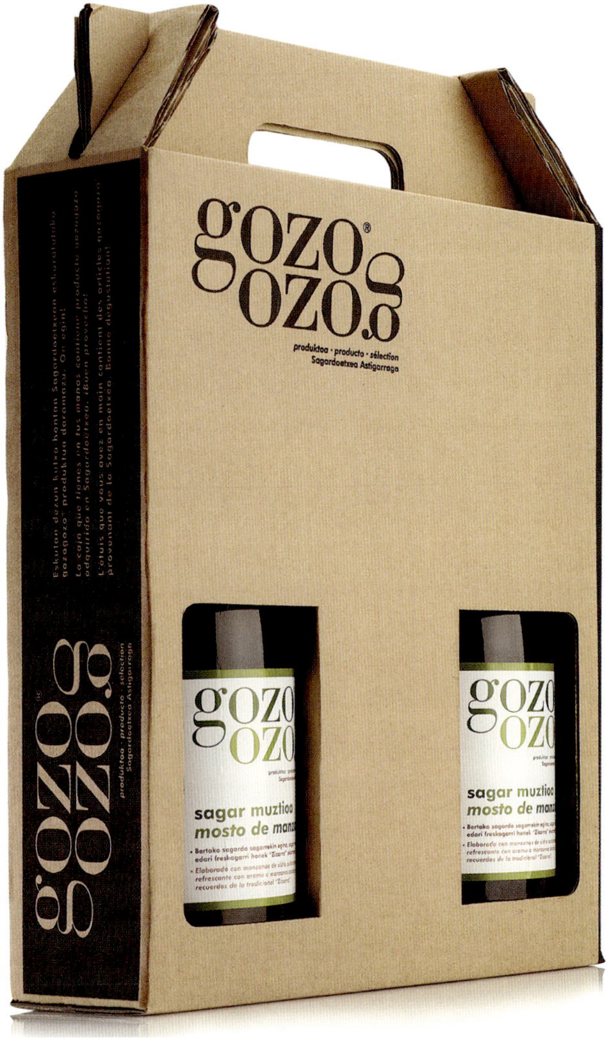

325/
Alambre Estudio

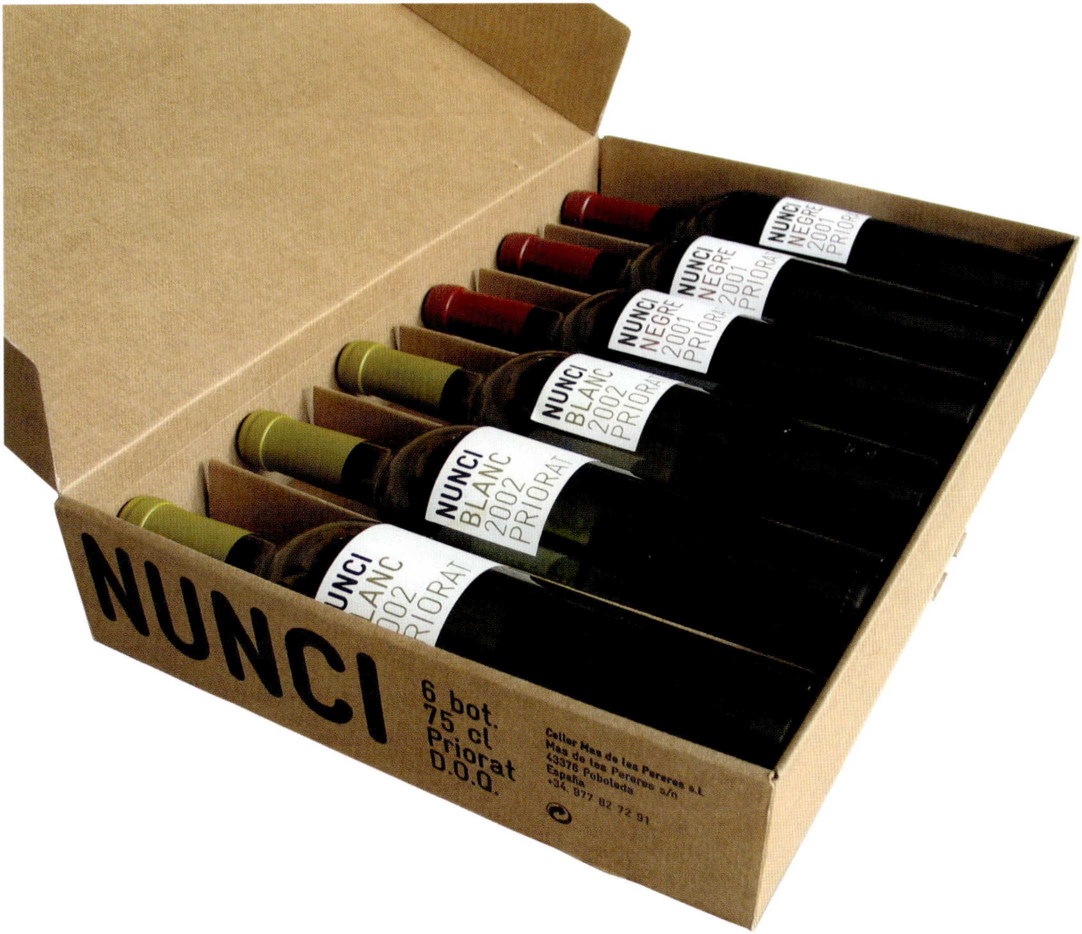

326/
Eumogràfic

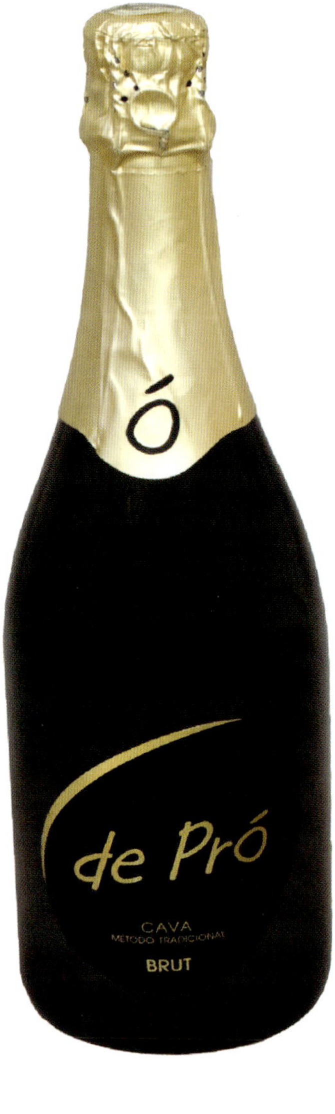

327/
Barfutura

328/

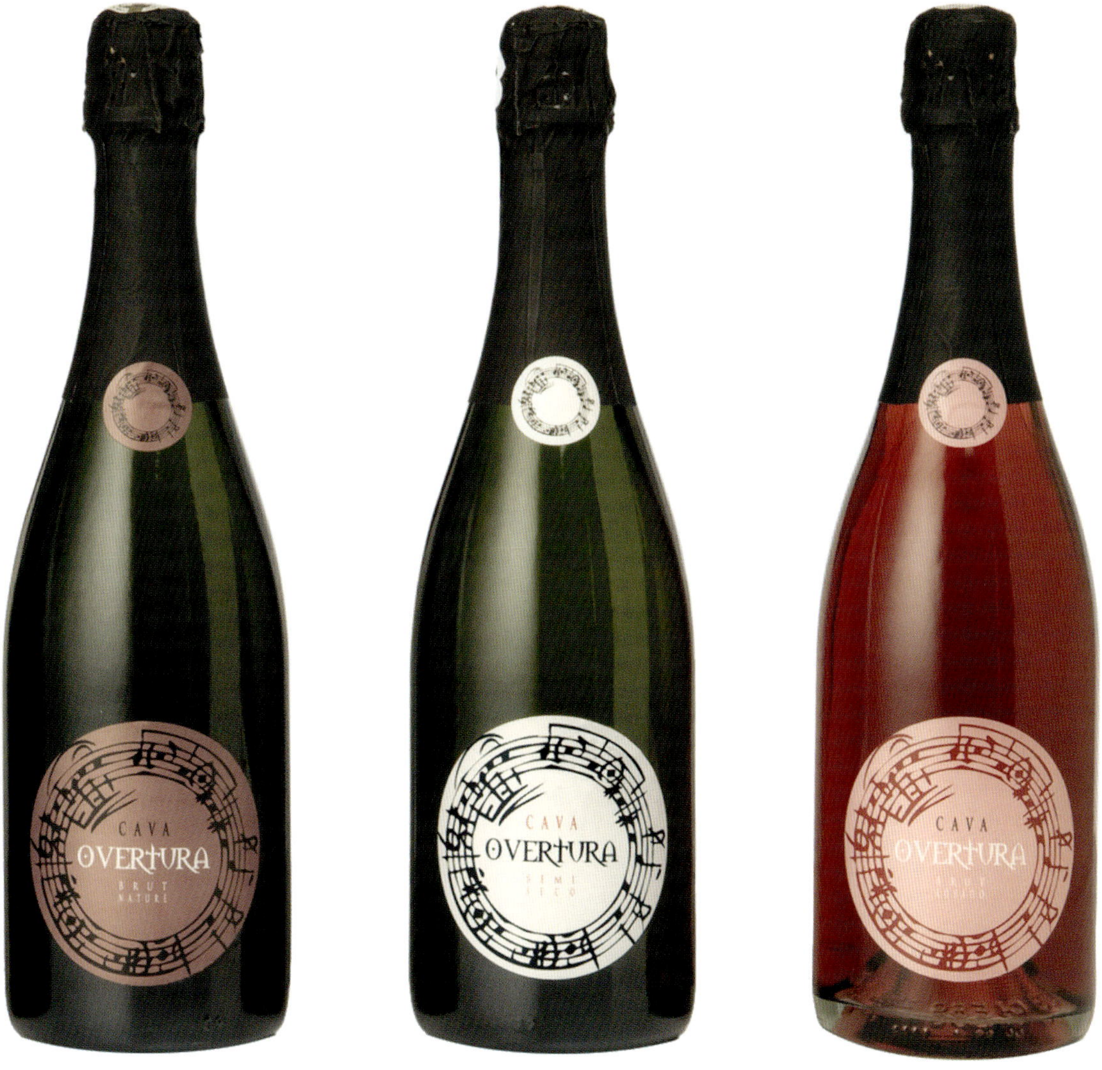

328/
Crea 3
Publicidad, s.l.

329

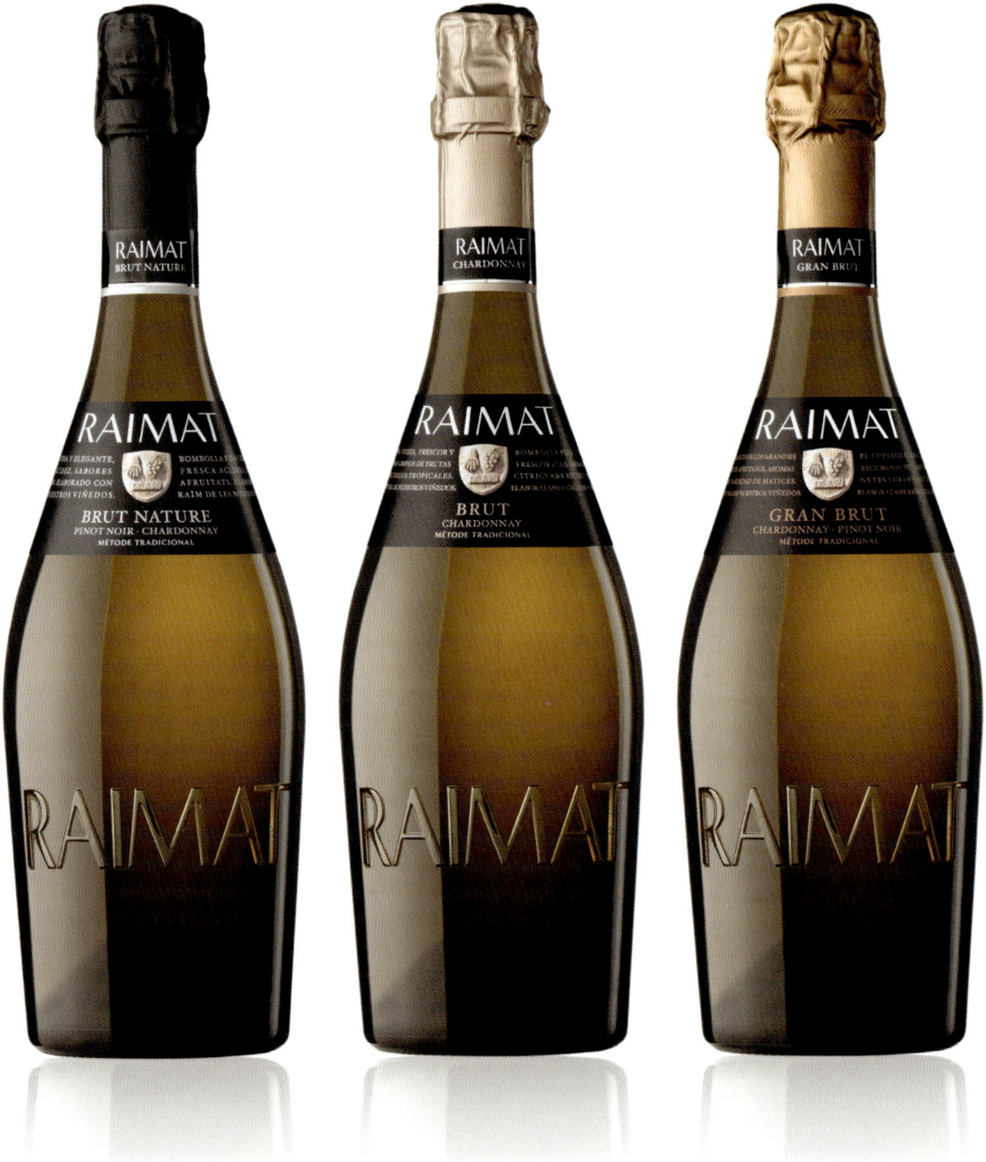

329/
Morera Design

330/

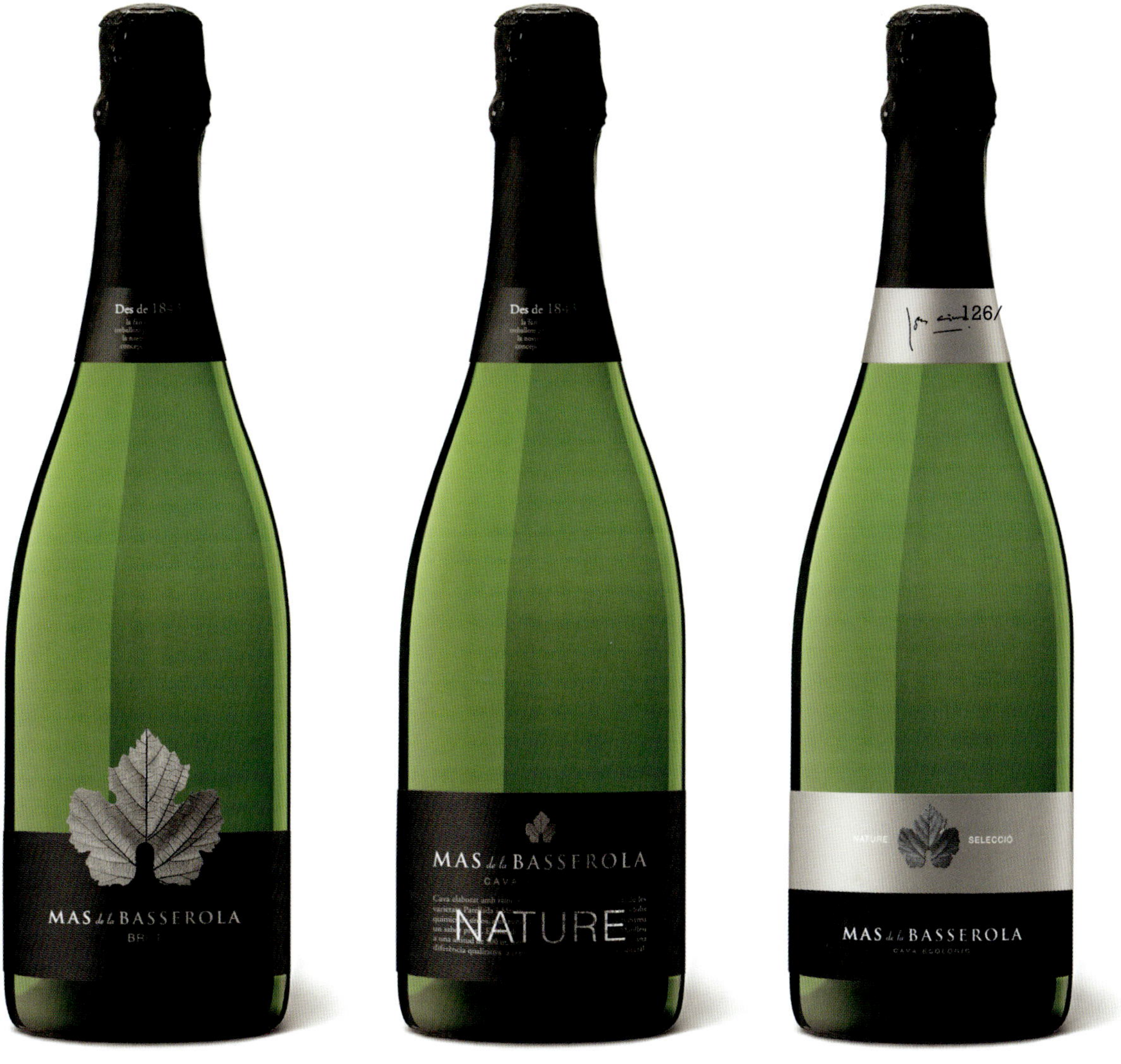

330/
espluga+
associates

331/

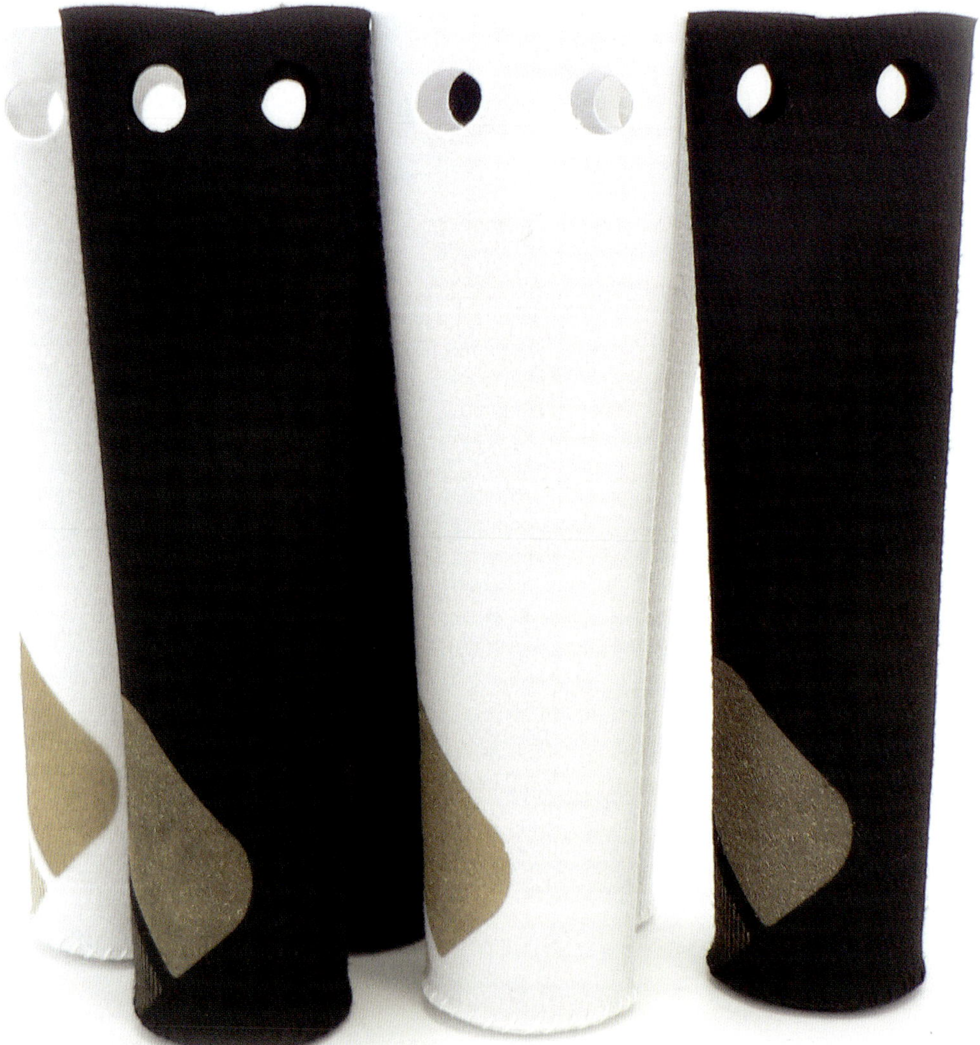

331/
D+

332/

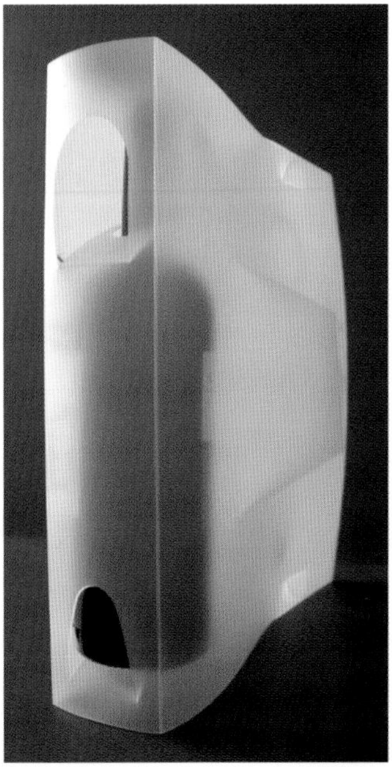

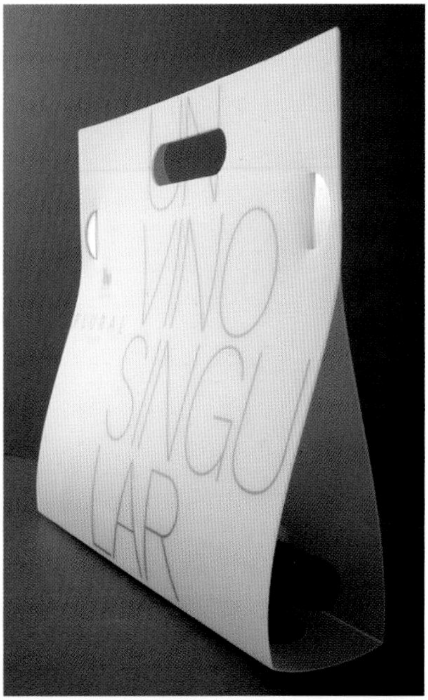

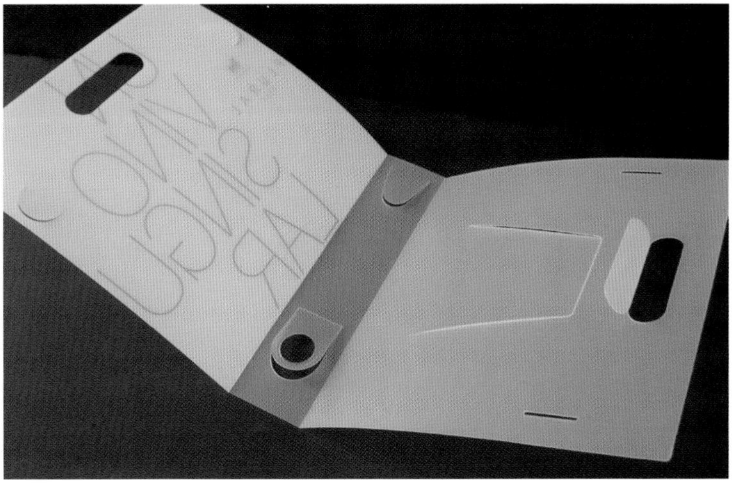

332/
Tau Diseño

333/

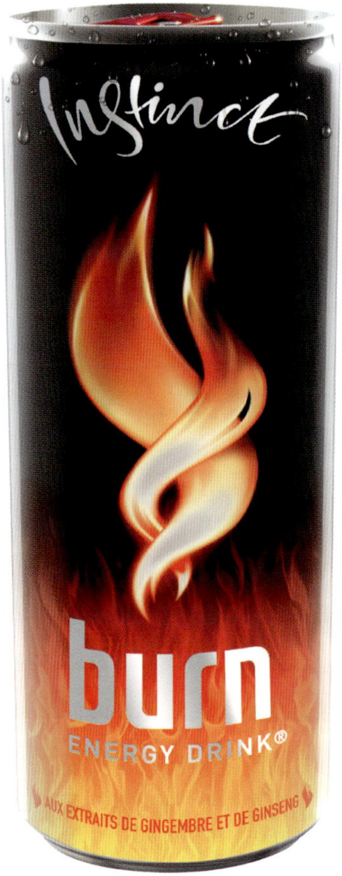

333/
Taxi Studio

334/

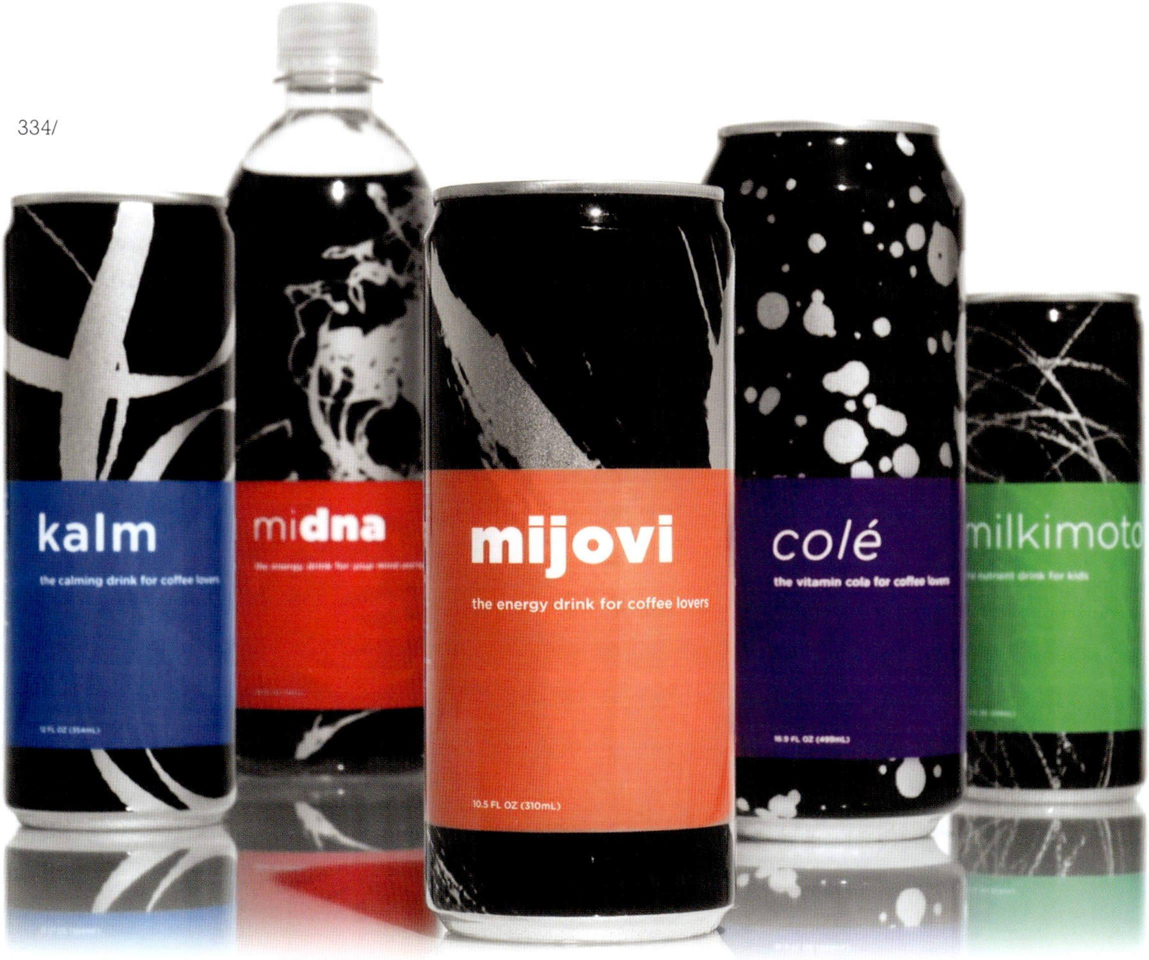

334/
Poulin + Morris Inc.

335/

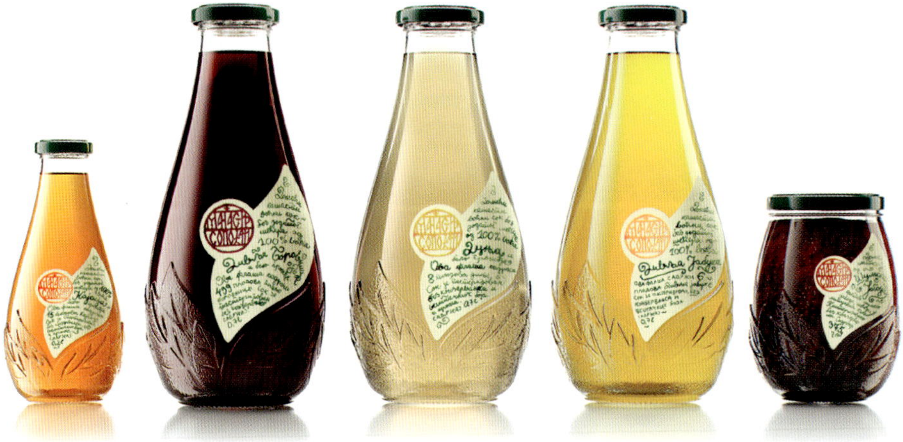

336/

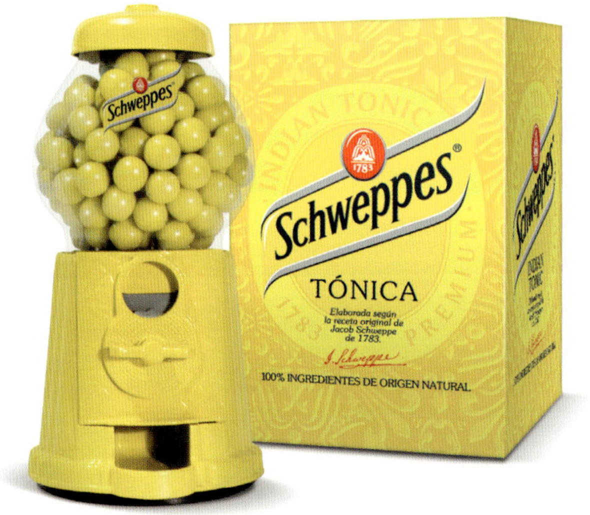

335/
Peter Gregson Studio

336/
MORIWASE

337/

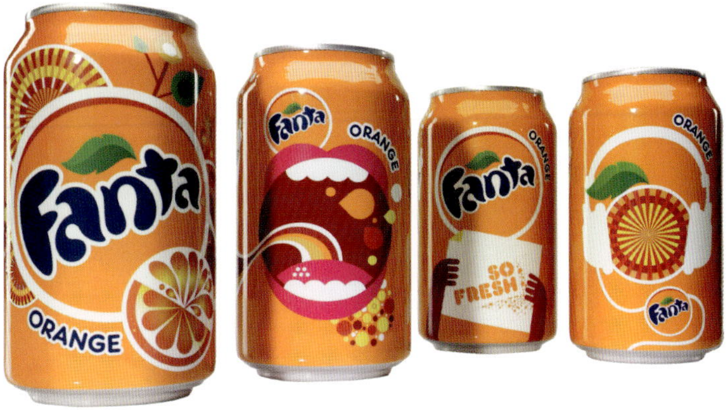

338/

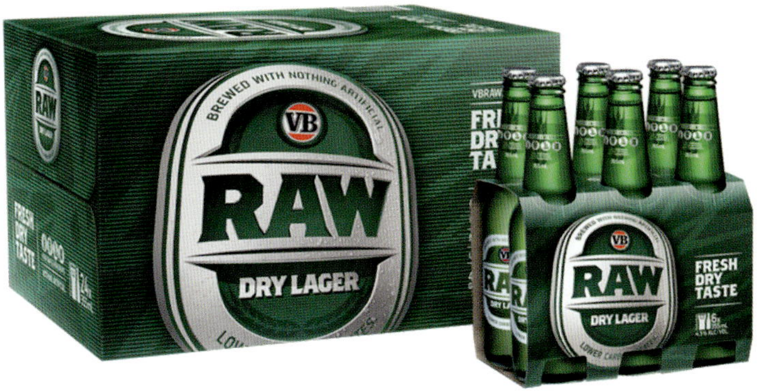

337/
Office: Jason
Schulte Design

338/
Maud

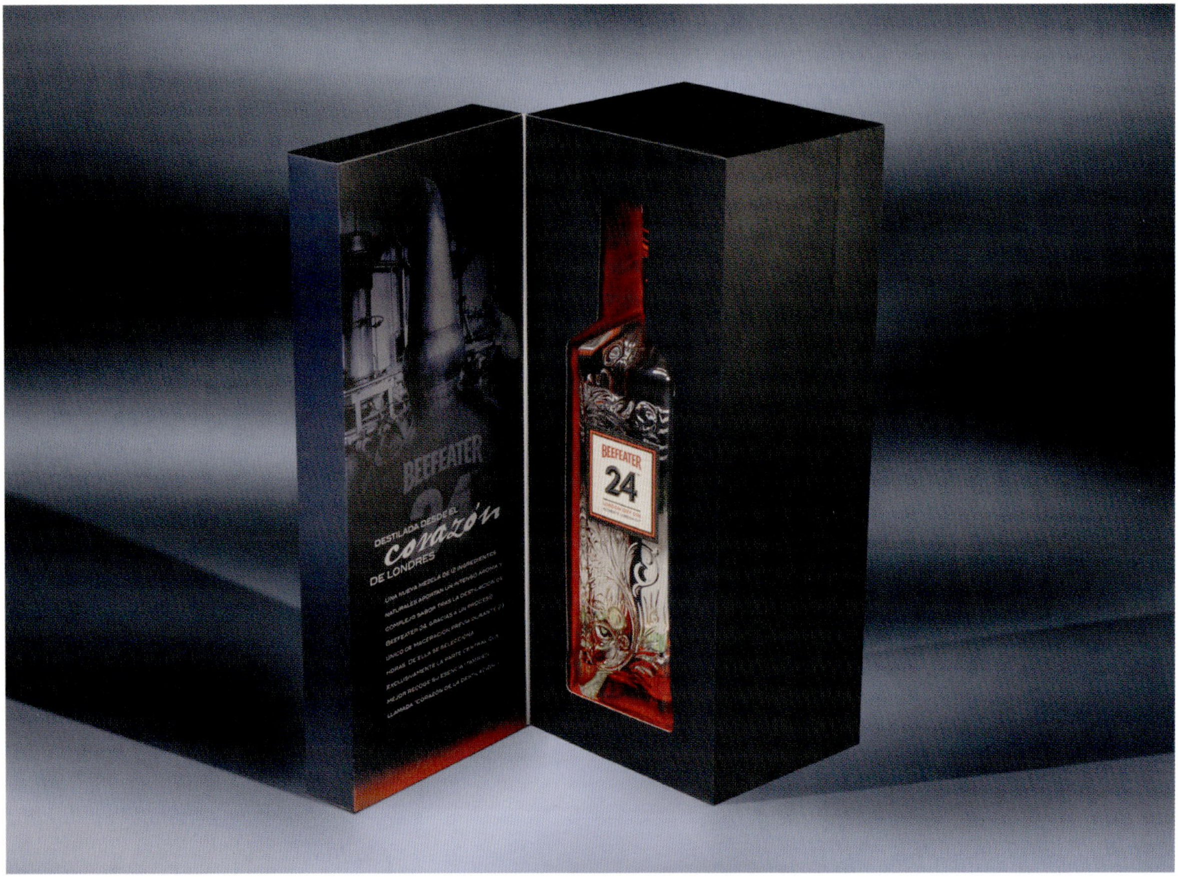

339/
JMG/Garrofé
disseny

340/

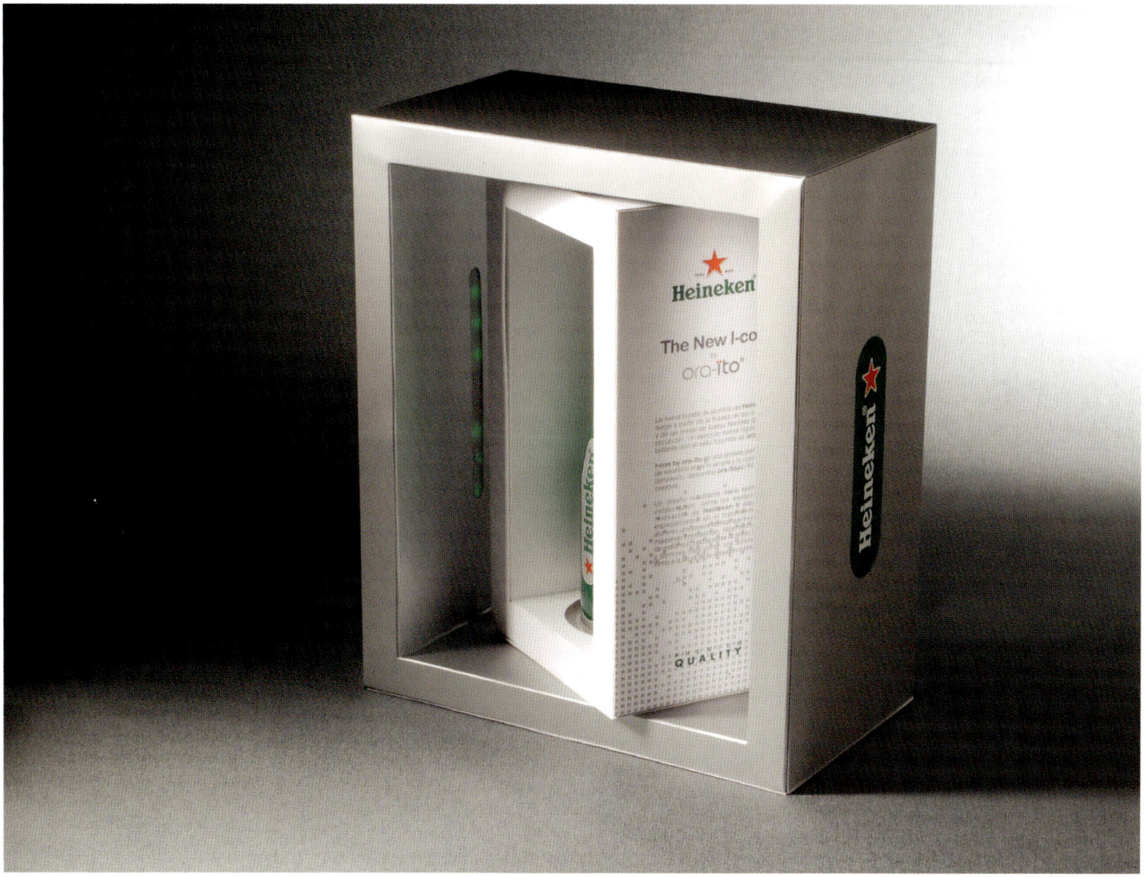

340/
JMG/Garrofé
disseny

341/

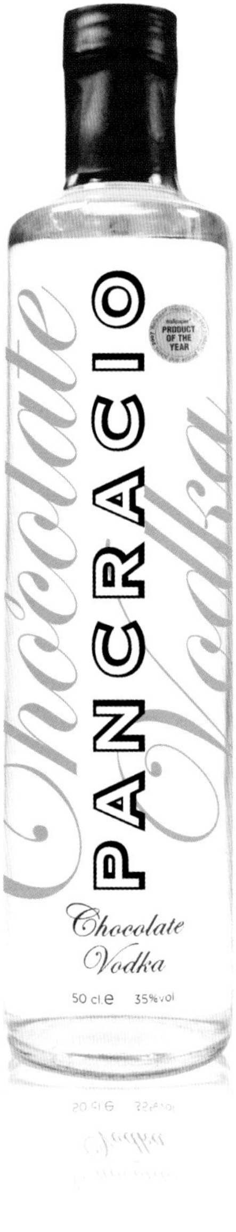

341/
ODM oficina de
diseño y marketing

342/

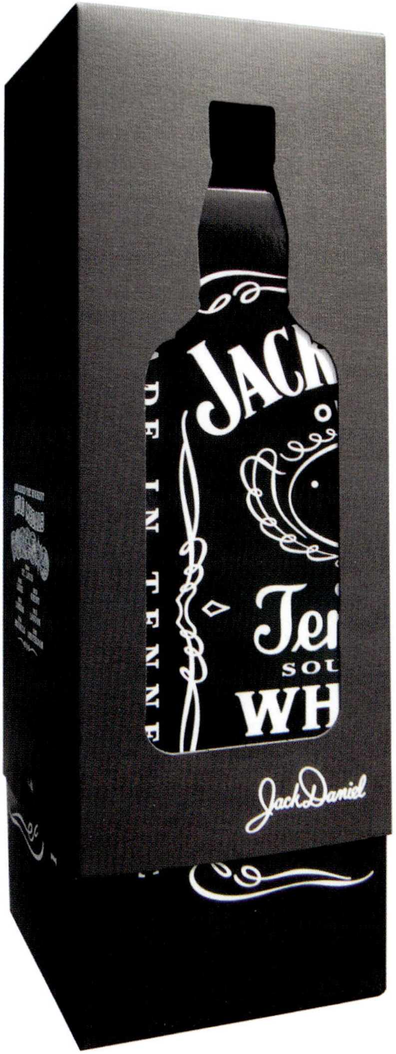

343/

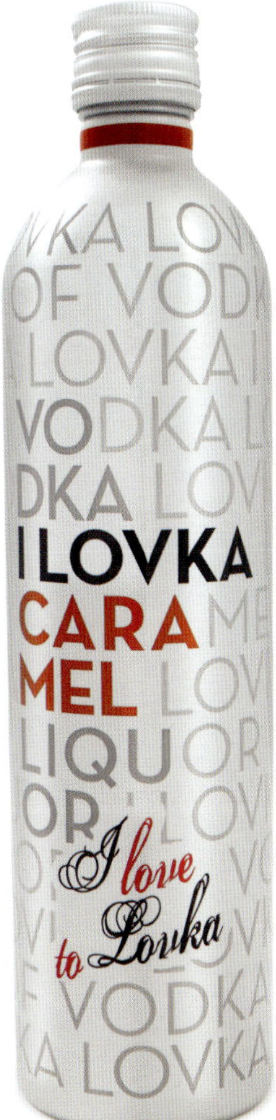

342/
Mayday

343/
ODM oficina de
diseño y marketing

344/

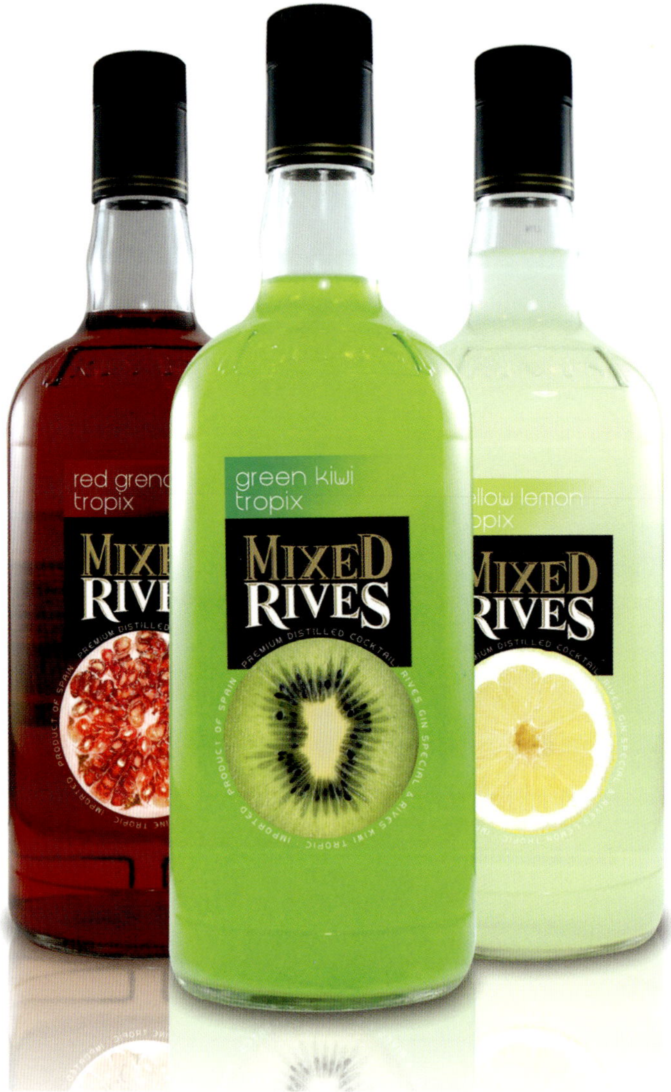

344/
ODM oficina de
diseño y marketing

345/

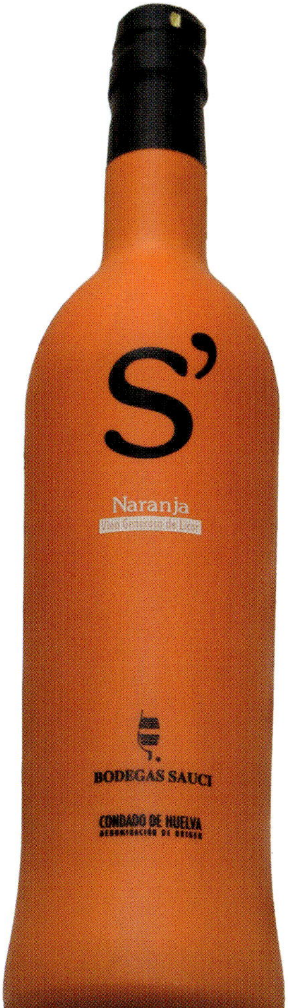

346/

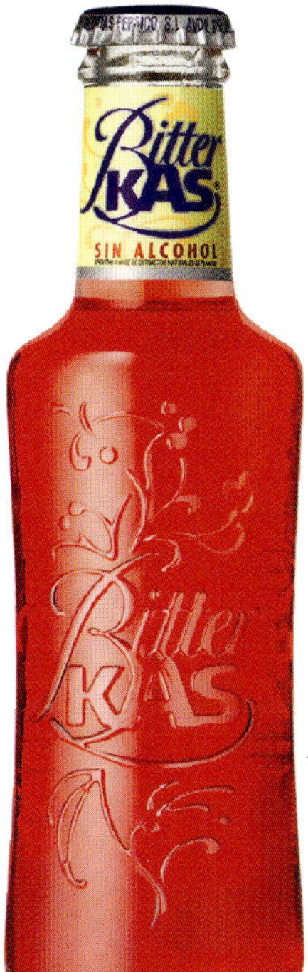

347/

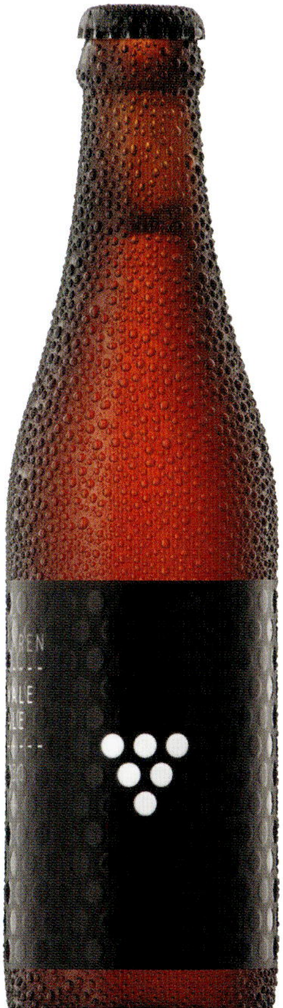

345/
gesto-
comunicación

346/
Morera Design

347/
Parallax Design

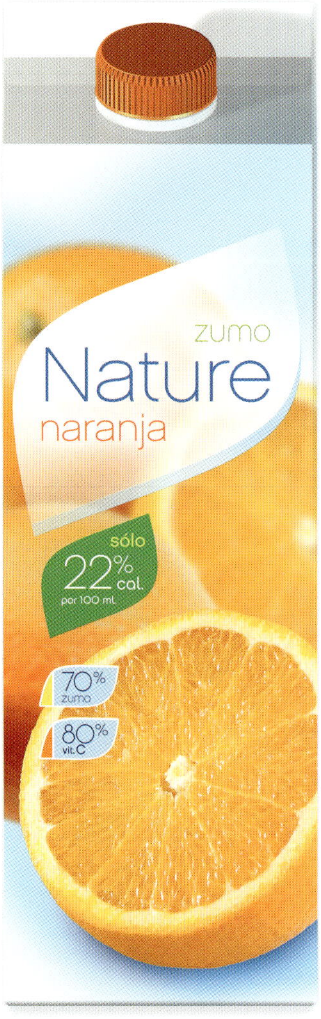

348/
brand attack

349/

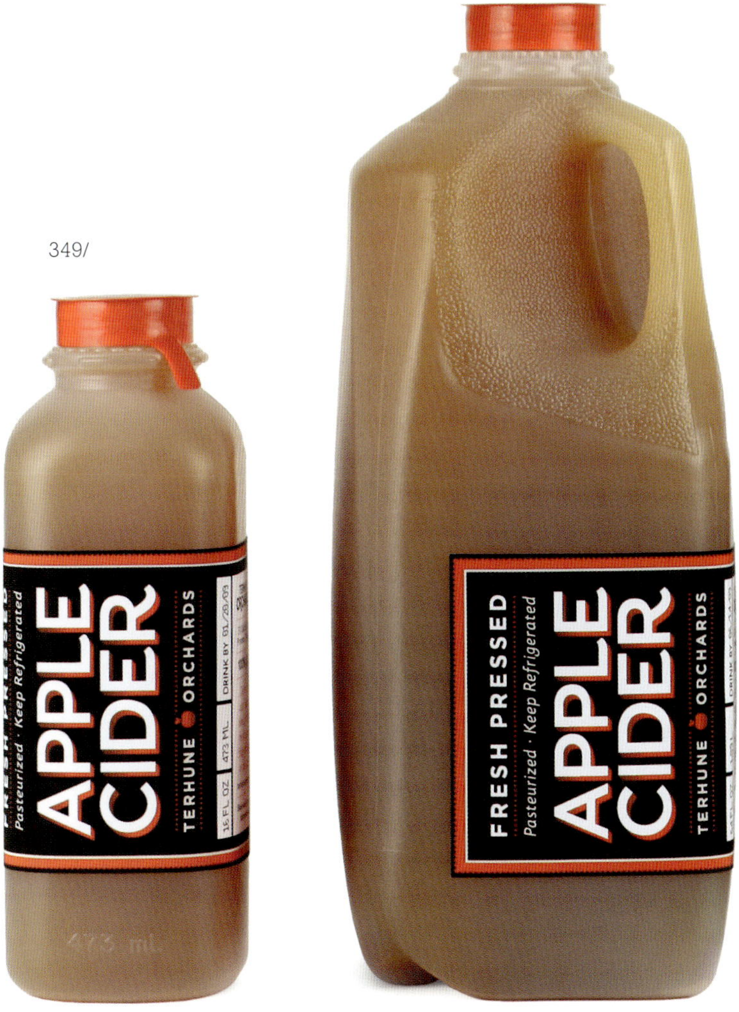

349/
JJAAKK: Jesse Kirsch Design

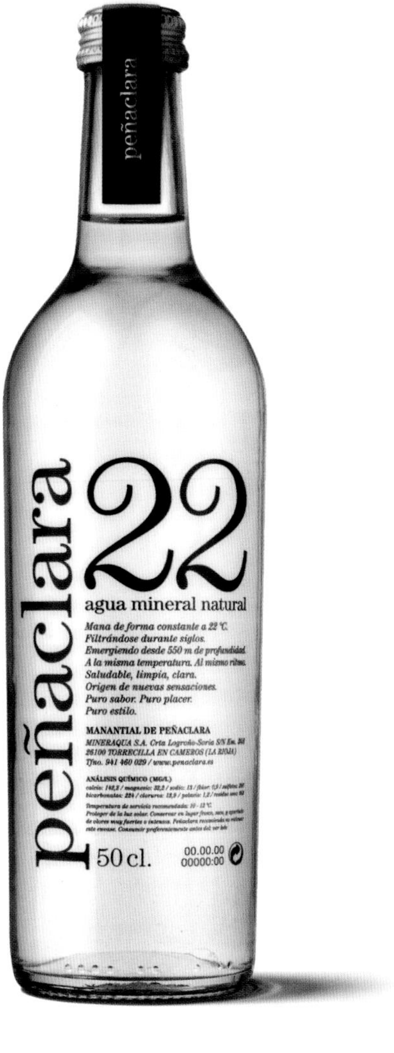

350/
(calcco)
comunicación
visual

352/

351/

353/

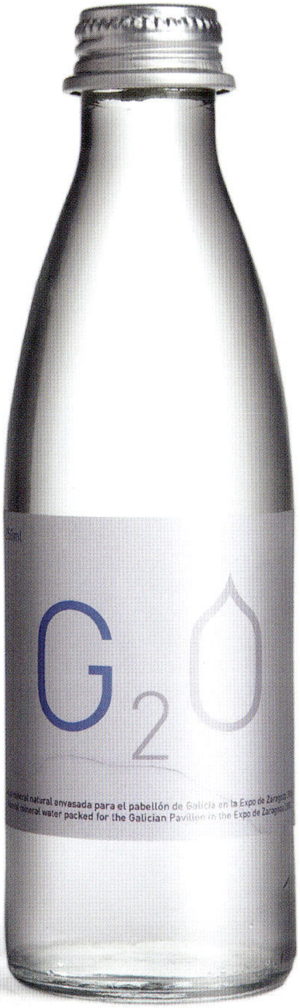

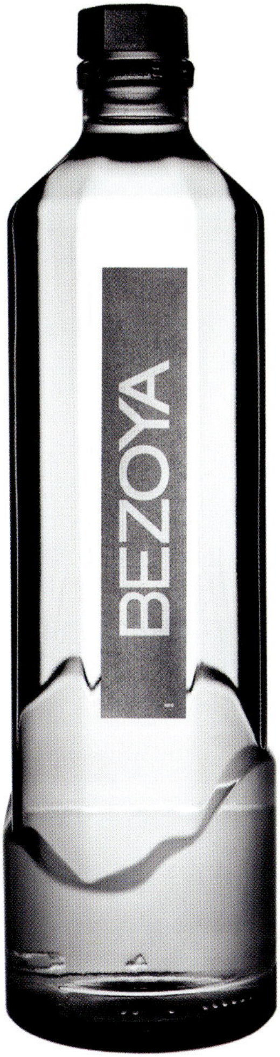

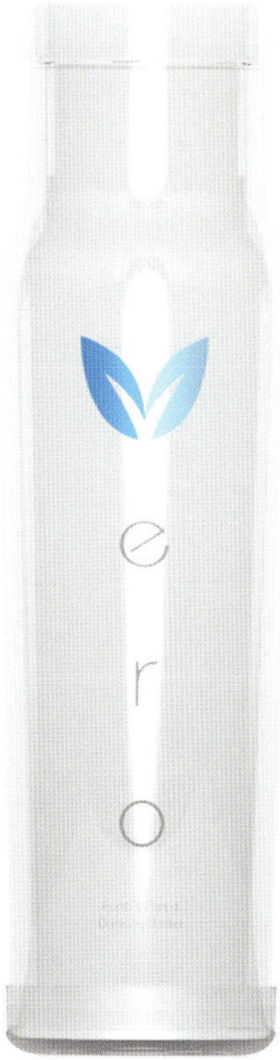

351/
Unlimit---ed

352/
Morera Design

353/
Just Creative
Design

354/

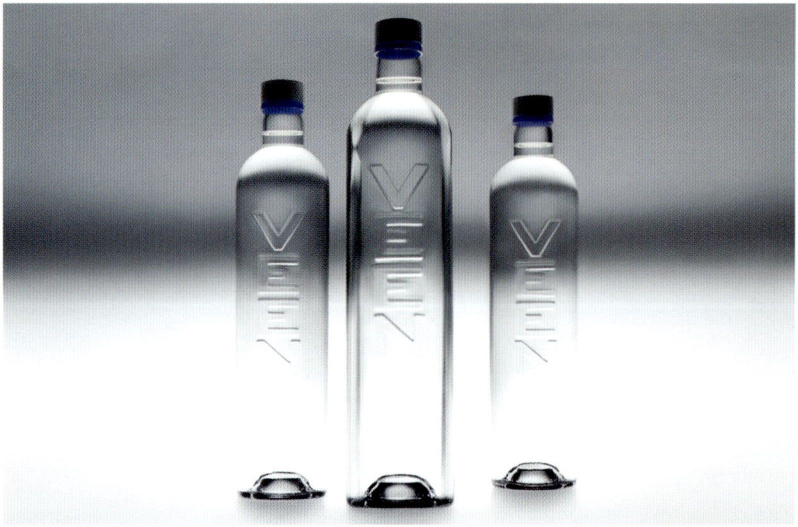

355/

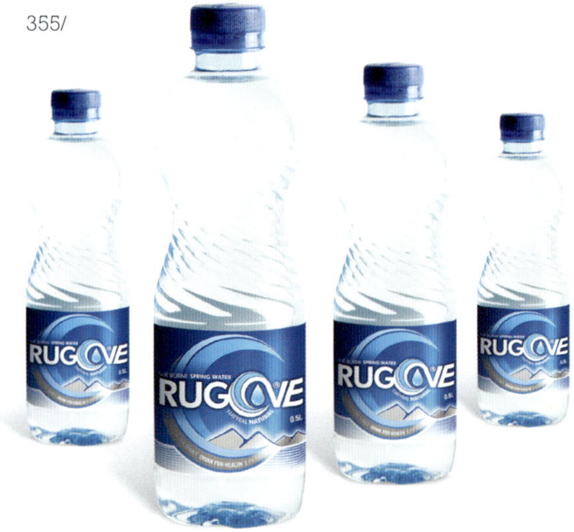

354/
Eklund Design Oy

355/
Project GRAPHICS

356/

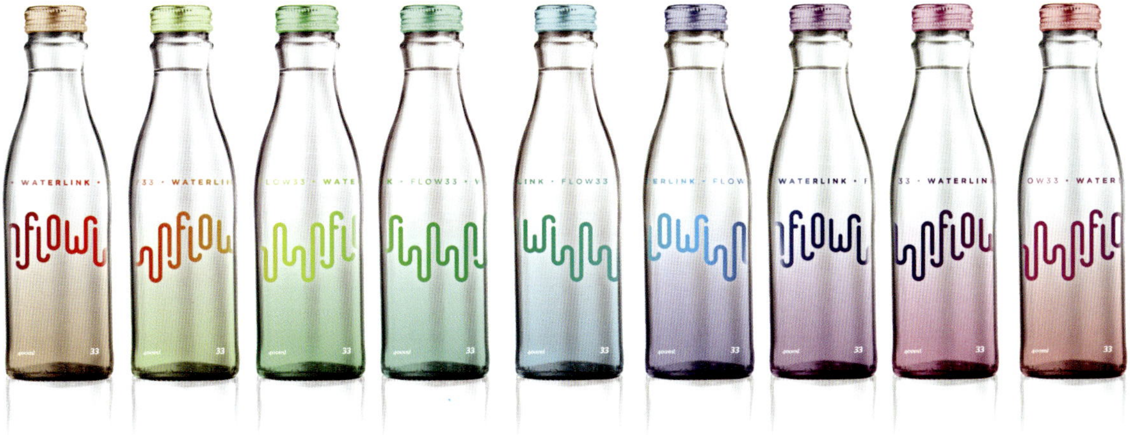

356/
Dan Alexander & Co. (Danny Goldberg, Yotam Hadar)

002/ - Packaging number
Hampus Jageland - Studio name
Gallucci - Client name
Australia - Country

258/
Dizen
Azienda Spinato
Argentina

259/
Mary Hutchison Design LLC
Ste. Michelle Wine Estates
United States

260/
Crea 3 Publicidad, s.l.
Bodegas Barriosa
Spain

261/
Crea 3 Publicidad, s.l.
Amurrio Barroeta
Spain

262/
(calcco) comunicación visual
Bodegas Finca Nueva
Spain

263/
(calcco) comunicación visual
Bodegas Finca Nueva
Spain

264/
Studio Ajd
Jordan Cigoj
Slovenia

265/
ODM oficina de diseño y marketing
NAVARRO LÓPEZ Bodegas
Spain

266/
KROG
Crni kos
Slovenia

267/
talking
Ferrer Bobet
Spain

268/
ATIPUS, S.L.
Cellers Folch
Spain

269/
(calcco) comunicación visual
Bodegas Orben
Spain

270/
no.parking
Marco Buvoli
Italy

271/
Studio Copyright
Mas Romaní
Spain

272/
Crea 3 Publicidad, s.l.
Bodegas Dunviro
Spain

273/
Alexander Egger, Lena Appl
N76
Austria

274/
extra!
Bodegas Clos Barenys
Spain

275/
extra!
Bodegas Clos Montblanc
Spain

276/
extra!
Bodegas Miguel Torres
Spain

277/
Marnich Associates
Vins Toni Gelabert
Spain

278/
ad positive
Cantine Rallo spa
Italy

279/
La Consulta Creativa
Bodegas Don Sancho de Londoño
Spain

280/
Parallax Design
Hardys
Australia

281/
DOLIWA, WILHELM
Bodegas Launa
Spain

282/
ATIPUS, S.L.
Coca i Fitó
Spain

283/
ATIPUS, S.L.
Naturmontsant
Spain

284/
ATIPUS, S.L.
Cellers Folch
Spain

285/
Neil Cutler Design
Grupo Eroski
Spain

286/
MOUSE GRAPHICS
Biotos SA
Greece

287/
extra!
Bodegas Clos Montblanc
Spain

288/
DORO Design
Produttori di Govone
Italy

289/
DORO Design
Produttori di Govone
Italy

290/
espluga+associates
celler vives gau
Spain

291/
Parallax Design
Henry's Drive Vignerons
Australia

292/
Parallax Design
Jim Barry Wines
Australia

293/
Bruketa & Zinic OM
Fructus
Croatia

294/
Borisgrafic S.L.
Vinyes Mortitx
Spain

295/
CF Napa Brand Design
Bacio Divino
United States

296/
CF Napa Brand Design
Domenichelli Wines
United States

297/
CF Napa Brand Design
Klinker Brick Winery
United States

298/
CF Napa Brand Design
Joseph Phelps Vineyards
United States

299/
CF Napa Brand Design
Flying Horse
United States

300/
CF Napa Brand Design
Meander Wines
United States

301/
CF Napa Brand Design
Canopy Management
United States

302/
CF Napa Brand Design
Canopy Management
United States

303/
extra!
Bodegas Miguel Torres
Spain

304/
extra!
Restauant Comiols
Spain

305/
extra!
Bodegas Vall de Baldomar
Spain

306/
(calcco) comunicación visual
Bodegas Lan
Spain

307/
tridimage
bva
Argentina

308/
extra!
Bodegas Cacharel
Spain

309/
arbolbranding | Estudio de Diseño
Monteviejo
Argentina

310/
ODM oficina de diseño y marketing
Navarro López Bodegas
Spain

311/
Crea 3 Publicidad, s.l.
Bodega la Viña de Nabot
Spain

312/
Alexander Egger, Dennis Sommer
N76
Austria

313/
CF Napa Brand Design
Canopy Management
United States

314/
CF Napa Brand Design
Hahn Family Wines
United States

315/
CF Napa Brand Design
Delicato Family Vineyards
United States

316/
CF Napa Brand Design
John Anthony Vineyards
United States

317/
CF Napa Brand Design
Crew Wine Company
United States

318/
Global Image Projects S.L.
Mata Coloma S.L.
Spain

319/
Global Image Projects S.L.
Mata Coloma S.L.
Spain

320/
arbolbranding | Estudio de Diseño
Mauricio Lorca Winery
Argentina

321/
Dizen
Bodega Los Toneles
Argentina

322/
Dizen
Bodega Cuarto Surco
Argentina

323/
Crea 3 Publicidad, s.l.
Bodegas Gómez Cruzado
Spain

324/
Barfutura
LongWines
Spain

325/
Alambre Estudio
Sagardoetxea Museo de la Sidra Vasca
Spain

326/
Eumogràfic
Celler Mas de les Pereres
Spain

327/
Barfutura
LongWines
Spain

328/
Crea 3 Publicidad, s.l.
Movisa
Spain

329/
Morera Design
Codorniu
Spain

330/
espluga+associates
celler vives gau
Spain

331/
D+
D+
Italy

332/
Tau Diseño
Osborne
Spain

333/
Taxi Studio
Coca-Cola Design Europe
United Kingdom

334/
Poulin + Morris Inc.
The Mijovi Company
United States

335/
Peter Gregson Studio
Monastery Sopocani
Serbia

336/
MORIWASE
Schweppes
Spain

337/
Office: Jason Schulte Design
The Coca-Cola Company
United States

338/
Maud
Fosters Group
Australia

339/
JMG/Garrofé disseny
Pernod Ricard
Spain

340/
JMG/Garrofé disseny
Heineken; Volkswagen
Spain

341/
ODM oficina de diseño y marketing
Casalbor
Spain

342/
Mayday
Brown Forman
United Kingdom

343/
ODM oficina de diseño y marketing
Casalbor
Spain

344/
ODM oficina de diseño y marketing
Rives Pitman
Spain

345/
gestocomunicación
Bodegas Sauci
Spain

346/
Morera Design
Pepsico
Spain

347/
Parallax Design
McLaren Vale Beer Company
Australia

348/
brand attack
Nature
Spain

349/
JJAAKK: Jesse Kirsch Design
Terhune Orchards
United States

350/
(calcco) comunicación visual
Mineraqua
Spain

351/
Unlimit---ed
Expociencia
Spain

352/
Morera Design
Grupo Leche Pascual
Spain

353/
Just Creative Design
Vero
Australia

354/
Eklund Design Oy
VEEN Waters Finland Oy
United States

355/
project GRAPHICS
Unior Aqua
Kosovo

356/
Dan Alexander & Co. (Danny Goldberg, Yotam Hadar) yotamhadar.com
Flow
Israel

Absolute Appetite - studio name
119/ - Packaging number
www.absolute-appetite.com - Studio website